教育部高等学校轻工类专业教学指导委员会"十四五"规划教材

轻化工程水污染控制工程

王双飞 张 健 主编

中国轻工业出版社

图书在版编目（CIP）数据

轻化工程水污染控制工程/王双飞，张健主编．—北京：中国轻工业出版社，2023.5
ISBN 978-7-5184-4210-2

Ⅰ.①轻… Ⅱ.①王…②张… Ⅲ.①轻工业—化工工程—水污染—污染控制—高等学校—教材 Ⅳ.①X520.6

中国版本图书馆CIP数据核字（2022）第231770号

内 容 摘 要

本书是教育部高等学校轻工类专业教学指导委员会"十四五"规划教材。

全书共分9章，主要内容有：绪论、废水预处理、废水物理处理、废水化学与物理化学处理、废水生物处理、污泥处理与处置、轻化工程水污染控制设计基础、轻化工程废水处理设施运行管理、轻化工程典型废水处理工艺与运行管理等。

本书可作为轻化工程方向的本科、专科学生和研究生的专业教材用书，也可供轻化工程、环境工程、化学工程等行业工程师及相关工作者使用和参考。

责任编辑：杜宇芳　　责任终审：劳国强
文字编辑：王晓慧　　责任校对：吴大朋　　封面设计：锋尚设计
策划编辑：杜宇芳　　版式设计：砚祥志远　　责任监印：张 可

出版发行：中国轻工业出版社（北京东长安街6号，邮编：100740）
印　　刷：三河市国英印务有限公司
经　　销：各地新华书店
版　　次：2023年5月第1版第1次印刷
开　　本：787×1092　1/16　印张：15.25
字　　数：400千字
书　　号：ISBN 978-7-5184-4210-2　定价：59.80元
邮购电话：010-65241695
发行电话：010-85119835　传真：85113293
网　　址：http://www.chlip.com.cn
Email：club@chlip.com.cn
如发现图书残缺请与我社邮购联系调换
220706J1X101ZBW

前　言

轻化工程包含制浆造纸、纺织化学与染整工程、皮革工程、添加剂化学与工程等四个领域，以多种自然资源为原材料，通过化学法、物理法和机械法加工纸张、纺织布或皮革等原材料，是与国民经济发展和社会文明建设紧密相关的重要产业。改革开放以来，我国轻化工产业已步入世界先进行列。随着环境标准日趋严格，轻化工行业在工业发展与环境质量之间存在着客观矛盾，尤其是在水污染控制方面，迫切需要通过清洁化生产与污染控制提高环境管理水平，走新型工业化道路，实现绿色发展。

工程教育务必理论联系实际，轻化工程专业旨在使学生掌握本专业的基本理论和工作原理，培养在制浆造纸、染整工程、皮革工程等轻化工领域从事工业生产、工艺设计、技术管理和新产品开发的工程技术人才。水污染控制逐渐成为该领域工程技术人员知识结构中不可或缺的组成部分。

本教材力求使读者在掌握工业水污染控制原则的基础上理解行业水污染问题并提出解决方案，突出工程适用性和实践性，强调把原理应用于解决各种实际工业水污染问题的处理设计中。本教材简要介绍了水污染控制的基本概念、理论、机理。针对典型轻工行业的水污染控制及节水降耗问题，结合典型生产工艺，重点介绍了水污染治理技术和设备以及反映水污染控制工程的新技术、新工艺和新方法。同时，为增强读者对轻化工行业环境管理过程的理解，增加了环境影响评价概论、环境法规与环境标准、环境影响评价程序与方法等涉及环境管理的内容。

本书由王双飞院士、张健担任主编。王双飞院士除全面负责外，主要编写第 1、7 章，张健编写第 2、3、4、5、6 章，王志伟编写第 8 章，刘亚青编写第 9 章。全书插图由张健编绘。冼萍负责统稿。

由于编者水平以及资料搜集所限，不足和错误之处在所难免，热忱希望读者予以批评指正。

编者
2023 年 1 月

目 录

第1章 绪论 … 1
1.1 轻化工程废水特点及主要水质指标 … 1
1.1.1 轻化工业废水特点 … 1
1.1.2 轻化工业废水的性质与污染指标 … 2
1.1.3 典型轻化工业废水的水质 … 6
1.1.4 轻化工业废水污染物监测要求及浓度测定方法 … 9
1.2 废水收集与排放方式 … 10
1.2.1 废水收集方式 … 10
1.2.2 废水排放系统组成 … 10
1.2.3 排污企业自行监测指标及频次 … 11
1.2.4 排污许可证管理及申报 … 13
1.3 轻化工业废水排放标准 … 14
1.3.1 水污染物排放标准概述 … 14
1.3.2 GB 8978—1996《污水综合排放标准》 … 15
1.3.3 GB 3544—2008《制浆造纸工业水污染物排放标准》 … 15
1.3.4 GB 4287—2012《纺织染整工业水污染物排放标准》 … 16
1.3.5 制革工业水污染物排放执行标准 … 19
1.4 工业用水水质要求 … 20
1.4.1 GB 3838—2002《地表水环境质量标准》 … 20
1.4.2 GB/T 14848—2017《地下水质量标准》 … 21
1.4.3 GB 3097—1997《海水水质标准》 … 22
1.4.4 GB/T 19923—2005《城市污水再生利用 工业用水水质》 … 22
1.5 轻化工程废水处理技术 … 23
1.5.1 工业废水处理基本方法 … 23
1.5.2 轻化工废水处理工艺流程的确定 … 23
1.5.3 清洁生产与轻化工废水污染控制 … 24
思考题 … 27

第2章 废水预处理 … 28
2.1 格栅和筛网 … 28
2.1.1 格栅作用及类型 … 28
2.1.2 筛网作用及类型 … 30
2.2 调节池 … 32
2.2.1 调节池作用 … 32
2.2.2 调节池类型及特点 … 32
2.3 沉砂 … 34
2.3.1 沉砂原理与作用 … 34

2.3.2 沉砂池类型、构造及主要工艺参数 …………………………………………… 34
2.4 隔油 …………………………………………………………………………………… 36
2.4.1 隔油原理与作用 ………………………………………………………………… 36
2.4.2 隔油池类型及构造 ……………………………………………………………… 36
2.5 酸碱中和 ……………………………………………………………………………… 37
2.5.1 中和原理和作用 ………………………………………………………………… 37
2.5.2 中和处理方法 …………………………………………………………………… 38
2.6 冷却 …………………………………………………………………………………… 40
2.6.1 冷却的原理和作用 ……………………………………………………………… 40
2.6.2 冷却塔类型及构造 ……………………………………………………………… 40
2.6.3 冷却塔选型原则 ………………………………………………………………… 41
思考题 ……………………………………………………………………………………… 42

第3章 废水物理处理 ………………………………………………………………… 43
3.1 沉淀 …………………………………………………………………………………… 43
3.1.1 沉淀原理与作用 ………………………………………………………………… 43
3.1.2 沉淀池类型及构造 ……………………………………………………………… 44
3.1.3 沉淀池一般设计原则及设计参数 ……………………………………………… 46
3.1.4 沉淀池运行控制参数 …………………………………………………………… 47
3.2 气浮 …………………………………………………………………………………… 47
3.2.1 气浮原理与作用 ………………………………………………………………… 47
3.2.2 气浮设备及特点 ………………………………………………………………… 48
3.2.3 加压溶气气浮的基本流程 ……………………………………………………… 49
3.2.4 部分回流加压溶气气浮系统组成及工艺参数 ………………………………… 51
3.3 过滤 …………………………………………………………………………………… 51
3.3.1 过滤原理与作用 ………………………………………………………………… 51
3.3.2 过滤方式 ………………………………………………………………………… 52
3.3.3 饼层过滤设备及性能特点 ……………………………………………………… 52
3.3.4 深床过滤设备及性能特点 ……………………………………………………… 55
3.4 蒸发 …………………………………………………………………………………… 59
3.4.1 蒸发器工作原理及其构造 ……………………………………………………… 59
3.4.2 循环型（非膜式）蒸发器 ……………………………………………………… 59
3.4.3 单程型（膜式）蒸发器 ………………………………………………………… 61
3.4.4 多效蒸发系统的操作流程 ……………………………………………………… 63
思考题 ……………………………………………………………………………………… 65

第4章 废水化学与物理化学处理 …………………………………………………… 66
4.1 化学混凝 ……………………………………………………………………………… 66
4.1.1 混凝原理与作用 ………………………………………………………………… 66
4.1.2 常用混凝剂和助凝剂 …………………………………………………………… 67
4.1.3 混凝处理工艺过程及运行控制条件 …………………………………………… 68
4.2 化学沉淀 ……………………………………………………………………………… 72
4.2.1 化学沉淀原理与作用 …………………………………………………………… 72

  4.2.2 溶解度和溶度积 …… 72
  4.2.3 化学沉淀法类型 …… 73
 4.3 氧化还原 …… 75
  4.3.1 氧化还原原理与作用 …… 75
  4.3.2 氧化法 …… 75
  4.3.3 还原法 …… 78
 4.4 电解 …… 79
  4.4.1 电解原理与作用 …… 79
  4.4.2 电解法类型 …… 80
 4.5 吸附 …… 81
  4.5.1 吸附原理与作用 …… 81
  4.5.2 吸附剂 …… 83
  4.5.3 吸附操作方式及设备 …… 84
 4.6 离子交换 …… 85
  4.6.1 离子交换原理与作用 …… 85
  4.6.2 离子交换剂及其选用 …… 86
  4.6.3 离子交换工艺过程和设备 …… 87
 4.7 膜分离 …… 89
  4.7.1 概述 …… 89
  4.7.2 微滤 …… 89
  4.7.3 超滤 …… 90
  4.7.4 纳滤 …… 90
  4.7.5 反渗透 …… 90
 4.8 消毒 …… 91
  4.8.1 概述 …… 91
  4.8.2 氯消毒 …… 91
  4.8.3 紫外线消毒 …… 92
  4.8.4 臭氧消毒 …… 92
  4.8.5 影响消毒效果的因素 …… 92
 思考题 …… 93

第5章 废水生物处理

 5.1 废水生物处理基础理论 …… 95
  5.1.1 废水生物处理的基本原理 …… 95
  5.1.2 微生物生长规律 …… 97
  5.1.3 轻化工程废水生物处理基本工艺流程 …… 98
  5.1.4 废水生物处理的主要微生物种类 …… 100
 5.2 活性污泥法 …… 101
  5.2.1 活性污泥法概述 …… 101
  5.2.2 A/A/O废水处理工艺 …… 104
  5.2.3 SBR工艺 …… 106
  5.2.4 CASS工艺 …… 108
  5.2.5 MBR工艺 …… 109

  5.2.6 氧化沟工艺 ………………………………………………………………… 112
 5.3 生物膜法 …………………………………………………………………………… 116
  5.3.1 生物膜法概述 …………………………………………………………… 116
  5.3.2 生物接触氧化 …………………………………………………………… 119
  5.3.3 曝气生物滤池 …………………………………………………………… 121
  5.3.4 MBBR 工艺 ……………………………………………………………… 124
 5.4 厌氧生物处理 ……………………………………………………………………… 125
  5.4.1 厌氧生物法概述 ………………………………………………………… 125
  5.4.2 厌氧接触法 ……………………………………………………………… 128
  5.4.3 UASB 反应器 …………………………………………………………… 130
  5.4.4 IC 反应器 ………………………………………………………………… 132
  5.4.5 EGSB 反应器 …………………………………………………………… 134
  5.4.6 水解酸化反应器 ………………………………………………………… 137
 思考题 ……………………………………………………………………………………… 139

第6章 污泥处理与处置 …………………………………………………………… 140
 6.1 污泥的特性与处置 ………………………………………………………………… 140
  6.1.1 污泥的来源及分类 ……………………………………………………… 140
  6.1.2 污泥的性能指标 ………………………………………………………… 140
  6.1.3 污泥的处理目标 ………………………………………………………… 141
  6.1.4 污泥的处理处置工艺流程 ……………………………………………… 142
 6.2 污泥浓缩 …………………………………………………………………………… 143
  6.2.1 重力沉降浓缩 …………………………………………………………… 143
  6.2.2 气浮浓缩 ………………………………………………………………… 144
  6.2.3 机械强制浓缩 …………………………………………………………… 146
 6.3 污泥消化 …………………………………………………………………………… 149
  6.3.1 污泥厌氧消化原理 ……………………………………………………… 149
  6.3.2 污泥厌氧消化法分类 …………………………………………………… 149
  6.3.3 污泥厌氧消化系统组成 ………………………………………………… 150
  6.3.4 污泥厌氧消化池工艺设计和运行参数 ………………………………… 152
  6.3.5 沼气的组成及利用 ……………………………………………………… 154
 6.4 污泥脱水 …………………………………………………………………………… 156
  6.4.1 污泥调理 ………………………………………………………………… 156
  6.4.2 带式压榨过滤污泥脱水机 ……………………………………………… 157
  6.4.3 卧式螺旋离心脱水机 …………………………………………………… 159
  6.4.4 板框压榨过滤污泥脱水机 ……………………………………………… 160
  6.4.5 螺旋挤压污泥脱水机 …………………………………………………… 161
 6.5 污泥干燥 …………………………………………………………………………… 162
  6.5.1 污泥干燥原理 …………………………………………………………… 162
  6.5.2 影响污泥干燥的因素 …………………………………………………… 162
  6.5.3 污泥干燥工艺类型 ……………………………………………………… 162
  6.5.4 污泥干燥机 ……………………………………………………………… 164
 6.6 污泥焚烧 …………………………………………………………………………… 167

  6.6.1 污泥焚烧处置法 ……………………………………………………………… 167
  6.6.2 污泥焚烧过程 …………………………………………………………………… 167
  6.6.3 污泥焚烧控制指标 ……………………………………………………………… 167
  6.6.4 焚烧炉 …………………………………………………………………………… 168
 6.7 污泥处置与利用 ………………………………………………………………………… 169
  6.7.1 土地利用 ………………………………………………………………………… 169
  6.7.2 焚烧与协同处置 ………………………………………………………………… 170
  6.7.3 建材利用 ………………………………………………………………………… 170
  6.7.4 填埋 ……………………………………………………………………………… 170
 思考题 ………………………………………………………………………………………… 170

第7章 轻化工程水污染控制设计基础 …………………………………………………… 172
 7.1 工程建设项目基本程序 ………………………………………………………………… 172
  7.1.1 前期工作 ………………………………………………………………………… 172
  7.1.2 初步设计阶段 …………………………………………………………………… 175
  7.1.3 施工图设计阶段 ………………………………………………………………… 176
 7.2 施工图设计质量管理 …………………………………………………………………… 178
  7.2.1 设计图纸基本原则与绘制要求 ………………………………………………… 178
  7.2.2 施工图设计质量管理制度 ……………………………………………………… 179
  7.2.3 施工图设计审查 ………………………………………………………………… 180
 7.3 配套设备 ………………………………………………………………………………… 180
  7.3.1 标准设备 ………………………………………………………………………… 180
  7.3.2 非标准设备 ……………………………………………………………………… 180
 7.4 技术经济分析 …………………………………………………………………………… 181
  7.4.1 工程概/预算 …………………………………………………………………… 181
  7.4.2 技术经济指标 …………………………………………………………………… 182
  7.4.3 技术经济分析 …………………………………………………………………… 183
  7.4.4 施工图预算 ……………………………………………………………………… 184
 思考题 ………………………………………………………………………………………… 186

第8章 轻化工程废水处理设施运行管理 ………………………………………………… 187
 8.1 废水处理设施运行管理 ………………………………………………………………… 187
  8.1.1 废水处理设施运行管理的主要任务 …………………………………………… 187
  8.1.2 废水处理设施运行管理工作的基本要求 ……………………………………… 187
 8.2 工程验收和调试运行 …………………………………………………………………… 187
  8.2.1 工程验收 ………………………………………………………………………… 187
  8.2.2 运行调试 ………………………………………………………………………… 188
 8.3 运行管理及水质监测 …………………………………………………………………… 190
  8.3.1 废水处理设施运行管理 ………………………………………………………… 190
  8.3.2 有毒有害物质及逸出气体的控制 ……………………………………………… 190
  8.3.3 水质监测 ………………………………………………………………………… 192
 8.4 废水处理设施应急预案 ………………………………………………………………… 192
  8.4.1 突发环境事件分类 ……………………………………………………………… 192

8.4.2　突发环境事件应急预案 ………………………………………………………………… 193
　　8.4.3　企业环境应急管理制度 ………………………………………………………………… 194
　思考题 ……………………………………………………………………………………………… 194

第9章　轻化工程典型废水处理工艺与运行管理 …………………………………………… 195
9.1　制浆造纸废水处理 …………………………………………………………………………… 195
　　9.1.1　制浆造纸生产工艺简介 …………………………………………………………………… 195
　　9.1.2　制浆造纸废水来源 ………………………………………………………………………… 196
　　9.1.3　制浆造纸废水水量及水质 ………………………………………………………………… 199
　　9.1.4　制浆造纸废水污染控制标准 ……………………………………………………………… 200
　　9.1.5　制浆造纸废水处理工艺及处理构筑物/设备 …………………………………………… 200
　　9.1.6　制浆造纸废水处理系统与运行管理 ……………………………………………………… 202
　　9.1.7　制浆造纸废水污染控制工程实例 ………………………………………………………… 203
9.2　印染废水处理 ………………………………………………………………………………… 208
　　9.2.1　印染生产工艺简介 ………………………………………………………………………… 208
　　9.2.2　印染废水来源 ……………………………………………………………………………… 209
　　9.2.3　印染废水水量及水质 ……………………………………………………………………… 210
　　9.2.4　印染废水污染物排放标准 ………………………………………………………………… 211
　　9.2.5　印染废水处理工艺及处理构筑物/设备 ………………………………………………… 212
　　9.2.6　印染废水处理系统与运行管理 …………………………………………………………… 213
　　9.2.7　印染废水污染控制工程实例 ……………………………………………………………… 214
9.3　制革废水处理 ………………………………………………………………………………… 216
　　9.3.1　制革工艺简介 ……………………………………………………………………………… 216
　　9.3.2　制革废水来源 ……………………………………………………………………………… 217
　　9.3.3　制革废水水量及水质 ……………………………………………………………………… 218
　　9.3.4　制革废水污染物排放标准 ………………………………………………………………… 220
　　9.3.5　制革废水处理原则 ………………………………………………………………………… 221
　　9.3.6　制革废水中有用物质的利用 ……………………………………………………………… 221
　　9.3.7　制革含油脂废水处理方法 ………………………………………………………………… 222
　　9.3.8　制革含硫化物废水的处理方法 …………………………………………………………… 223
　　9.3.9　制革废水常用的处理方法 ………………………………………………………………… 225
　　9.3.10　制革废水处理产生的污泥处理处置 ……………………………………………………… 227
　　9.3.11　制革废水污染控制工程实例 ……………………………………………………………… 229
　思考题 ……………………………………………………………………………………………… 231

参考文献 ……………………………………………………………………………………………… 232

第 1 章 绪　　论

1.1　轻化工程废水特点及主要水质指标

1.1.1　轻化工业废水特点

轻工业是关系到国民经济发展和人民生活质量的重要行业，是重要的基础工业和原材料工业领域。轻化工产品已经成为国民经济各相关部门不可缺少的物质材料和人们日常生活的必需品。轻化工程即轻工业化学工程的简称，涉及制浆造纸、纺织化学与染整工程、皮革工程、添加剂化学与工程 4 个方向，它是以加工和改变纤维材料性能为主要目的，以化学、化工、材料等相关学科理论为基础，研究纤维基材料的组成、结构和性能及加工过程的变化规律和方法的工程科学。轻化工程也是与林学、农学、环境工程、机械工程等学科交叉的学科。

轻化工业生产加工过程往往以水为工作介质，会产生大量污染严重的生产废水，废水中含有随水流失的某些生产原料、中间产物、副产品以及在生产过程中形成的组分。主要来源于各湿加工工段，如化学制浆产生的黑液、纺织品染色废水、制革生产废水等，污染负荷高，废水性质差别大，处理难度大。轻化工业所造成的水污染问题有目共睹，随着生态环境保护要求的不断提高，必须对该类废水进行处理，确保实现达标排放。

轻化工业废水总体上具有以下特点：

（1）生产厂家众多，废水总体排放总量大

轻化工生产加工过程需要大量的水，如造纸工业中的备料、制浆、漂白过程，染整加工中纺织品的前处理、染色、印花，制革工业中原皮的脱毛、脱灰、鞣制等，均会产生大量的生产废水。印染加工一般排水量为 $2.2 \sim 2.5 m^3$/百米布。制革吨皮产生的废水约计猪皮 60t、牛皮 120t、羊皮 150t。

（2）行业废水成分复杂，种类多，污染负荷高，可生化性差

受行业类型、生产工艺和所用原料种类的影响，不同工业企业排水中的污染组分存在较大差异，有机污染重，毒性大。造纸废水中含有大量的半纤维素、木质素、果胶、树脂、可吸附有机卤化物（AOX）等有毒物质，黑液 COD 高达数万毫克每升；印染废水含有大量的浆料、涂料、碱剂、残余染料及印染助剂等，COD 达上万毫克每升，BOD/COD 小于 0.3；制革废水含有大量的碱剂、卤化物、蛋白质、油脂及鞣剂等，主要有酸、碱、盐、染料、单宁、硫化物、铬、氨氮、油脂、表面活性剂、助剂等。

（3）水质水量变化大

不同工业产生的废水性质不同，即使是同类工业，由于采用的生产工艺与设备不同，产生的废水性质也不同。同一来源的废水的污染情况也会随时间和季节的变化存在较大差别。排放方式复杂，有间歇排放和连续排放、有规律排放和无规律排放等。如造纸黑液、

纺织品退浆及煮练废水等有机污染严重，而纸机白水、纺织品漂白废水等有机污染则相对较轻。

（4）悬浮物多，色度高

轻化工加工过程析出的残留物质以及所添加的各种化学助剂使得废水颜色深，废水中的悬浮物含量高。如印染废水中含有大量的残余染料时，废水色度高达千倍以上，羊毛厂废水中悬浮物含量可达到20000mg/L。制革废水中悬浮物浓度为3000～10000mg/L。造纸和制革废水则多呈棕褐色。

1.1.2 轻化工业废水的性质与污染指标

水质污染指标是评价水质污染程度、进行废水处理工程设计、反映废水处理效果、开展水污染控制的基本依据。废水中所含的污染物质成分复杂，可通过分析检测方法对污染物质作出定性、定量的评价。废水污染指标一般可分为物理指标、化学指标、生物指标3类。根据轻化工业废水特点以及行业污水排放标准，对于轻化工业废水中的污染物质，按化学性质可分为无机污染物和有机污染物，按存在形态可分为悬浮态污染物和溶解态污染物。

1.1.2.1 废水的物理性质与污染指标

轻化工业废水涉及的物理性指标主要有温度、色度、臭和味、固体含量等。

（1）温度

许多工业企业排出的废水都有较高的温度，排放这些废水会使受纳水体温度升高，引起水体的热污染。氧在水中的饱和溶解度随水温升高而减少，较高的水温又加速耗氧反应，可导致水体缺氧与水质恶化。

（2）色度

色度是一项感观性指标。纯净的天然水是清澈透明无色的，但带有金属化合物或有机化合物等有色污染物的废水会出现各种颜色，如印染、造纸、制革、农药、焦化、冶金、石化等工业废水含有各自的特殊颜色，给人以不悦的感观体验。色度由悬浮固体、胶体或溶解物质形成。悬浮固体形成的色度称为表色。胶体或溶解物质形成的色度称为真色。将有色废水用蒸馏水稀释后与蒸馏水在比色管中对比，一直稀释到两个水样没有色差，此时废水的稀释倍数即为色度。废水排放标准对色度也有严格的要求。

（3）臭和味

臭和味同色度一样也是感观性指标。天然水是无臭无味的，当水体受到污染后会产生异样的气味。生活污水的异臭主要由有机物腐败产生的气体造成。工业废水的异臭主要由挥发性化合物造成。臭和味的可定性反映某种污染物的多寡。

（4）固体含量

固体物质按照存在形态的不同可分为悬浮态、胶体态和溶解态3种。按照性质的不同可分为有机物、无机物与生物体3种。固体含量用总固体量作为指标。

水中所有残渣的总和称为总固体（Total Solid，TS），总固体包括溶解性固体（Dissolved Solid，DS）和悬浮固体（Suspended Solid，SS）。水样经过滤后，滤液蒸干所得的固体即为溶解性固体，滤渣脱水烘干后即为悬浮固体。固体残渣根据挥发性能可分为挥发性固体（Volatile Solid，VS）和固定性固体（Fixed Solid，FS）。将固体在600℃的温度下灼烧，挥发掉的量即为挥发性固体，灼烧残渣则是固定性固体，也称之为灰分。溶解性固体一般表示为盐类的含量，悬浮固体表示水中不溶解的固体物质含量，挥发性固体反映固体的有机成分含量。

1.1.2.2 废水的化学性质与污染指标

轻化工业废水涉及的化学性指标主要有 pH（酸碱度）、氮和磷、硫酸盐、硫化物、氯化物、重金属离子、BOD、COD、AOX（可吸附有机卤素）、表面活性剂、总需氧量和总有机碳等。

(1) 酸碱度

酸碱度用 pH 表示。pH 等于氢离子浓度的负对数值。pH=7 时，水呈中性；pH<7 时，数值越小，酸性越强；pH>7 时，数值越大，碱性越强。天然水体的 pH 一般近中性。

碱度是指水中含有的能与强酸产生中和反应的物质含量。主要包括 3 种：①氢氧化物碱度，即 OH^- 离子含量；②碳酸盐碱度，即 CO_3^{2-} 离子含量；③重碳酸盐碱度，即 HCO_3^- 离子含量。

废水的碱度可用下式表达：

$$[碱度] = [OH^-] + [CO_3^{2-}] + [HCO_3^-] - [H^+] \tag{1-1-1}$$

式中，[ ] 表示浓度，mg/L。

废水中所含的碱度，对于外加的酸、碱具有一定的缓冲作用，可使废水的 pH 维持在宜于好氧菌或厌氧菌生长繁殖的范围内。例如，污泥厌氧消化时，要求碱度不低于 200mg/L（以 $CaCO_3$ 计），以便缓冲有机物分解时产生的有机酸，避免 pH 降低。

(2) 氮及其化合物

氮是植物的重要营养物质，也是废水生物处理时微生物所必需的厌氧物质，主要来源于某些工业废水、食品腐败及人类排泄物。

废水中常见的含氮化合物分为有机氮、氨氮、亚硝酸盐氮与硝酸盐氮 4 种。4 种含氮化合物的总量称为总氮（TN）。有机氮很不稳定，容易在微生物的作用下分解为其他 3 种形式的无机氮。在无氧条件下，可分解为氨氮；在有氧条件下，先分解为氨氮，再分解为亚硝酸盐氮和硝酸盐氮。

凯氏氮（KN）是有机氮量和氨氮量之和，是用来判断废水在生物处理时氮营养物是否充足的依据。

氨氮在废水中存在的形式有游离氨（NH_3）与离子态的铵（NH_4^+）两种，氨氮为两者之和。废水生物处理过程中，氨氮不仅向微生物提供营养，还对废水的 pH 起缓冲作用。但氨氮量过高时，如超过 1600mg/L（以 N 计）时，对微生物的生长繁殖产生抑制作用。

(3) 磷及其化合物

和氮一样，磷也是植物的重要营养物质，也是废水生物处理时微生物所必需的厌氧物质，主要来源于某些工业废水、食品腐败及人类排泄物。

废水中含磷化合物分为有机磷与无机磷两类。有机磷的存在形式主要有葡萄糖-6-磷酸，2-磷酸-甘油酸及磷肌酸等；无机磷都以磷酸盐形式存在，包括正磷酸盐（PO_4^{3-}）、偏磷酸盐（PO_3O^-）、磷酸氢盐（HPO_4^{2-}）、磷酸二氢盐（$H_2PO_4^-$）等。

生活污水中有机磷含量约为3mg/L，无机磷含量约为7mg/L。

（4）硫酸盐与含硫化合物

硫在水中存在的主要形式是硫酸盐、硫化物和有机硫化物。

废水中的硫酸盐用硫酸根（SO_4^{2-}）表示。轻化工业废水，如造纸、发酵、制药、制革等废水，含有较高硫酸盐，浓度可达1500～7500mg/L。

废水中的SO_4^{2-}在缺氧条件下，由于硫酸盐还原菌、反硫化菌的作用，被脱硫还原成H_2S。释出的H_2S与水接触，在嗜硫菌作用下形成H_2SO_4。

废水中的硫化物主要来自硫化染料废水、人造纤维废水等工业废水，硫化物浓度差异较大，一般为2～80mg/L。硫化物在废水中的存在形式有硫化氢（H_2S）、硫氢化物（HS^-）与硫化物（S^{2-}）。当废水pH较低时（如低于6.5），则以H_2S为主；pH较高时（如高于9），则以S^{2-}为主。硫化物属于还原性物质，会消耗水中的溶解氧，并能与重金属离子反应，生产黑色的金属硫化物沉淀。

（5）氯化物

漂染工业废水、制革工业废水及某些食品加工废水都有很高的氯化物含量。常用作冷却水的海水中氯化物含量也很高。氯化物含量高时，对管道及设备有腐蚀性。氯化钠浓度超过4000mg/L时，对生物处理的微生物有抑制作用。

（6）重金属离子

重金属离子主要指汞、镉、铅、铬、镍等生物毒性显著的元素，也指有一定毒害性的一般重金属，如锌、铜、钴、锡等。

废水中含有的重金属难以净化处理。在废水处理过程中，重金属离子的60%左右被转移到污泥中，导致污泥重金属含量超过农用污泥的使用标准。

（7）非重金属无机有毒物质

非重金属无机有毒物质主要是氰化物（CN）与砷（As）。

氰化物是剧毒物质，人体摄入致死量是0.05～0.12g。在制革、化纤等工业废水中，氰化物浓度为20～80mg/L。氰化物在水中的存在形式是无机氰化物（如氢氰酸HCN、氰酸盐CN^-）及有机氰化物（称为腈，如丙烯腈C_2H_3CN）。

在造纸、皮革等工业废水中，砷化物的存在形式是无机砷化物以及有机砷化物。对人体的毒性排序为有机砷＞亚砷酸盐＞砷酸盐。砷会在人体内积累，属致癌物质之一。

（8）BOD、COD、TOC

轻化工业废水中，有机污染物包括碳水化合物、蛋白质、尿素、脂肪、油类、酚、有机酸与碱、表面活性剂、有机农药、取代苯类化合物等。这些有机污染物的共同特性是在微生物作用下最终分解为简单的无机物质、二氧化碳和水等。有机污染物在分解工程中需要消耗大量的氧气，故属耗氧污染物。耗氧有机污染物是使水体产生黑臭的主要因素之一。

由于有机物种类繁多，利用现有的分析技术难以区分并定量。可利用有机物被氧化分解的共同特性，用氧化过程所消耗的氧量作为有机物总量的综合指标，进行定量。常用的有机物污染指标为生化需氧量（BOD）、化学需氧量（COD）和总有机碳（TOC）。

①生化需氧量或生物化学需氧量（Bio-Chemical Oxygen Demand，BOD）是指在水温为20℃的条件下，由于微生物（主要是细菌）的生命活动，将有机物氧化成无机物所

消耗的溶解氧量。BOD 反映了可生物降解有机物的数量。

有机污染物被好氧微生物氧化分解的过程一般可分为两个阶段：第一阶段主要是有机物被转化成二氧化碳、水和氨；第二阶段主要是氨被转化成亚硝酸盐和硝酸盐。生化需氧量通常只指第一阶段有机物生化氧化所需的氧量，通常需要 20d 左右才能基本完成第一阶段的分解氧化过程。目前以 5d 作为测定 BOD 的标准时间，简称 5 日生化需氧量（BOD_5）。

②化学需氧量（Chemical Oxygen Demand，COD）是指用化学氧化剂氧化水中有机污染物所消耗的氧化剂量。化学需氧量越高也表示水中有机污染物越多。常用的氧化剂主要是重铬酸钾和高锰酸钾。以高锰酸钾作氧化剂时，测得的值称 COD_{Mn} 或简称 OC。以重铬酸钾作氧化剂时，测得的值称 COD_{Cr} 或简称 COD。重铬酸钾是强氧化剂，废水处理中常用重铬酸钾法。

COD 数值大于 BOD_5，两者的差值大致等于难生物降解有机物量。BOD_5/COD 比值称为可生化性指标，比值越大，越容易被生物处理。一般认为比值大于 0.3 的废水才适合用生物法处理。

③总有机碳（Total Organic Carbon，TOC）是先将一定数量的水样经过酸化，用压缩空气吹脱其中的无机碳酸盐，排除干扰，然后注入含氧量已知的氧气流中，再通过以铂钢为触媒的燃烧管，在 900℃ 高温下燃烧，把有机物所含的碳氧化成二氧化碳，用红外气体分析仪记录二氧化碳的数量并折算成碳量，即等于总有机碳 TOC 值。测定时间仅几分钟。

BOD 无法表达废水中难生物降解有机物。难生物降解有机物应用 COD 或 TOC 作指标。

(9) AOX

可吸附有机卤素化合物（AOX），是指有机氯化物与有机溴化物含量的总和。在皮革行业排放的废水中含有 AOX 污染物。

1.1.2.3 废水的生物性质与污染指标

废水中的微生物以细菌与病菌为主。废水的生物性指标包括大肠菌群数与大肠菌群指数、病毒以及细菌总数。

(1) 大肠菌群数与大肠菌群指数

大肠菌群数是指每升水样中所含有的大肠菌群的数目，以个/L 计。大肠菌群指数是指检出大肠菌群所需的最少水量，以毫升（mL）计，见式（1-1-2）。

$$大肠菌群指数 = \frac{1000}{大肠菌群数}(mL) \qquad (1-1-2)$$

将大肠菌群数作为卫生指标，表示废水被粪便污染的程度。水中如果存在大肠菌，就表明水体受到了粪便污染，并可能存在病原菌（如伤寒、痢疾、霍乱等）。

(2) 病毒

废水中已被检出的病毒有 100 多种。检出大肠菌群，可以表明肠道病原菌的存在，但不能表明是否存在病毒及其他病原菌（如炭疽杆菌）。因此还需要检验病毒指标。

（3）细菌总数

细菌总数是大肠菌群数、病原菌、病毒以及其他细菌的总和，以每毫升水样中的细菌菌落总数表示。细菌总数越多，表示病原菌与病毒存在的可能性越大。细菌总数不能说明污染的来源，必须结合大肠菌群数、病毒判断水体污染的来源和安全程度。

1.1.3 典型轻化工业废水的水质

1.1.3.1 制浆造纸废水

典型制浆造纸企业产生的废水水质见表1-1-1。

表1-1-1　　　　　　　　　典型制浆造纸废水水质[4]　　　　　　　　单位：mg/L

废水种类	水质指标							
	pH	SS	COD	BOD_5	AOX	TN	NH_3-N	TP
化学浆①④	5~10	25~1500	1200~2500	350~800	2~26	4~20	2~5	0.5~2.0
化学机械浆①③⑤	6~9	1800~3800	6000~16000	1800~4000	0~3	5~10	3~5	1~3
废纸浆②	6~9	800~1800	1500~5000	550~1500	0~1	5~20	4~15	0.5~1.0
脱墨废纸浆②	6~9	450~3000	1200~6500	350~2000	0~1	3~10	2~6	0.5~1.5
造纸废水②	6~9	250~1300	500~1800	180~800	0~1	2~4	1~3	0.5~1.0

注：①除pH，木浆取中值，非木浆取高值。
②除pH，国产小型纸机取中低值，进口纸机取高值。
③氨法化学浆废水氨氮和总氮指标分别为55~150mg/L和60~160mg/L。
④化学浆水质指标为制浆废液经化学品或资源回收后的指标。
⑤化学机械浆水质指标为高浓度制浆废水未进行蒸发燃烧处理的指标。

化学制浆综合废水COD_{Cr}产生浓度一般为1200~2500mg/L。主要污染物为原料的间接产物、低相对分子质量的木素降解产物、有机氯化物（含氯漂白工艺）及水溶性抽出物等。

化学机械浆生产过程中产生的综合废水COD_{Cr}产生浓度一般为6000~16000mg/L。主要污染物为以细小纤维为主的悬浮物和以水溶性抽出物为主的溶解物。

脱墨废纸浆综合废水COD_{Cr}产生浓度一般为1200~6500mg/L，非脱墨废纸浆综合废水COD_{Cr}产生浓度一般为1500~5000mg/L。主要污染物包括细小纤维及其降解物、油墨微粒、胶黏物及填料等。

机制纸机纸板制造过程产生的废水主要为纸机白水，COD_{Cr}浓度一般为500~1800mg/L。主要污染物包括细小纤维、胶料及填料等。

宣纸废水中主要污染物是碳水化合物的降解产物及低相对分子质量的木素降解产物等。

1.1.3.2 染整废水

印染废水包括前处理废水、印染废水和整理废水。印染工艺过程产生废水的设备及产生环节见表1-1-2。

棉纺织物、涤棉混纺织物和麻纺织物印染的前处理废水主要包括退浆废水、煮练废水、漂白废水和丝光废水等。化纤织物前处理废水包括碱减量废水、精练废水。丝织物前处理废水主要有精练废水。毛纺织物前处理废水包括洗呢废水和煮呢废水。

印染废水主要包括印花废水和染色废水。

整理废水主要为整理处理以后的洗涤废水。

不同织物产生废水量见表1-1-3。

表1-1-2　　　　　　　　　　典型印染工序废水排放特征一览表[4]

序号	工艺名称	工艺功能	主要设备	废水中包含污染物成分	产生废水的性质
1	退浆	去除棉布上的浆料及天然杂质	退浆机	淀粉分解酶、烧碱、亚溴酸钠、过氧化氢、PVA或CMC浆料	色度、有机物浓度高
2	煮练	进一步去除棉布上的天然杂质,提纯纤维素	煮练机	碳酸钠、烧碱、碳酸氢钠、多聚磷酸钠等	pH、有机物浓度高
3	漂白	去除杂质和残留色素	漂白设备	次氯酸钠、亚溴酸钠、过氧化氢、高锰酸钾、保险粉、亚硫酸钠、乙酸、甲酸、草酸等	色度较低、SS较低
4	丝光	提高产品尺寸稳定性、断裂强度、吸附能力等	丝光机	烧碱、硫酸、乙酸等	碱性浓度高、大部分回收
5	染色	通过化学或物理化学方法使染料与纤维结合	染色机	染料、烧碱、元明粉、保险粉、重铬酸钾、硫化钠、硫酸、吐酒石、苯酚、表面活性剂等	色度高、颜色多样
6	印花	局部着色	印花机	染料、尿素、氢氧化钠、表面活性剂、保险粉等	废水量较少、有机物浓度低
7	整理	对染色或印花进行整理,使产品具有挺括、光滑感	整理设备	树脂、甲醛、表面活性剂等	废水量少,对整个印染废水水质影响小
8	碱减量	使织物手感柔软、光泽柔和,改善吸湿排汗性	碱减量设备	对苯二甲酸、乙醇酸等	pH高,有机物浓度高,废水难降解
9	洗毛	去除各种杂质	洗涤设备	碳酸钾、硫酸钾、氯化钾、硫酸钠、不溶性物质和有机物、羊毛脂等	废水水量较大,有机物浓度较高

表1-1-3　　　　　　　　　　　不同织物的印染废水量[4]

产品名称	机织棉及棉混纺织(m^3/100m)	针织棉及棉混纺织物(m^3/t)	毛纺织物(m^3/t)	化纤织物(m^3/t)
废水量	0.8~2.0	80~160	200~350	100~160

注:①织物标幅91.4cm。

②不同幅宽、厚度产品采用吨纤维产生量计算染整废水量时,可参照《印染行业清洁生产评价指标体系》有关规定,FZ/T0 1002—2010《印染企业综合能耗计算办法及基本定额》,根据织物幅宽和厚度进行折算。

1.1.3.3　制革废水

我国现有制革企业近万家,吨皮产生的废水约计猪皮60t、牛皮120t、羊皮150t,皮革生产的耗水量见表1-1-4。

表1-1-4　　　　　　　　　　　　皮革生产的耗水量

原料皮	猪皮	羊皮	黄牛盐湿皮	牛水盐湿皮
耗水量/(t/张)	0.3~0.5	0.2~0.4	1.0~1.5	1.5~2.0

制革工艺工序烦琐,需用水的工序一般包括浸水、去肉、脱毛、浸灰、脱脂、软化等准备工序;浸酸、预鞣、铬鞣等鞣制工序;复鞣、中和、染色、填充、加油等湿整工序;

以及干燥、做软、磨削、涂饰、净面等干整理工序。制革烦琐工艺只能将25%～30%的原料皮转化为可出售的产品皮革,其余部分则成为污染物或副产品。例如,制造猪皮服装革,用盐腌猪皮只有1/4左右的蛋白质变成成革,约3/4的蛋白质到了废水、废渣中。猪皮油脂含量高,去掉的油脂存在于废水、废渣中。

准备工段的废水中含有矿物质、肉渣、油脂、血、泥沙、食盐、可溶性蛋白、石灰、硫化物、皂化物、色素、毛及大量悬浮物、有机物。

铬鞣工段废水中含有中性盐、氢氧化钙、氧化物、可溶性蛋白、蛋白质分解产物、蛋白酶、蛋白质、无机酸、有机酸、三价铬、染料及油脂。

植鞣工段废水中含有中性盐、助剂、蛋白质、鞣质、非鞣质、木质素、半纤维素和其他有机物、酸、碱,废水呈褐色。

由于加工过程中添加多种化学品,且制革及毛皮行业生产工艺、操作方法不同,决定了制革及毛皮废水的复杂性,从而使得排出的废水pH变化范围大、色度高、悬浮物多、污染物浓度高、成分复杂,主要有酸、碱、盐、染料、单宁、氨氮、油脂、表面活性剂、助剂等,含有一些有毒物质,如铬、硫、酚等,制革工业的废水污染是以有机物为主体的综合性污染。制革综合废水污染物水质参见表1-1-5。在生产过程中各工序的废水水质与水量差异很大而又交叉排放,造成了总废水不均匀的水质和水量(表1-1-6),给后处理实施带来极大困难。

表 1-1-5　　　　　　　　　　典型制革综合废水污染物浓度[8]

项目	最高值
pH	9～12
色度(稀释倍数)	600～3500
SS/(mg/L)	300～5700
COD_{Cr}/(mg/L)	540～7200
BOD_5/(mg/L)	300～3854
S^{2-}/(mg/L)	100～1000
总铬/(mg/L)	6～153
石油类/(mg/L)	44～1015
氯化物/(mg/L)	1400～2500
Cr^{3+}/(mg/L)	15～40
Cr^{6+}/(mg/L)	0.013～0.469

表 1-1-6　　　　　　　　　　典型制革工序废水水质[8]

项目	氯化钠脱毛液	浸灰废液	废铬液	植鞣废液	酶脱毛废液
pH	13	13	3.5	4	6～7
色度(稀释倍数)	800	200	200	3200	100～400
悬浮物/(mg/L)	20700	80	900	183	168
COD_{Cr}/(mg/L)	5940	3000	1300	8000	650
氯化物/(mg/L)	1700	390	21500	290	—
硫化物/(mg/L)	2400	800	16	440	—
铬/(mg/L)	—	—	4000	—	—

1.1.4 轻化工业废水污染物监测要求及浓度测定方法

1.1.4.1 污染物监测要求

（1）对企业排放废水的采样，应根据监测污染物的种类，在规定的污染物排放监控位置进行，有废水处理设施的，应在处理设施后监控。企业应按照国家有关污染源监测技术规范的要求设置采样口，在污染物排放监控位置设置排污口标志。

（2）对新建企业和现有企业安装污染物排放自动监控设备的要求，应按照有关法律和《污染源自动监控管理办法》的规定执行。

（3）对企业污染物排放情况进行监测的频次、采样时间等要求，应按照国家有关污染源监测技术规范的规定执行。

（4）企业产品产量的核定，以法定报表为依据。

（5）企业应按照有关法律和《环境监测管理办法》的规定对排污状况进行监测，并保存原始监测记录。

1.1.4.2 水污染物测定方法标准

对企业排放水污染物浓度的测定采用表 1-1-7 所列的方法标准进行。

表 1-1-7　　　　水污染物浓度的测定方法标准（GB 4287—2012 表4）[7]

序号	污染物项目	方法标准名称	方法标准号
1	pH	水质　pH 的测定　玻璃电极法	GB/T 6920—1986
2	化学需氧量	水质　化学需氧量的测定　重铬酸钾法	GB/T 11914—1989
3	五日生化需氧量	水质　五日生化需氧量（BOD_5）的测定　稀释与接种法	HJ 505—2009
4	悬浮物	水质　悬浮物的测定　重量法	GB/T 11901—1989
5	色度	水质　色度的测定	GB/T 11903—1989
6	氨氮	水质　氨氮的测定　纳氏试剂分光光度法	HJ 535—2009
		水质　氨氮的测定　水杨酸分光光度法	HJ 536—2009
		水质　氨氮的测定　蒸馏-中和滴定法	HJ 537—2009
		水质　氨氮的测定　气体分子吸收光谱法	HJ/T 195—2005
7	总氮	水质　总氮的测定　碱性过硫酸钾消解紫外分光光度法	GB/T 11894—1989
		水质　总氮的测定　气体分子吸收光谱法	HJ/T 199—2005
8	总磷	水质　总磷的测定　钼酸铵分光光度法	GB/T 11893—1989
9	二氧化氯	水质　二氧化氯的测定　连续滴定碘量法（暂行）	HJ/T 551—2009
10	可吸附有机卤素	水质　可吸附有机卤素（AOX）的测定　离子色谱法	HJ/T 83—2001
11	硫化物	水质　硫化物的测定　碘量法	HJ/T 60—2000
12	苯胺类	水质苯胺类的测定 N-(1-萘基)乙二胺偶氮分光光度法	GB/T 11889—1989
13	总锑	水质　汞、砷、硒、铋和锑的测定　原子荧光法	HJ/T 694—2014
		水质　65 种元素的测定　电感耦合等离子体质谱法	HJ/T 700—2014
14	六价铬	水质　六价铬的测定　二苯碳酰二肼分光光度法	GB/T 7467—1987

1.2 废水收集与排放方式

1.2.1 废水收集方式

工业废水的收集与处理应遵循清污分流的原则，根据排放的废水性质及有机废水处理的工艺要求，进行分类收集、分质处理。

具有腐蚀性的生产废水，如含酸、碱、氨、碳酸盐等的废水，应设置独立废水收集系统。

含油废水则应经收集、捕油器或隔油池处理后再深度处理。

露天设备区域或厂区的初期雨水会受到工业污染，应考虑单独处理或排入工业废水系统合并处理。

多种废水不易混合时，也可在生产车间进行预处理后再混合收集。

1.2.2 废水排放系统组成

企业废水排放系统由车间内部管道系统和设备、厂区管道系统、废水泵站及压力管道、废水处理站以及废水排放口等五部分组成。

（1）车间内部管道系统和设备

车间内部管道系统和设备主要敷设在车间内，用于收集各生产设备排出的工业废水，并将其排送至车间外部的厂区管道系统中。

（2）厂区管道系统

厂区管道系统主要敷设在工厂内，用以收集并输送各车间排出的生产废水。根据企业的具体情况，厂区生产废水排放可以设置多个独立的管渠系统（例如清污分流系统、分质分流系统等），以便进行不同性质的废水的分质处理和回收利用。在厂区的废水收集管渠上，同样也应设置检查井等附属构筑物。

（3）废水泵站及压力管道

废水一般尽可能以重力流排出，受到地形的限制时，需要在管道系统中设置废水提升泵站。废水泵站分为局部泵站、中途泵站和总泵站。废水经提升泵输送至高地的管道或输送至废水处理站的承压管段，称为压力管道。

（4）废水处理站

废水处理站是回收和处理废水及其污泥的综合设施。工业废水处理达标后，可直接排入地表水体或城市污水收集管网系统。如果回收利用，则处理后的水应满足回用要求。

（5）废水排放口

必须按照国家颁布的有关污染物强制性排放标准的要求在污染源排放口设置排污口标志牌。排放口标志牌是对排污单位排放污染物实施监测采样和监督管理的法定标志。废水排污口一般是废水处理站出水的排放槽，监测站取样例行检查都在排放口取样。排放口标志牌应该竖立在排放口旁边，说明应该标明污染物的种类，如 BOD、COD、SS、pH 等，列入重点整治的污水排放口应安装流量计，应安装水质、水量在线监测装置。规范化的排污口标志如图 1-2-1 所示。

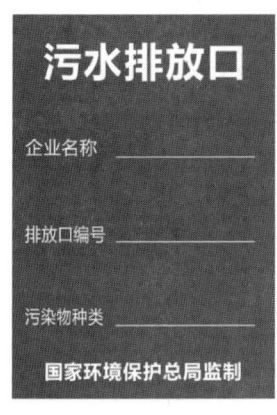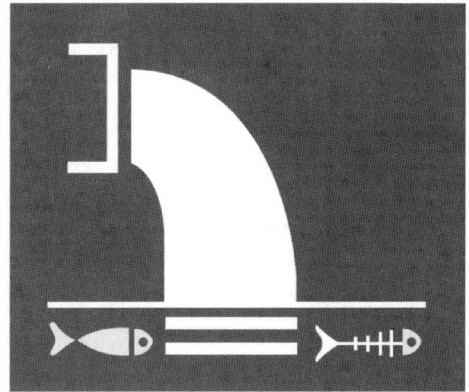

图 1-2-1　规范化的排污口标志示意图

1.2.3　排污企业自行监测指标及频次

根据原环境保护部《国家重点监控企业自行监测及信息公开办法（试行）》（环发〔2013〕81号），企业需要按照环境保护法律法规要求，为掌握本单位污染物排放状况及其对周边环境质量的影响等情况，组织开展环境监测活动。企业可参照 HJ 819—2017《排污单位自行监测技术指南　总则》和行业自行监测进水指南中的规定，组织开展自行监测。

1.2.3.1　监测指标

各废水外排口监测点位的主要监测指标包括：

①化学需氧量（COD）、五日生化需氧量（BOD_5）、氨氮、总磷、总氮、悬浮物、石油类等指标中排放量较大的污染物指标；

②污染物排放标准中规定的监控位置为车间或生产设施废水排放口的污染物指标，以及有毒有害或优先控制污染物相关名录中的污染物指标；

③排污单位所在流域环境质量超标的污染物指标。

1.2.3.2　监测频次

企业应在满足 HJ 819—2017《排污单位自行监测技术指南　总则》要求的基础上，遵循以下原则确定各监测点位不同监测指标的监测频次：

①不应低于国家或地方分布的标准、规范性文件、规划、环境影响评价文件及其批复等明确规定的监测频次；

②主要排放口的监测频次高于非主要排放口；

③主要监测指标的监测频次高于其他监测指标；

④排向敏感地区的应适当增加监测频次；

⑤排放状况波动大的，应适当增加监测频次；

⑥历史稳定达标状况较差的需要增加监测频次，达标状况良好的可以适当降低监测频次；

⑦监测成本应与排污企业自身能力相一致，尽量避免重复监测；

⑧各排放口废水流量和污染物浓度同步监测。

1.2.3.3　行业监测方案制定

不同行业需要根据发布的行业自行监测技术指南制定各自行业的监测方案。以下以造纸工业为例说明如何制定企业自行监测方案。以造纸企业为例,根据 HJ 821—2017《排污单位自行监测技术指南 造纸工业》制定废水排放监测方案。

(1) 外排口监测点位

有元素氯漂白工序的造纸工业企业,须在元素氯漂白车间排放口或元素氯漂白车间处理设施排放口设置监测点位。

有脱墨工序,且脱墨工序排放重金属的造纸工业企业,须在脱墨车间排放口或脱墨车间处理设施排放口设置监测点位。

造纸工业企业均须在企业废水总排放口设置监测点位。

(2) 外排口监测指标及监测频次

造纸企业直接排放口检测指标最高允许浓度参照表 1-2-1 执行,造纸企业排放口的检测指标及其最低监测频次参照表 1-2-2 执行。

表 1-2-1 第一类污染物最高允许排放浓度[8]

序号	污染物	最高允许排放浓度/(mg/L)	序号	污染物	最高允许排放浓度/(mg/L)
1	总汞	0.05	8	总镍	1.0
2	烷基汞	不得检出	9	苯并[a]芘	0.00003
3	总镉	0.1	10	总铍	0.005
4	总铬	1.5	11	总银	0.5
5	六价铬	0.5	12	总α放射性	1Bq/L
6	总砷	0.5	13	总β放射性	10Bq/L
7	总铅	1.0			

表 1-2-2 造纸工业企业废水排放口监测指标及最低监测频次[4]

排污单位级别	监测点位	监测指标	监测频次	备注
重点排污单位①	企业废水总排放口	流量、pH、化学需氧量	自动监测	
		氨氮②	日	
		悬浮物、色度	日	
		总氮、总磷②	周(日)	水环境质量中总氮(无机氮)/总磷(活性磷酸盐)超标的流域或沿海地区,或总氮/总磷实施总量控制区域,总氮/总磷最低监测频次按日进行
		五日生化需氧量	周	
		挥发酚、硫化物、溶解性总固体(全盐量)	季度	选测
	元素氯漂白车间废水排放口	可吸附有机卤素(AOX)、二噁英、流量	年	可吸附有机卤素(AOX)、二噁英监测结果超标的,应适当增加监测频次
	脱墨车间废水排放口	环境影响评价及批复或摸底监测确定的重金属污染物指标	周	若无重金属排放,则不需要开展监测
非重点排污单位	企业废水总排放口	pH、悬浮物、色度、五日生化需氧量、化学需氧量、氨氮、总氮、总磷、流量	季度	

注:①制浆造纸企业全部按重点排污单位管理。
②设区的市级及以上生态环保主管部门明确要求安装自动监测设备的污染物指标,须采取自动监测。

1.2.4 排污许可证管理及申报

1.2.4.1 排污许可证制度

排污许可是指生态环境保护主管部门依排污单位的申请和承诺,通过发放排污许可证的法律文书形式,依法依规规范和限制排污单位的排污行为并明确环境管理要求,依据排污许可证对排污单位实施监管执法的环境管理制度。原环境保护部发布的《排污许可证管理暂行规定》(环水体〔2016〕186号)、《排污许可管理办法(试行)》(部令 第48号),规定了企业承诺、自行监测、台账记录、执行报告、信息公开等制度。企业承诺并对申请材料的真实性、完整性、合法性负责是企业取得排污许可证的重要前提,自行监测、台账记录、执行报告制度是排污单位自行判定达标、及时发现运行过程中的环保问题以及换算实际排放量的重要基础,是企业自证守法的主要依据,同时也是环保部门核查企业达标排放、判定企业按证排污的重要检查内容和执法依据。

排污许可证的主要内容:

(1) 排污许可证由正本和副本构成,正本载明基本信息,副本包括基本信息、登记事项、许可事项、承诺书等内容。设区的市级以上地方环境保护主管部门可以根据环境保护地方性法规,增加需要在排污许可证中载明的内容。

(2) 在排污许可证正本和副本中载明:排污单位名称、注册地址、法定代表人或者主要负责人、技术负责人、生产经营场所地址、行业类别、统一社会信用代码等排污单位基本信息;排污许可证有效期限、发证机关、发证日期、证书编号和二维码等基本信息。

(3) 在排污许可证副本中记录:主要生产设施、主要产品及产能、主要原辅材料等;产排污环节、污染防治设施等;环境影响评价审批意见、依法分解落实到本单位的重点污染物排放总量控制指标、排污权有偿使用和交易记录等。

(4) 经核发环保部门审核后,在排污许可证副本中进行规定:排放口位置和数量、污染物排放方式和排放去向等;排放口和无组织排放源排放污染物的种类、许可排放浓度、许可排放量;取得排污许可证后应当遵守的环境管理要求。

(5) 由核发环境保护部门根据排污单位的申请材料、相关技术规范和监管需要,在排污许可证副本中进行规定:污染防治设施运行和维护、无组织排放控制等要求;自行监测要求、台账记录要求、执行报告内容和频次等要求;排污单位信息公开要求;法律法规规定的其他事项。

(6) 排污单位在申请排污许可证时,应当按照自行监测技术指南,编制自行监测方案。自行监测方案应当包括以下内容:监测点位及示意图、监测指标、监测频次;使用的监测分析方法、采样方法;监测质量保证与质量控制要求;监测数据记录、整理、存档要求等。

(7) 排污许可证自作出许可决定之日起生效。首次发放的排污许可证有效期为3年,延续换发的排污许可证有效期为5年。

1.2.4.2 排污许可证的申请

(1) 排污许可证申请表主要内容包括:排污单位基本信息,主要生产设施、主要产品及产能、主要原辅材料,废气、废水等产排污环境和污染防治设施,申请的排放口位置和数量、排放方式、排放去向,按照排放口和生产设施或者车间申请的排放污染物种类、排放浓度和排放量，执行的排放标准。

（2）自行监测方案。

（3）由排污单位法定代表人或者主要负责人签字或者盖章的承诺书。

（4）排污单位有关排污口规范化的情况说明。

（5）建设项目环境影响评价文件审批文号，或者按照有关国家规定经地方人民政府依法处理、整顿规范并符合要求的相关证明材料。

（6）排污许可证申请前信息公开情况说明表。

（7）污水集中处理设施的经营管理单位还应当提供纳污范围、纳污排污单位名单、管网布置、最终排放去向等材料。

（8）本办法实施后的新建、改建、扩建项目排污单位存在通过污染物排放等量或者减量替代削减获得重点污染物排放总量控制指标情况的，且出让重点污染物排放总量控制指标的排污单位已经取得排污许可证的，应当提供出让重点污染物排放总量控制指标的排污单位的排污许可证完成变更的相关材料。

（9）法律法规规章规定的其他材料。

1.3 轻化工业废水排放标准

1.3.1 水污染物排放标准概述

水污染物排放标准是指为实现水环境质量改善目标，结合技术、经济条件和水环境特点，对点源排放废水的排放方式、水污染物种类、排放限值应急监控方式等所作出的限制性规定，是规范点源水污染物排放行为的基本要求，是判定排污活动是否违法的依据。

国家排放标准是国家生态环境保护行政主管部门制定并在全国范围内或特定区域内适用的标准，如 GB 8978—1996《污水综合排放标准》适用于全国范围。

地方排放标准是由省、自治区、直辖市人民政府批准颁布，在特定行政区域内适用。对国家排放中没作规定的项目，可以制定地方污染物排放标准；对国家污染物排放标准已作规定的项目，可以制定严于国家污染物排放标准的地方污染物排放标准。如上海市制定了 DB31/199—2018《污水综合排放标准》，适用于上海市范围。有地方排放标准，执行地方排放标准，地方标准中没有的污染物指标和行业，执行相应的国家标准。

行业排放标准指适用于某一行业排污单位或设施的排放标准。目前我国造纸工业、船舶工业、海洋石油开发工业、纺织染整工业、肉类加工工业、钢铁工业、合成氨工业、航天推进剂使用、兵器工业、磷肥工业、烧碱、聚氯乙烯工业等行业执行行业标准。

国家排放标准分为综合排放标准和行业排放标准，综合排放标准与行业排放标准不交叉执行。即凡是已有发布的行业标准的工业污染物排放，一律执行行业排放标准，没有行业标准的执行综合排放标准，

国家排放标准和地方排放标准都是强制性标准，是工程建设环境影响评价、设计、建设、验收和管理的标准依据。

综合排放标准和行业排放标准根据技术发展和生态环境保护要求适时进行修订。

为了保证合流管道、泵站、预处理设施的安全、正常运行，发挥设施的社会效益、经

济效益、环境效益，有关部门制定了纳管标准，即排水企业向城市下水道或合流管道排放污水的水质控制标准，如 GB/T 31962—2015《污水排入城镇下水道水质标准》，规定了排入城市下水道污水中 46 种有害物质的最高允许浓度。因此，排水企业首先需要满足国家排放标准，然后满足地方排放标准。对于特殊行业的排水单位，除了应遵守国家排放标准和地方排放标准外，还应执行其行业排放标准。

1.3.2　GB 8978—1996《污水综合排放标准》

1.3.2.1　标准分级

GB 8978—1996《污水综合排放标准》分为一级、二级和三级排放标准。

①对排入 GB 3838—2002《地表水环境质量标准》的Ⅲ类水域和排入 GB 3097—1997《海水水质标准》的Ⅱ类海域的污水，执行一级标准。

②对排入 GB 3838—2002《地表水环境质量标准》的Ⅳ、Ⅴ类水域和排入 GB 3097—1997《海水水质标准》的Ⅲ类海域的污水，执行二级标准。

③对排入设置二级污水处理厂的处置排水系统的污水，执行三级标准。

④排入未设置二级污水处理厂的城镇排水系统的污水，必须根据排水系统出水受纳水域的功能要求，分别执行①、②两项规定的一级或二级标准。

⑤GB 3838—2002《地表水环境质量标准》的Ⅰ、Ⅱ类水域和Ⅲ类水域中划定的保护区和游泳区以及 GB 3097—1997《海水水质标准》的Ⅰ类海域，禁止新建排污口，现有排污口应按水体功能要求实行污染物总量控制，以保证受纳水体水质符合规定用途的水质标准。

1.3.2.2　污染物分类

GB 8978—1996《污水综合排放标准》规定了 69 种水污染物最高允许排放浓度及部分行业最高允许废水排放量，排放的污染物按其性质及控制方式分为两类。

（1）第一类污染物

第一类污染物包括总汞、烷基汞、总镉、总铬、六价铬、总砷、总铅、总镍、苯并[a]芘、总铍、总银、总α放射性、总β放射性共 13 项，其特点是毒性大，且能在环境中及动植物体内蓄积，对人体健康产生极大危害。不分行业和污水的排放方式，也不分受纳水体的功能、类别，一律在车间或车间处理设施排放口采样（采矿行业的尾矿坝出水口不得视为车间排放口），其最高允许排放浓度必须达到本标准要求，见表 1-2-1。

（2）第二类污染物

第二类污染物包括 pH、色度（稀释倍数）、悬浮物（SS）、五日生化需氧量（BOD_5）、化学需氧量（COD）、石油类、动植物油、挥发酚、总氰化合物、硫化物、氨氮、氟化物、磷酸盐（以 P 计）、甲醛、苯胺类、硝基苯类、阴离子表面活性剂（LAS）、总铜、总锌、总锰、彩色显影剂、显影剂及氧化物总量、元素磷、有机磷农药（以 P 计）、粪大肠菌群数、总余氯（采用氯化消毒的医院污水）等 56 项，在排污单位排放口采样，其最高允许排放浓度必须达到本标准要求。

建设的单位包括扩建和改建，建设单位的设计以环境影响评价报告书批准日期为准。

1.3.3　GB 3544—2008《制浆造纸工业水污染物排放标准》

GB 3544—2008《制浆造纸工业水污染物排放标准》规定了制浆造纸工业企业或生产

设施水污染物排放限值、监测和监控要求，以及标准的实施与监督等相关要求。

该标准规定以吨产品负荷为控制基点，以碱回收加二级生化，并辅助以适当的物化处理为技术依托，确定制浆造纸工业吨产品最高允许污染物排放（吨产品负荷）和日均最高水污染物排放浓度。

GB 3544—2008《制浆造纸工业水污染物排放标准》将制浆造纸工业的水污染物排放值分为现有企业水污染物排放值，新建企业水污染物排放限值及水污染物特别排放限值3种标准。水污染物特别排放限值是根据环境保护要求，在国土开发密度较高、环境承载能力开始减弱，或水环境容量小、生态环境脆弱，容易发生严重水环境污染问题而需要采取特别保护的地区的企业需要执行的标准。

GB 3544—2008《制浆造纸工业水污染物排放标准》对标准 GB 3544—1992 的指标值进行了调整，对 BOD_5、COD_{Cr}、SS、AOX 及排水量的要求更加严格，并将色度、氨氮、总氮、总磷、二噁英首次列入指标中，制浆造纸废水中主要控制指标的排放标准限值见表1-3-1。对废纸制浆的最高允许废水排放量，按照漂白木浆 $220m^3/t$、本色木浆 $150m^3/t$ 浆执行。本色浆和脱墨废纸浆的最高允许排水量一律规定为 $60m^3/t$ 浆。

表1-3-1　　　GB 3544—2008《制浆造纸工业水污染物排放标准》[4]

污染物	单位	制浆企业	制浆和造纸联合	造纸企业
pH	—	6～9	6～9	6～9
色度	倍	50	50	50
SS	mg/L	50	30	30
COD	mg/L	100	90	80
BOD_5	mg/L	20	20	20
氨氮	mg/L	12	8	8
总氮	mg/L	15	12	12
总磷	mg/L	0.8	0.8	0.8
可吸附有机卤素	mg/L	12	12	12
二噁英	pgTEQ/L	30	30	30
单位产品基准排水量	t/t(浆)	50	40	20

1.3.4　GB 4287—2012《纺织染整工业水污染物排放标准》

GB 4287—2012《纺织染整工业水污染物排放标准》规定了纺织染整工业企业或生产设施水污染物排放限值、监测和监控要求，以及标准的实施与监督等相关要求。

该标准适用于现有纺织染整工业企业或生产设施的水污染物排放管理。适用于对纺织染整工业企业建设项目的环境影响评价、环境保护设施设计、竣工环境保护验收及其投产后的水污染物排放管理。

该标准不适用于洗毛、麻脱胶、煮茧和化纤等纺织原料的生产工艺水污染物排放管理。

该标准规定的水污染物排放控制要求，适用于企业直接或间接向其法定边界外排放水污染物的行为。

GB 4287—2012《纺织染整工业水污染物排放标准》明确了污染物排放控制要求及测试标准。

自 2013 年 1 月 1 日起至 2014 年 12 月 31 日止，现有企业水污染物排放浓度限制及单位产品基准排水量见表 1-3-2。

表 1-3-2　　　　现有企业水污染物排放浓度限制及单位产品基准排水量

(GB 4287—2012 表 1)[7]　　单位：mg/L（pH、色度除外）

序号	水污染项目	限值		污染物排放监控位置
		直接排放	间接排放[③]	
1	pH	6~9	6~9	企业废水总排放口
2	化学需氧量	100	500[④]/200[⑤]	
3	五日生化需氧量	25	150[④]/50[⑤]	
4	悬浮物	60	100	
5	色度	70	80	
6	氨氮	12 20[①]	20 30[①]	
7	总氮	20 35[①]	30 50[①]	
8	总磷	1.0	1.5	
9	二氧化氯	0.5	0.5	
10	可吸附有机卤素（AOX）	15	15	
11	硫化物	1.0	1.0	
12	苯胺类	1.0	1.0	
13	总锑	0.01	0.01	
14	六价铬	0.5		车间或生产设施废水排放口
单位产品基准排水量（m³/t，标准品[②]）	棉、麻、化纤及混纺机织物	175		排水量计量位置与污染物排放监控位置相同
	真丝绸机织物（含练白）	350		
	纱线、针织物	110		
	精梳毛织物	560		
	精梳毛织物	640		

注：①蜡染行业执行该限值。
②当产品不同时，可按 FZ/T 01002—2010 进行换算。
③废水进入城镇污水处理厂或经由城镇污水管线排放，应达到直接排放限值。
④适用于园区（包括工业园区、开发区、工业聚集地等）企业向能够对纺织染整废水进行专门收集和集中预处理（不与其他废水混合）的园区污水处理厂排放的情形，集中预处理的出水应满足⑤所要求的排放限值。
⑤适用于除③和④以外的其他间接排放情况。

自 2013 年 1 月 1 日起，新建企业水污染物排放浓度限制及单位产品基准排水量见表 1-3-3。

自 2015 年 1 月 1 日起，现有企业水污染物排放浓度限制及单位产品基准排水量见表 1-3-3。

表 1-3-3　　　　新建企业水污染物排放浓度限制及单位产品基准排水量

（GB 4287—2012 表 2）[7]　　　单位：mg/L（pH、色度除外）

序号	水污染项目		限值	污染物排放监控位置
		直接排放	间接排放③	
1	pH	6～9	6～9	企业废水总排放口
2	化学需氧量	80	500④/400⑤	
3	五日生化需氧量	20	150④/50⑤	
4	悬浮物	50	100	
5	色度	50	80	
6	氨氮	10　15①	20　30①	
7	总氮	15　25①	30　50①	
8	总磷	0.5	1.5	
9	二氧化氯	0.5	0.5	
10	可吸附有机卤素（AOX）	12	12	
11	硫化物	0.5	0.5	
12	苯胺类	不得检出	不得检出	
13	总锑	0.01	0.01	
14	六价铬	不得检出		车间或生产设施废水排放口
单位产品基准排水量（m³/t，标准品②）	棉、麻、化纤及混纺机织物	140		排水量计量位置与污染物排放监控位置相同
	真丝绸机织物（含练白）	300		
	纱线、针织物	85		
	精梳毛织物	500		
	精梳毛织物	575		

注：①蜡染行业执行该限值。
②当产品不同时，可按 FZ/T 01002 2010 进行换算。
③废水进入城镇污水处理厂或经由城镇污水管线排放，应达到直接排放限值。
④适用于园区（包括工业园区、开发区、工业聚集地等）企业向能够对纺织染整废水进行专门收集和集中预处理（不与其他废水混合）的园区污水处理厂排放的情形，集中预处理的出水应满足⑤所要求的排放限值。
⑤适用于除③和④以外的其他间接排放情况。

水污染物排放浓度限值适用于完成品实际排水量不高于单位产品基准排水量的情况。

在企业的生产设施同时生产两种以上产品时，可适用不同排放要求或不同行业国家污染物排放标准；生产设施产生的污水混合处理排放的情况下，应执行排放标准中规定的最严格的浓度限值。

在任何情况下，企业均应遵守本标准的污染物排放控制要求，采取必要措施保证污染防治设施正常运行。在发现企业耗水或排水量有异常变化的情况下，应核定企业的实际产品产量和排水量，按本标准规定换算水污染物基准水量排放浓度。

1.3.5 制革工业水污染物排放执行标准

国家行业排放标准按照两个标准不交叉执行原则，除规定的造纸工业、纺织染整等12个重点污染行业执行行业污水排放标准外，GB 8978—1996《污水综合排放标准》适用于现有单位水污染物的排放管理，以及建设项目的环境影响评价、建设项目环境保护设施设计、竣工验收及其投产后的排放管理。

制革工业废水排放执行 GB 8978—1996《污水综合排放标准》。皮革工业中，1997年12月31日以前建设的单位包括扩建和改建的，第二类污染物最高允许排放标准和允许排水量见表1-3-4和表1-3-5。1998年1月1日起建设的单位包括扩建和改建的，第二类污染物最高允许排放标准和允许排水量见表1-3-6和表1-3-7。

表 1-3-4　　　　　皮革工业第二类污染物最高允许排放浓度（摘）

（1997年12月31日以前建设的单位）[8]　单位：mg/L（pH、色度除外）

序号	污染物	适用范围	一级标准	二级标准	三级标准
1	色度（稀释倍数）	其他排污单位	50	80	—
2	悬浮物（SS）	其他排污单位	70	200	400
3	五日生化需氧量（BOD_5）	皮革	30	150	600
4	化学需氧量（COD）	皮革	100	300	1000
5	硫化物	一切排污单位	1.0	2.0	3.0
6	氨氮	其他排污单位	15	25	—
7	甲醛	一切排污单位	1.0	2.0	5.0
8	苯胺类	一切排污单位	1.0	2.0	5.0
9	硝基苯类	一切排污单位	2.0	3.0	5.0
10	pH	一切排污单位	6～9	6～9	6～9
11	挥发酚	一切排污单位	0.5	0.5	2.0
12	动植物油	一切排污单位	20	20	100

表 1-3-5　　　　　　　皮革工业最高允许排水量（摘）

（1997年12月31日以前建设的单位）[8]

产品类别	猪盐湿皮	牛干皮	羊干皮
最高允许排水量/(m^3/t)	60	100	150

注：本表仅引用1996标准中皮革工业最高允许排水量。

表 1-3-6　　　　　　　　皮革工业第二类污染物最高允许排放浓度

（1998年1月1日后建设的单位）[8]　单位：mg/L（pH、色度除外）

序号	污染物	一级标准	二级标准	三级标准
1	pH	6~9	6~9	6~9
2	色度（稀释倍数）	50	80	—
3	悬浮物（SS）	70	150	400
4	五日生化需氧量（BOD_5）	20	100	600
5	化学需氧量（COD）	100	300	1000
6	硫化物	1.0	1.0	1.0
7	氨氮	15	25	—
8	挥发酚	0.5	0.5	2.0
9	动植物油	10	15	100

表 1-3-7　　　　　　　　皮革工业最高允许排水量（摘）

（1998年1月1日后建设的单位）[8]

产品类别	猪盐湿皮	牛干皮	羊干皮
最高允许排水量/(m^3/t)	60	100	150

注：本表仅引用皮革工业最高允许排水量。

1.4　工业用水水质要求

天然水体是人类的主要资源，为了保护天然水体的质量，不因污水排入而导致恶化甚至破坏，在水环境管理中需要控制水体水质分类，达到一定的水环境标准要求。水环境质量标准是污水排入水体时采用排放标准等级的重要依据，我国目前水环境质量标准主要有 GB 3838—2002《地表水环境质量标准》、GB 3097—1997《海水水质标准》、GB/T 14848—2017《地下水质量标准》等。

1.4.1　GB 3838—2002《地表水环境质量标准》

依据地表水水域环境功能和保护目标，GB 3838—2002《地表水环境质量标准》按功能高低依次将水体划分为5类：

Ⅰ类：主要适用于源头水、国家自然保护区；

Ⅱ类：主要适用于集中式生活饮用水地表水源地一级保护区、珍稀水生生物栖息地、鱼虾类产卵场、幼鱼的索饵场等；

Ⅲ类：主要适用于集中式生活饮用水地表水源地二级保护区、鱼虾类越冬场、洄游通道、水产养殖区等渔业水域及游泳区；

Ⅳ类：主要适用于一般工业用水区及人体非直接接触的娱乐用水区；

Ⅴ类：主要适用于农业用水区及一般景观要求水域。

Ⅳ类及以上水质的地表水可以作为工业用水水源，部分企业的用水计划要求参见表1-4-1。

表 1-4-1　　　　　　　　　　　　　工业用水水质参考标准[2]

工业用水	浊度/NTU	色度/度	总硬度/德国度	总碱度/(mg/L)	pH	总含盐量/(mg/L)	铁/(mg/L)	锰/(mg/L)	硅酸/(mg/L)	氯化物/(mg/L)	高锰酸盐指数/(mg/L)
制糖	5	10	5	100	6~7	—	0.1	—	—	20	10
造纸（高级纸）	5	5	3	50	7	100	0.05~0.10	0.05	20	75	10
造纸（一般纸）	25	15	5	100	7	200	0.2	0.1	50	75	20
造纸（粗纸）	50	30	10	200	6.5~7.6	500	0.3	0.1	100	200	—
纺织	5	30	2	200	—	400	0.25	0.25	—	100	
染色	5	5~20	1	100	6.5~7.5	150	0.1	0.1	15~20	4~8	10
洗毛	—	70	2	—	6.5~7.5	150	1.0	1.0	—		1
鞣革	20	10~100	3~7.5	200	6~8	—	0.1~0.2	0.1~0.2		10	
人造纤维	0	15	2		7.0~7.5		0.2	—			6
黏液丝	5	5	0.5	50	6.5~7.5	100	0.05	0.03		5	5
透明胶片	2	2	3		6~8		0.07			10	
合成橡胶	2	—	1		6.5~7.5	10	0.05			20	
聚氯乙烯	3		2		7	150	0.3			10	
合成染料	0.5	0	3		7.0~7.5	150	0.05			25	
洗涤剂	6	20	5		6.5~8.5	150	0.3			50	
缫丝	2	—	5~8	100	6.8~7.6	150~400	0.1~0.3	0.1		40	3~8

注：1L 水中含有 10mgCaO 为 1 德国度。

1.4.2　GB/T 14848—2017《地下水质量标准》

依据我国地下水水质现状、人体健康基准值及地下水质量保护目标，并参照生活饮用水及工业、农业用水水质最低要求，GB/T 14848—2017《地下水质量标准》将地下水质量划分为 5 类：

Ⅰ类：地下水化学组分含量低，适用于各种用途；

Ⅱ类：地下水化学组分含量较低，适用于各种用途；

Ⅲ类：地下水化学组分含量中等，以 GB 5749—2006《生活饮用水卫生标准》为依据，主要适用于集中式生活饮用水水源及工农业用水；

Ⅳ类：地下水化学组分含量较高，以农业和工业用水质量要求以及一定水平的人体健康风险为依据，适用于农业和部分工业用水，适当处理后可作生活饮用水；

Ⅴ类：地下水化学组分含量高，不宜作为生活饮用水水源，其他用水可根据使用目的选用。

1.4.3 GB3097—1997《海水水质标准》

按照海域的不同使用功能和保护目标，GB 3097—1997《海水水质标准》将海水水质分为4类：

第一类：适用于海洋渔业水域、海上自然保护区和珍稀濒危海洋生物保护区；

第二类：适用于水产养殖区、海水浴场、人体直接接触海水的海上运动或娱乐区，以及与人类食用直接有关的工业用水区；

第三类：适用于一般工业用水区，滨海风景旅游区；

第四类：适用于海洋港口水域，海洋开发作业区。

GB8978—1996《污水综合排放标准》规定，地表水Ⅰ和Ⅱ类水域、Ⅲ类水域中划定的保护区和海洋水体中第一类海域，禁止新建排污口，现有排污口应按水体功能要求，实行污染物总量控制，以保证受纳水体水质符合规定用途的水质标准。

1.4.4 GB/T 19923—2005《城市污水再生利用 工业用水水质》

GB/T 19923—2005《城市污水再生利用 工业用水水质》规定了以城市再生水为工业用水水源的水质控制要求，见表1-4-2。

表1-4-2 再生水用作工业用水水源水质标准（GB/T 19923—2005）[2]

序号	控制项目	冷却用水		洗涤用水	锅炉补给水	工艺与产品用水
		直流冷却水	敞开式循环冷却水系统补充水			
1	pH	6.5~9.0	6.5~8.5	6.5~9.0	6.5~8.5	6.5~8.5
2	悬浮物/(mg/L)≤	30	—	30	—	—
3	浊度/(NTU)≤	—	5	—	5	5
4	色度/(度)≤	30	30	30	30	30
5	BOD_5/(mg/L)≤	30	10	30	10	10
6	COD/(mg/L)≤	—	60	—	60	60
7	铁/(mg/L)≤	—	0.3	0.3	0.3	0.3
8	锰/(mg/L)≤	—	0.1	0.1	0.1	0.1
9	氯离子/(mg/L)≤	250	250	250	250	250
10	二氧化硅(SiO_2,mg/L)≤	50	50	—	30	30
11	总硬度(以$CaCO_3$计,mg/L)≤	450	450	450	450	450
12	总碱度(以$CaCO_3$计,mg/L)≤	350	350	350	350	350
13	硫酸盐/(mg/L)≤	600	250	250	250	250
14①	氨氮(以N计,mg/L)≤	—	10	—	10	10
15	总磷(以P计,mg/L)≤	—	1	—	1	1
16	溶解性总固体/(mg/L)≤	1000	1000	1000	1000	1000
17	石油类/(mg/L)≤	—	1	—	1	1

续表

序号	控制项目	冷却用水 直流冷却水	冷却用水 敞开式循环冷却水系统补充水	洗涤用水	锅炉补给水	工艺与产品用水
18	阴离子表面活性剂/(mg/L)≤	—	0.5	—	0.5	0.5
19[②]	余氯/(mg/L)≥	0.05	0.05	0.05	0.05	0.05
20	粪大肠菌群(个/L)≤	2000	2000	2000	2000	2000

注：①当敞开式循环冷却水系统换热器为铜质时，循环冷却系统中循环水的氨氮指标应该小于1mg/L。
②加氯消毒是管末梢值。

1.5 轻化工程废水处理技术

1.5.1 工业废水处理基本方法

轻化工程水污染控制是将企业生产废水中所含的污染物分离、回收利用，或转化为无害和稳定的物质，使水质得到净化的过程，其目的是使处理后的水满足工业生产需要或不破坏受纳水体的水环境和水生态功能。

工业水处理技术按其作用原理及单元，可分为预处理、物理处理、化学和物理化学处理及生物处理四大类。

（1）预处理

为保证工业废水的处理效果，特别是保证生物处理工艺高效稳定的工作，废水处理前常需要用各种预处理技术来控制粗大漂浮物、有毒物质、不可接纳的高浓度酸碱物质和油脂等，并减少水力负荷和有机负荷的波动。常用的预处理技术单元包括格栅和筛网、调节池、沉砂、隔油、酸碱中和及冷却等。

（2）物理处理

物理处理是利用物理原理和方法，分离或回收废水中不溶解的悬浮物，处理过程中不改变污染物质的化学性质。常用的物理处理技术单元包括沉淀、气浮、过滤及蒸发等。

（3）化学和物理化学处理

利用化学反应原理和方法，使废水中的污染物与投加的化学药剂发生化学反应，从而分离、去除、回收呈溶解、胶体状态的污染物或将其转化为无害物质。常用的化学处理技术单元包括化学混凝、化学沉淀、氧化还原、吸附、离子交换、膜分离、消毒及电解等。

（4）生物处理

利用微生物的新陈代谢功能，吸附、降解废水中的有机污染物和某些无机物，使其转化为稳定、无害的物质。按微生物对氧的需求，生物处理法可分为好氧生物处理法和厌氧生物处理法；按微生物的存在形式，可以分为活性污泥法和生物膜法。

1.5.2 轻化工废水处理工艺流程的确定

废水处理工艺流程是对各单元处理技术（构筑物）的优化组合。轻化工废水处理工艺流程的确定，取决于原废水的性质、水质和水量的变化幅度、要求的处理程度、建设单位的自然地理条件（如气候、地形）、可利用的土地面积、工程投资和运行费用等因素。

处理程度是影响工艺流程选择的重要因素，通常根据处理后的尾水出路来确定。若出水回用，则根据相应的回用水水质标准确定；若排入天然水体或城市下水道，根据 GB 8978—1996《污水综合排放标准》、GB/T 31962—2015《污水排入城镇下水道水质标准》、行业排放标准（如 GB 3544—2008《制浆造纸工业水污染物排放标准》、GB 4287—2012《纺织染整工业水污染物排放标准》）以及地方标准确定。

原废水的性质和水质水量变化特征是影响工艺流程选择的另一重要因素。轻化工业废水污染组分复杂、污染严重，而且随着排放标准要求的不断提高，采用单一的处理方法很难实现达标排放，因此多采用组合的处理技术和工艺流程，一般在设计时需进行多方案的比选；通过对各方案的基本建设投资和运行、维修费用等进行优化比选，确定工艺流程。处理技术和工艺流程的组合一般遵循先易后难、先简后繁的原则，首先使用物理法，然后使用生物法和物化法；先去除粗大漂浮物质，然后依次去除悬浮固体、胶体物质、溶解性物质。

1.5.3　清洁生产与轻化工废水污染控制

1.5.3.1　清洁生产概念

最初工业污染防治仅依赖于污染物产生后的末端治理，而不考虑生产流程中污染物产生的预防与控制。工业废水的末端治理往往会造成污染物从废水中转移到污泥中，如果污泥得不到妥善处置，就可能污染土壤或者地下水，造成更大范围的危害。因此，近代工业逐步转变污染治理观念，由污染治理的被动反应转移到污染预防的主动反应，由"只治不防"的末端治理转变为"从源头控制和过程控制污染物的产生"的清洁生产。

清洁生产是指不断采用改进设计、使用清洁的能源和原料、采用先进的工艺技术和设备、改善管理、综合利用等措施，从源头削减污染，提高资源利用效率，减少或者避免生产、服务和产品使用过程中污染物的产生和排放，以减轻或者消除对人类健康和环境的危害。

和末端治理相比，清洁生产具有以下特征：

(1) 清洁生产"以预防为主"，从生产环节就开始控制污染物的产生并对最终产生的废物进行综合利用，从源头削减污染物的产生。

(2) 清洁生产综合性高，从产品设计、原材料的选择、生产工艺和生产管理的优化、设备的更新、废物的综合利用各个环节入手解决污染物减量问题，从而达到"节能、降耗、减污、增效"的目的，实现经济和环境效益的双赢，并力求减少对整体环境的影响，避免了末端治理中污染物从一种介质迁移至另一种介质的局面。

(3) 清洁生产是个持续进行的深化过程，必将随着各方面的技术进步、管理水平的提高而不断推进。

清洁生产是从全方位、多角度的途径实现全过程污染控制，可以概括为四个主要方面：

① 清洁的原料、能源；
② 清洁的生产过程；

③清洁的产品；

④对必须排放的污染物进行低费高效处理。

1.5.3.2 轻化工程水污染控制基本途径

轻化工程水污染控制基本途径有两个：一是废水的减量化；二是废水的再利用。通过这两个途径，水资源的综合利用率得以提高，可缓解工业迅速发展与水资源逐渐匮乏之间的矛盾。

（1）废水的减量化

废水的减量化是指在末端治理前，通过原材料革新、工艺流程改进、设备干燥等手段减少最终废水和污染物的排放量，实现废液循环利用和水的重复利用。

①使用毒性小或无毒的生产原料或者改进生产工艺，以提高转化率，降低废水中污染物的含量或者废水产生量。例如，在造纸行业以二氧化氯为主的漂白技术替代传统氯气漂白工艺后，能大大降低漂白废水中的 AOX 含量，提高水的循环利用率，降低废水排放量。再如，制革工业中，通过提高鞣制后期 pH、提高鞣制过程温度、延长鞣制时间等，能提高铬盐的吸收和固定程度，减少铬的排放。还可以通过使用交联剂、助鞣剂和减少铬复合鞣制剂用量的方法，减少鞣制废液中铬的含量和浓度。

②通过关键设备或工艺提高原料的转化率或进行废料再循环，可以减少废水的产生和污染物的排放。例如，在造纸行业中，采用传统开放筛浆系统清洗纸浆时，耗水量高达 100m³/t 浆；如果洗涤水系统也是开放的，耗水量可高达 200～300m³/t 浆；若采用进口压力筛，并改为逆流洗涤封闭筛选系统，则工艺用水量可减少到 50m³/t 浆。用水量和废水产生量均大大降低。

③将含较高浓度的生产废液去除杂质后回收利用，不仅可减轻后续废水处理系统的压力，还可增加企业的经济效益。例如，制浆造纸行业由制浆、洗浆、漂白、抄纸等工序组成。其中，造纸黑液虽然排放量不大，却是有机污染物的主要负荷来源，主要包括木质素、半纤维素等难降解产物以及色素、戊糖、残碱等其他溶出物。目前制浆中采用的清洁生产技术主要是黑液的碱回收系统，它包括对黑液的提取、蒸发、燃烧和苛化等过段。经过蒸发浓缩的浓黑液进入燃烧炉，有机污染物被焚烧转化为热能以供黑液的蒸发、燃烧；黑液中大量的无机盐以熔融状态流出燃烧炉排入水中，形成"绿液"；"绿液"与石灰反应苛化成为"白液"，澄清的"白液"含有氢氧化钠和硫化钠，可回用于蒸煮过段，实现化学品的循环利用。

（2）废水的再利用

如图 1-5-1 所示，工业废水再生利用的 3 种闭路循环模式包括串接重复利用、生产工艺内循环利用以及再生处理后利用。

串接重复利用是典型的水重复利用系统，是根据生产过程中各工序、各车间或者不同范围内对用水水质的不同要求，将水质要求较高的用水系统的排污水作为水质要求较低的系统的补充水，实现水的依次再利用。例如，在印染漂洗工段，多级漂洗槽形成阶梯式排列，在最后一级漂洗槽供水，水流方向与产品传送方向相反。当末级漂洗槽达到控制浓度时，末槽补充新水，第一级的漂洗槽溢流排放，其他各级清洗槽逐级逆向换水，这样不但清洗效果好，而且可以节省 90% 以上的漂洗用水，显著减少新鲜水用量和废水排放量。

生产工艺内循环利用特点是回收的废水在排放到废水处理站之前就得到了循环利用，

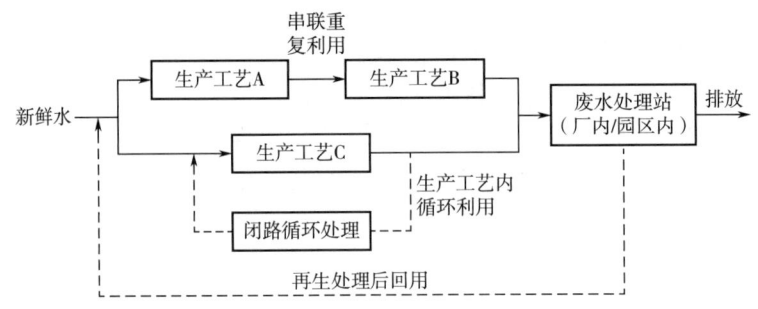

图 1-5-1　工业废水再生利用的 3 种闭路循环示意图

能有效减少废水排放量,降低废水处理成本。在许多水量大、含有清洗环节的工厂里,通过废水的清浊分流,大量轻污染的废水能在工艺内直接回用或经过简单处理后回用生产工艺,从而实现水在生产工艺内的闭路循环。例如,在制浆造纸行业中,造纸白水的污染程度相对较低,经过多盘式真空过滤或者加压溶气气浮处理就能回收其中的纤维等有用物质,处理后水的 COD 为 $80\sim120\text{mg/L}$,SS 在 100mg/L 以下,可以直接回用至抄纸工段用于冲网、冲毯,还能用于碎浆、调浆等,从而降低造纸环节新鲜水的消耗量和废水排放量。

废水处理后,可通过混凝、活性炭吸附等物理化学的深度处理方法,进一步改善水质后再回用于生产,以提高回用水的经济价值。典型的化学制浆造纸废水再生利用系统如图 1-5-2 所示,在经过黑液回收和白水再生利用后,剩余的主要为中段废水,其废水量和有机污染负荷大大地减少。在原有的二级生物处理基础上增加高级氧化或者化学絮凝深度处理后,水质可达到 $COD\leqslant80\text{mg/L}$,$BOD_5\leqslant20\text{mg/L}$,$SS\leqslant50\text{mg/L}$,出水经过简单处理或直接回用到造纸生产中的一些水质要求不高的工艺环节,上述回用的方法可以回用造纸厂内约 30% 处理后的工业废水。

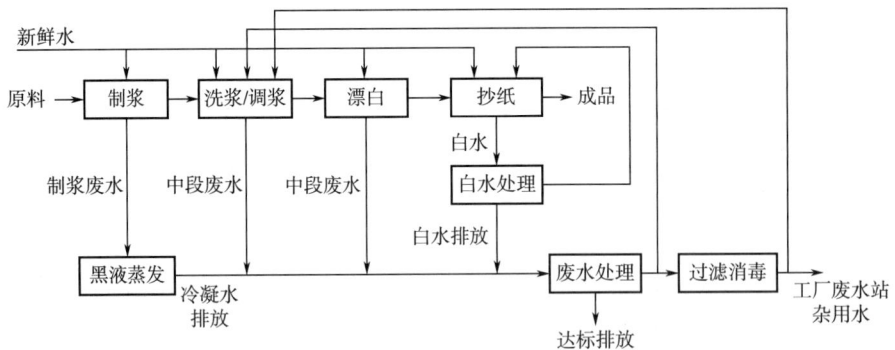

图 1-5-2　化学制浆造纸行业废水再生处理后回用示意图

在用水量大的企业,或者当地政府对用水额度进行控制时,还可以考虑将处理达标的工业废水全部或部分通过以微(超)滤、反渗透为主体的双膜脱盐回用处理系统,以取得优质的再生水。经过反渗透处理,废水中相对分子质量大于 500 的有机污染物、色度和溶解性盐分都能彻底去除,再生后的水质甚至优于市政自来水的水质,回用范围广泛。由于膜处理工艺的投资和运行费用都远高于活性炭吸附和混凝沉淀等常规深度处理工艺,这种方法一般只用于发达地区的工业园区或者用水量很大的大型工业企业。

从提高水资源使用效率的角度出发，工业系统应尽可能实施水的闭路循环，提高水的重复利用率，以减少对新鲜水的消耗和废水的排放。然而，在水的重复利用过程中，存在污染物的富集过程，出于产品质量控制对水质的要求，总有一部分废水最终需要排放。为进一步减少新鲜水的消耗和废水的排放，可以对排放的废水经过再生处理达到生产工艺要求后进行再利用。但废水的再生过程会增加水处理成本，因此在进行工业废水再生利用时，应充分考虑废水的水质以及回用生产所需要的水质，选择合理回用途径和回用处理方法，在不影响生产和产品品质的前提下，以期回用率和经济效益最大化。

思 考 题

1. 轻化工程废水特点及主要水质指标有哪些？
2. 分析总固体、溶解性固体、悬浮固体及挥发性固体、固定性固体指标之间的相互关系。
3. 废水有机物含量的综合指标有哪些？分析 BOD、COD 和 TOC 之间的联系与区别。
4. 简述废水中的氮、磷及其化合物的存在形式。
5. 为什么工业废水的收集与处理应遵循清污分流的原则？企业废水排水系统的组成有哪些？排污企业为什么要自行监测？简述排污许可证制度。
6. 试述水环境容量、水环境质量标准和废水排放标准之间的关系。
7. 简述 GB 8978—1996《污水综合排放标准》规定的第一类和第二类污染物的主要指标及其采样要求。轻化工行业废水处理执行什么排放标准？
8. 以再生水作为水源的循环冷却水，其水质要求有哪些？企业污水欲合法排放，需满足何种水质要求？
9. 废水处理方法有哪些？各有哪些特点？处理工艺流程选择应遵循什么原则？

第 2 章　废水预处理

为保证工业废水的处理效果，特别是保证生物处理工艺高效稳定地工作，废水处理前常需要用各种预处理技术来控制粗大漂浮物、有毒物质、不可接纳的高浓度酸碱物质和油脂等的含量，并减少水力负荷和有机负荷的波动。常用的预处理技术单元包括格栅和筛网、调节池、沉砂、隔油、酸碱中和及冷却等。

2.1　格栅和筛网

2.1.1　格栅作用及类型

2.1.1.1　格栅作用

格栅是截留污水中粗大漂浮物的处理设施，由一组平行的金属棒或栅条支出的框架组成，通常安装在废水渠道、泵房集水井的进口处或废水处理设施的前端格栅井中，以防止水泵、管道和处理设备堵塞，并减轻后续构筑物的处理负荷。被截留的物质称为栅渣。

2.1.1.2　格栅类型

按栅条净间隙，可分为粗格栅（50～100mm）、中格栅（10～40mm）和细格栅（3～10mm）3 种。

按栅条断面形状，可分为方形、圆形和矩形等，其中矩形栅条因刚度好、不易变形而常被采用。

按栅渣的清除方式，可分为人工清渣和机械清渣两种。人工清渣适用于所需截留的栅渣量少的中小型污水处理，格栅与水平面的倾角为 50°～60°。机械清渣适用于大中型污水处理，常用的机械清渣格栅有往复移动耙式、回转式、钢丝绳牵引式、阶梯式、转鼓式等，如图 2-1-1 所示。

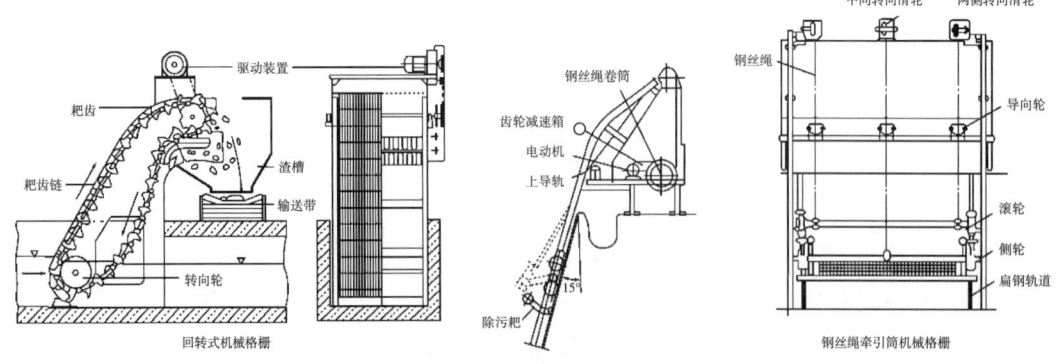

图 2-1-1　机械格栅示意图

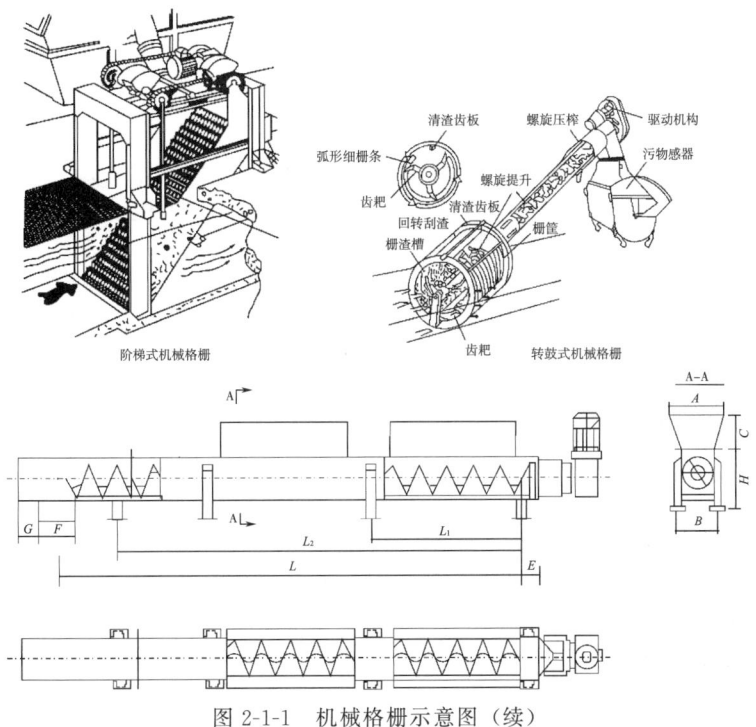

图 2-1-1 机械格栅示意图（续）

按格栅形状，可分为平面格栅（图 2-1-2）和曲面格栅两种（图 2-1-3）。

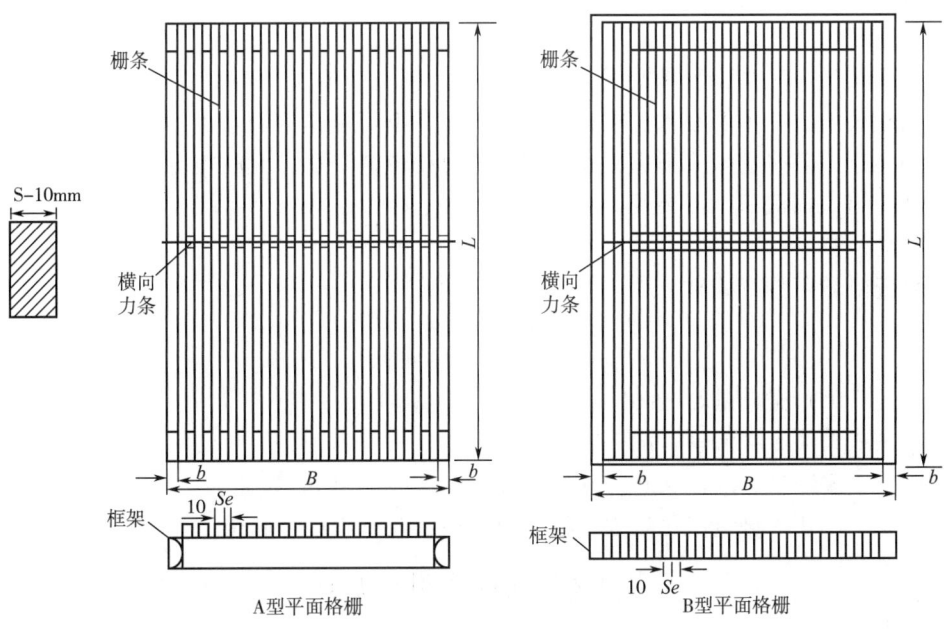

图 2-1-2 平面格栅示意图

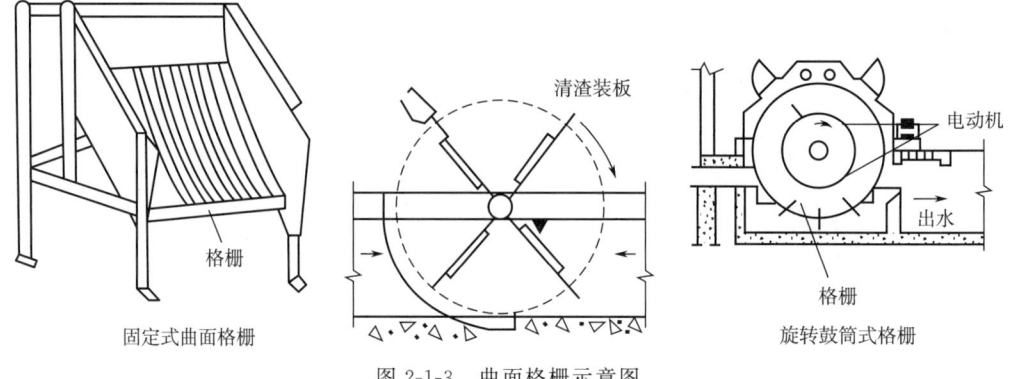

图 2-1-3 曲面格栅示意图

2.1.1.3 格栅运行控制条件

格栅运行管理和设计的主要参数包括栅距、过栅流速、过栅水头损失和栅渣量。

(1) 栅距的选择

栅距的大小直接影响格栅的去污效果。在废水处理工艺流程中,格栅一般按照先粗后细的原则进行设置。粗格栅一般设置在泵站集水池中(提升泵前),而后在沉砂池前设置细格栅。泵前格栅的栅条间距以稍小于水泵的叶轮间隙为宜。一般离心泵的叶轮间隙较小,相应选择的栅距小些;轴流泵的叶轮间隙较大,选择的栅距大些;混流泵居中。

(2) 过栅流速

废水在栅前渠道的流速一般控制在 0.4~0.8m/s,过栅流速控制在 0.6~1.0m/s。过栅流速太大,容易把需要截留的软性栅渣冲走;过栅流速太小,废水中粒径较大的粒状物质有可能在栅前渠道内沉积。

(3) 过栅水头损失

过栅水头损失是指格栅前后的水位差,与过栅流速有关,一般在 0.08~0.15m。若格栅水头损失增大,说明废水过栅流速增大,此时有可能是格栅水量增加,更有可能是格栅局部被堵死;若格栅水头损失减小,则说明过栅流速降低,此时很可能是由于较大颗粒物质在栅前渠道内沉积,需要及时清除。

(4) 栅渣量

每日栅渣量可按下式计算:

$$W=\frac{Q_{max}W_1 \times 86400}{K_z \times 1000} \tag{2-1-1}$$

式中 W——每日栅渣量,m^3/d;

Q_{max}——最大废水流量,m^3/d;

W_1——栅渣量,取值 0.01~0.10,$m^3/1000m^3$(栅渣/废水);

K_z——工业水流量变化系数,根据企业用水及排水规律确定。

2.1.2 筛网作用及类型

(1) 筛网作用及类型

一些工业废水含有较细小的悬浮物,尤其是废水中的纤维类悬浮物和食品工业的动植物残体碎屑,既不能被格栅截留,也难以用沉淀法去除。为了去除纤维、纸浆、藻类等污染物，工业上常用筛网。

筛网是用金属丝或纤维丝编织而成，孔径一般在 0.15～1.00mm。筛网分离具有简单、高效、运行费用低等优点，一般用于规模较小的废水处理。

筛网过滤装置按工作方式，可分为固定式筛网、水力回转式筛网、转筒式筛网、振动式筛网等。

（2）固定式筛网

固定式筛网又称水力筛，根据构造形式可分为固定平面式筛网和固定曲面式筛网（图2-1-4）。废水由筛网后部进口进入筛网上部，然后沿筛网宽度向前溢流。废水经过筛网表面时，水穿过筛孔从下部出口流出；细小悬浮物被筛网截留，并在水力冲刷及自身重力作用下沿筛面滑下落入渣槽。

固定式筛网适用于去除水中细小纤维和固体颗粒。

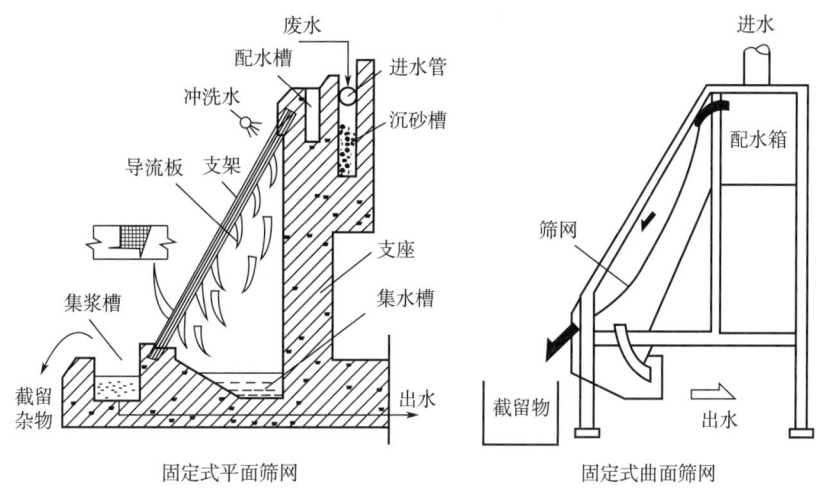

图 2-1-4　固定式筛网示意图

（3）水力回转式筛网

水力回转式筛网呈圆台形，如图 2-1-5 所示。原水以一定流速从小端进入，水的冲击力和重力作用使筛体旋转，水流在从小端向大端的流动过程中得到过滤，杂质从大端落入渣槽。

（4）转筒式筛网

转筒式筛网呈圆筒状，如图 2-1-6 所示。废水经入口缓慢流入转筒内，并由转筒下部筛网过滤后排出，杂质被截留在筛网内壁上，并随转筒旋转至水面以上，经刮渣设备刮渣

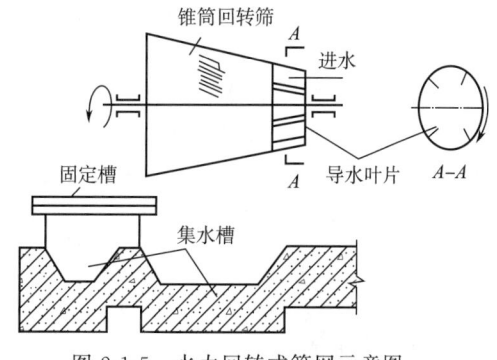

图 2-1-5　水力回转式筛网示意图

及冲洗水冲洗后，被截留的杂质掉在转筒中心处的收集槽内，再经出渣导槽排出。

转筒式筛网适用于废水中含有大量纤维杂质的工业废水，如纺织、屠宰、皮革加工和印染等工业排水。

(5) 振动式筛网

振动式筛网由振动筛和固定筛组成，如图 2-1-7 所示。废水通过振动筛时，悬浮物等杂质被截留在振动筛上，并通过振动卸到固定筛网上，以进一步脱水。

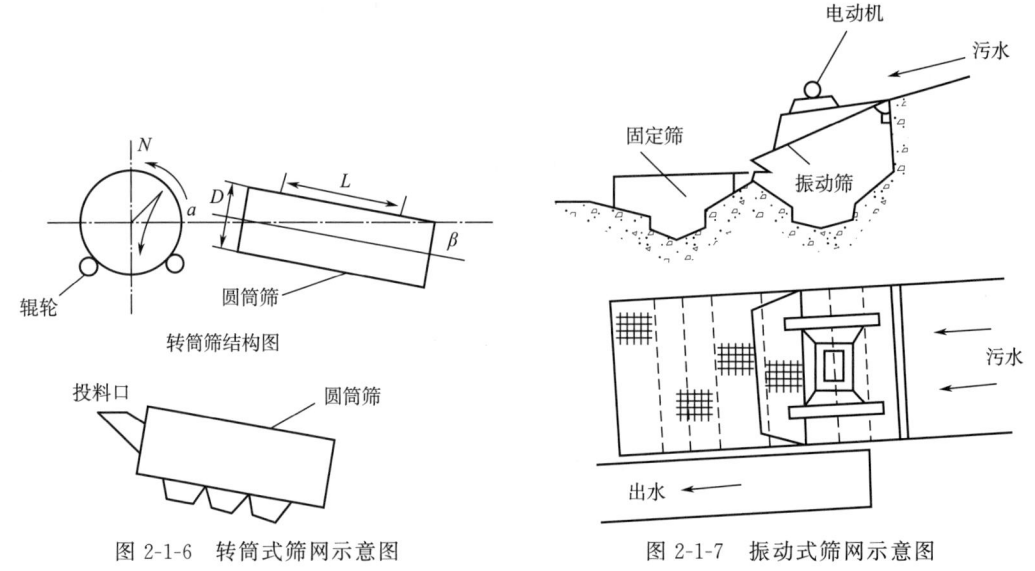

图 2-1-6 转筒式筛网示意图　　　　图 2-1-7 振动式筛网示意图

2.2 调 节 池

2.2.1 调节池作用

工业排放的废水水量和水质随时间变化而变化的幅度较大。为保证后续处理构筑物或设备的正常运行，需对废水的水量和水质进行调节。调节水量和水质的构筑物称为调节池。

调节池通过调节水量和水质，可以提高废水的可处理性，减少在生化处理过程中可能产生的冲击负荷；对微生物有毒性危害的物质可以得到稀释；短期排出的高温废水可以得到降温处理；通过调节均化减少 pH 调节所需的酸碱量；可伴生沉淀和氧化作用；对化学处理而言，药剂投加量的控制及反应更为可靠，可降低投药费用，提高处理能力。

2.2.2 调节池类型及特点

调节池按功能可分为均量池、均质池、均化池和事故池。

(1) 均量池

均量池也称水量调节池，主要作用是均化水量。常用的均量池有两种。一种为线内调节，如图 2-2-1 所示，是一种变水位的贮水池，来水为重力流，出水用泵抽吸。另一种为线外调节，如图 2-2-2 所示，调节池设在旁路上，当废水量过高时，多余废水用泵打入调节池；当流量低于设计流量时，再从调节池回流至集水井，送至后续处理。

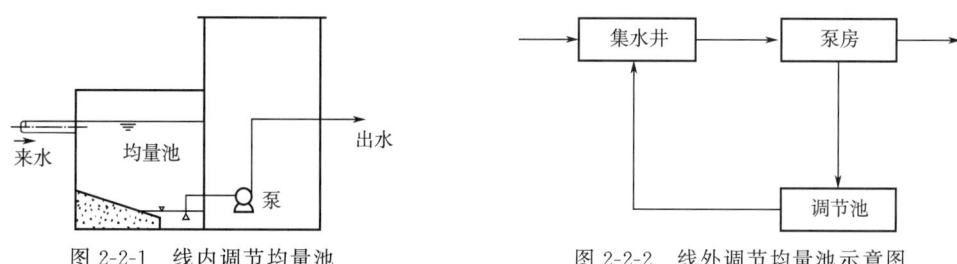

图 2-2-1　线内调节均量池

图 2-2-2　线外调节均量池示意图

(2) 均质池

均质池也称水质调节池，如图 2-2-3 所示，主要作用是对不同时间或不同来源的废水进行混合，使出流水质比较均匀。另外通过混合与曝气，能防止可沉降的悬浮物在池中沉淀，并使废水中的还原性物质氧化，从而去除少量有机物，起到预曝气作用。

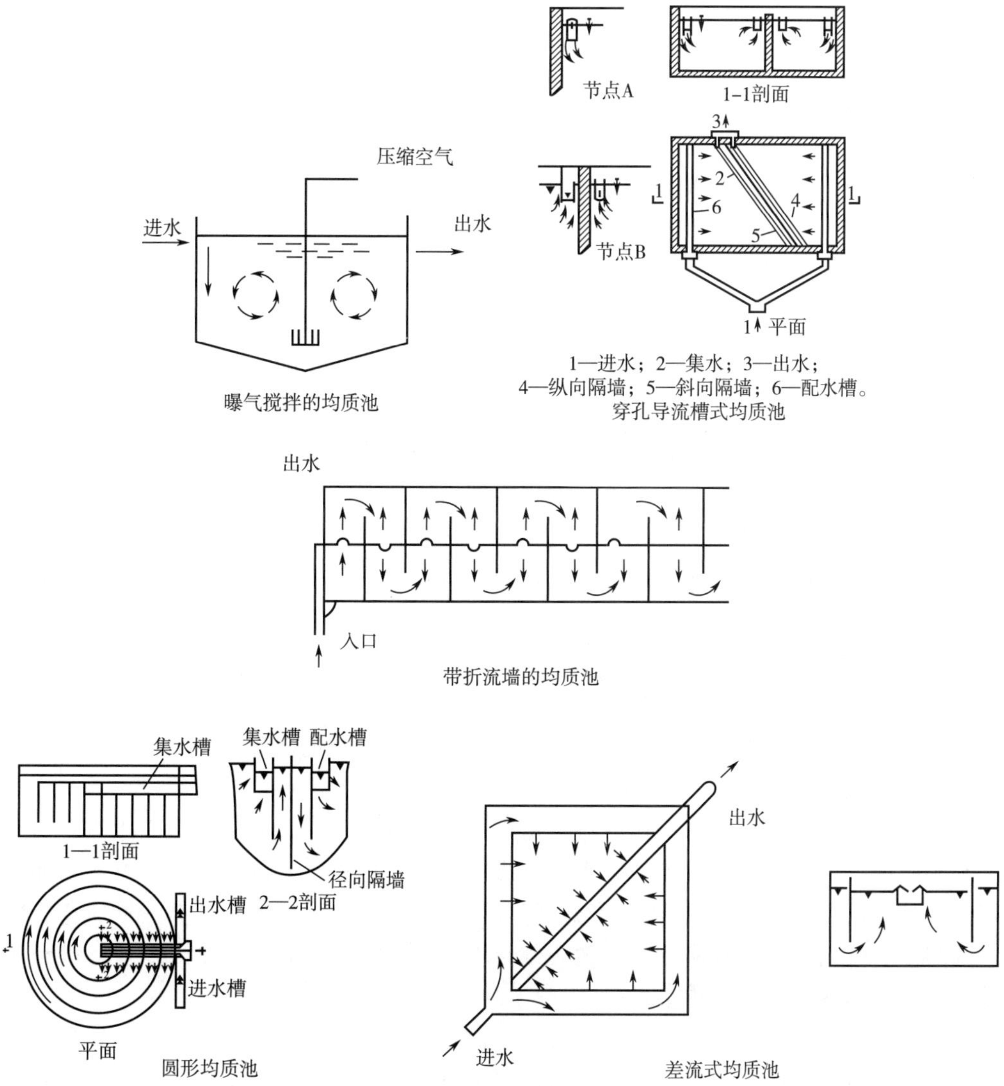

曝气搅拌的均质池

1—进水；2—集水；3—出水；
4—纵向隔墙；5—斜向隔墙；6—配水槽。
穿孔导流槽式均质池

带折流墙的均质池

圆形均质池　　　　差流式均质池

图 2-2-3　均质池设置形式示意图

(3) 均化池

均化池的主要作用是既能均量，又能均质，出水泵的流量用仪表控制。在池中设置搅拌装置，不仅可使悬浮物不致沉淀和不致出现厌氧情况，还可以起到预曝气作用，改进沉淀效果，减轻曝气池负荷。

当废水量规模较小时，可设置间歇贮水、间歇运行的均化池。池可分为两格或三格，交替使用，池中设搅拌装置。

(4) 事故池

事故池是一种变相的均化池，为了防止水质出现恶性事故，或发生破坏污水处理系统运行事故，导致废水的流量或强度变化太大，应设置事故池，起分流储水作用，待事故结束后，将事故池中的废水以少量逐渐排入废水调节池，如图 2-2-4 所示。事故池的进水阀门必须能够实现自动控制，以保证事故发生时能够及时将事故废水排入池中。另外事故池平常应保持排空状态，以保证事故发生时能够容纳所有的事故废水。

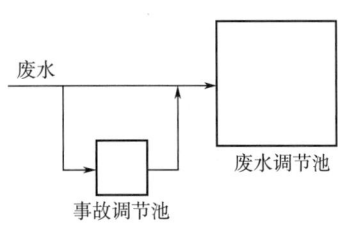

图 2-2-4 事故池设置示意图

2.3 沉 砂

2.3.1 沉砂原理与作用

沉砂池的作用是去除废水中密度较大的无机颗粒物，如泥砂、煤渣等。沉砂池一般设在泵站、沉淀池之前，保护水泵及管道免受磨损；还能使沉淀池中的污泥具有良好的流动性，防止排放管道和输送管道堵塞，保证后续处理构筑物的正常运行。

沉砂池的工作原理以重力分离为基础，将即将进入沉砂池的废水流速控制在只能使比重大的无机颗粒下沉的范围内，而有机悬浮颗粒则随水流走。沉砂池之前一般设有细格栅。沉砂池应及时排砂，沉砂中含有一定量的有机物质，容易腐败，从而导致恶臭的严重污染。

2.3.2 沉砂池类型、构造及主要工艺参数

沉砂池池型可分为平流式沉砂池、曝气沉砂池和旋流式沉砂池。

(1) 平流式沉砂池

平流式沉砂池实际上是一个比入流渠道和出流渠道宽且深的渠道，当废水流过时，由于过水断面增大，水流速度下降，废水中夹带的无机颗粒在重力的作用下下沉，从而达到分离无机颗粒的目的。平流式沉砂池的结构如图 2-3-1 所示，上部近似于一个加宽了的明渠，两端设有闸门以控制水流，在池的底部设置 1~2 个贮砂斗，下接排砂管，可利用重力排砂，也可用射流泵或螺旋泵排砂。

平流式沉砂池设计运行的主要控制参数是废水在池内的水平流速和水力停留时间。水平流速取决于沉砂粒径的大小，若沉砂组成以大砂砾为主，水平流速应大些，使有机物沉淀最少；反之，必须放慢流速才可以使砂粒沉淀下来，这时大量有机物也随即一起沉淀下

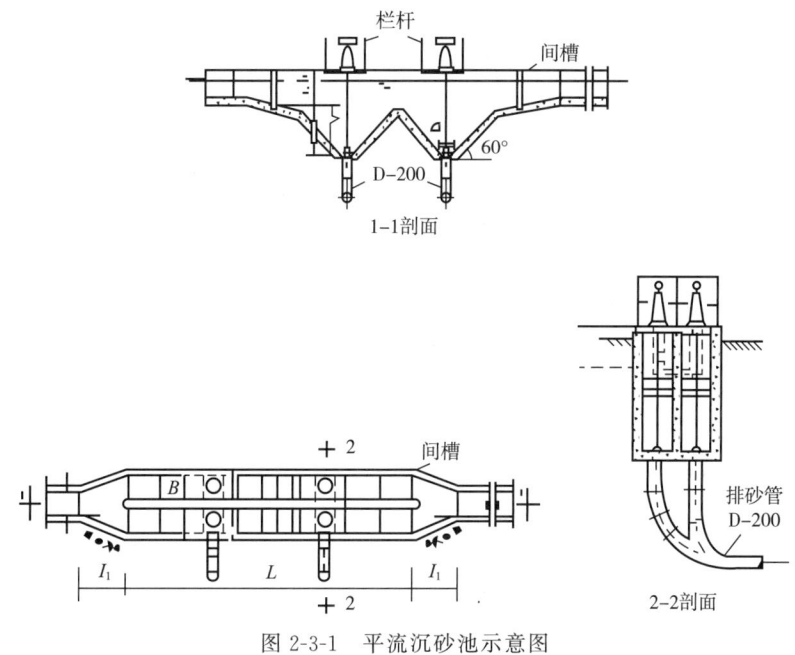

图 2-3-1 平流沉砂池示意图

来,最佳的水流速度应根据实际运行的除砂率和有机物沉淀情况确定。池内水平流速最大为 0.30m/s,最小为 0.15m/s。池内水力停留时间一般为 30~60s,最大流量时停留时间不应小于 30s。有效水深不应大于 1.2m,每格宽度不宜小于 0.6m。沉砂含水率为 60%,密度为 1500kg/m³。

(2) 曝气沉砂池

平流式沉砂池的主要缺点是沉砂中含有约 15% 的有机物,增加后续沉砂处理难度。采用曝气沉砂可以克服这一缺点。如图 2-3-2 所示,曝气沉砂池是一长形渠道,池断面呈矩形,池底一侧设有集砂槽。曝气装置设在集砂槽一侧,使池内水流产生与主流垂直的横向旋流。在旋流产生的离心力作用下,密度较大的无机颗粒被甩向外部沉入集砂槽。另外,由于水流的旋流运动,增加了无机颗粒之间相互碰撞与摩擦的机会,把表面附着的有机物除去,使沉砂中的有机物含量为 5%~10%。

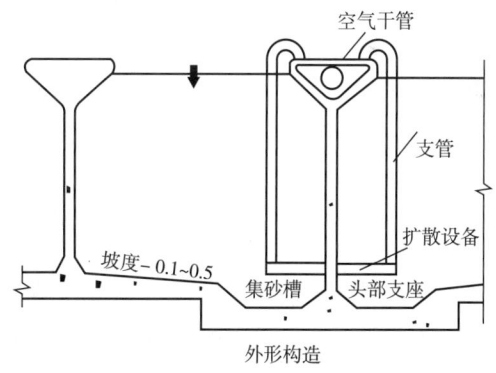

图 2-3-2 曝气沉砂池示意图

曝气沉砂池的优点是通过调节曝气量,可以控制水的旋流速度,使除砂效率较稳定,受流量的影响较小,同时,还具有预曝气、脱臭、防止废水厌氧分解、除泡、加速废水中油类的分离等作用。

曝气沉砂池的设计运行主要控制参数是水在池中的水平流速和旋流速度。水流在流量最大时的停留时间为 1~3min,水平流速为 0.06~0.12m/s;空气量应保证池中水的旋流速度在 0.25~0.4m/s,曝气量为 0.1~0.2m³ 空气/m³ 废水;有效水深为 2~3m,宽深比为 1:1.5。

曝气沉砂池的形状应尽可能不产生偏流和死角，进水方向应与池中旋流方向一致，使出水方向与进水方向垂直，并宜设置挡板，防止出水断流。集砂槽中的砂可采用机械刮砂、螺旋输送、移动空气提升或移动泵吸式排砂机排除。

（3）旋流式沉砂池

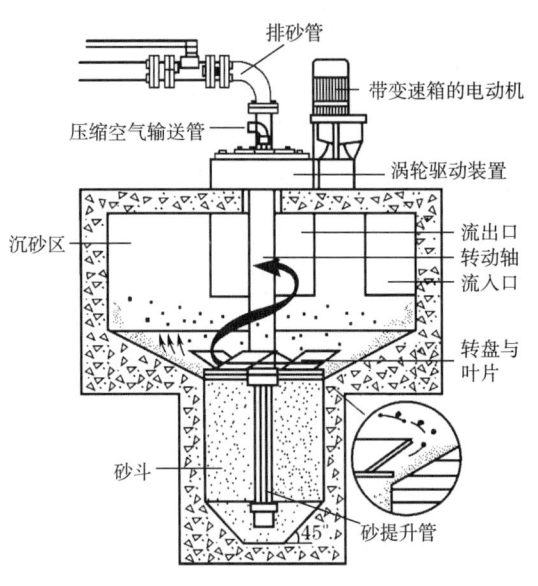

图 2-3-3　旋流式沉砂池示意图

旋流式沉砂池是一种利用水力或机械外力控制水的流态与流速，在径向方向产生离心作用，加速砂水分离，并使有机物随水流走的沉砂装置。如图 2-3-3 所示，旋流式沉砂池为圆形，废水由流入口沿切线方向进入沉砂区，利用转盘和斜坡式叶片的旋转作用产生离心力，使砂粒被甩向池壁并下落到砂斗，剥落下来的有机物则被留在废水中，沿切线方向出水。调整转速，可达到最佳的沉砂效果。沉砂可通过压缩空气气提、排砂泵等方式排砂，再通过砂水分离器进行洗砂，达到砂粒与有机物再次分离从而清洁排砂的目的。

旋流式沉砂池的设计运行主要控制参数是进水流速和水力停留时间。进水流速一般为 1m/s，水力停留时间为 30～60s，水力表面负荷为 150～200m^3/（m^2•h），有效水深为 1.0～2.0m，池径与池深比为 2.0～2.5。

2.4　隔　　油

2.4.1　隔油原理与作用

工业废水中所含油类物质包括天然石油、石油产品、焦油及分馏物、制革工艺、屠宰、食品加工以及食用动植物油和脂肪类。不同行业排放的工业废水所含油类物质的浓度差异很大。水中油类物质通常以悬浮油、乳化油和溶解油 3 种状态存在。含油水处理的重点是去除悬浮油和乳化油。悬浮油易于上浮，可以通过隔油池回收利用；乳化油比较稳定，不易上浮，常用气浮、过滤等方法去除。

2.4.2　隔油池类型及构造

用自然上浮法去除浮油的构筑物，称为隔油池。隔油池常可分为平流式隔油池和斜板式隔油池两类。在隔油池中，比重小于水的油上浮至池面，而比重大于水的悬浮杂质则下沉到池底部。隔油池应同时具备收油和排泥措施。

（1）平流式隔油池

平流式隔油池构造如图 2-4-1 所示，含油废水从池子的一端流入，以较低的水平流速流经池子，粒径较大的浮油上浮到池表面，利用刮油刮泥设备，推动水面浮油和刮集池底沉渣。在出水一侧的水面处设置集油管。

平流式隔油池的设计运行主要控制参数是池内水流速度和水力停留时间。池内水流速度一般取 2~5mm/s，停留时间为 1.5~2h。集油管直径为 200~300mm（在管壁一侧开有宽度为 60°或 90°角的切口）。池底向污泥斗放坡，坡度为 0.01~0.02，泥斗倾角 45°。排泥管直径一般为 200mm。

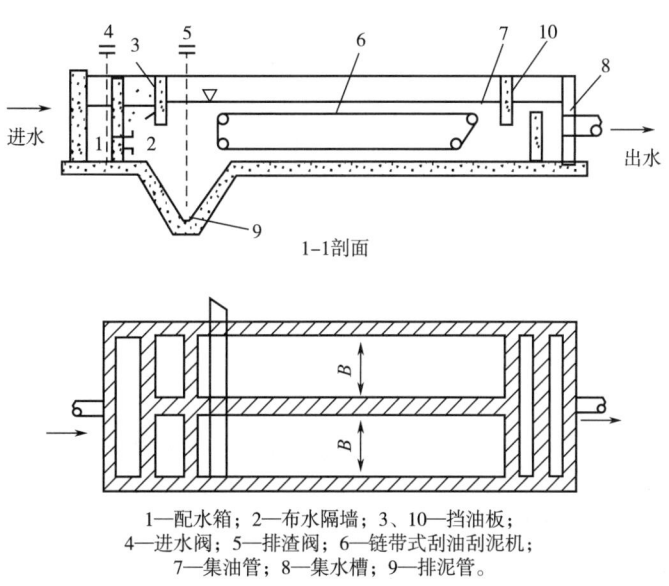

1—配水箱；2—布水隔墙；3、10—挡油板；
4—进水阀；5—排渣阀；6—链带式刮油刮泥机；
7—集油管；8—集水槽；9—排泥管。

图 2-4-1 平流式隔油池示意图

（2）斜板式隔油池

为了提高单位池容的处理能力，根据浅层沉淀原理设计了斜板式隔油池，其构造如图 2-4-2 所示。斜板倾角常用 45°，常用塑料波纹板，板间距 30~40mm。来水由穿孔墙进入，然后自上而下通过斜板区。被分离的油粒沿斜板上浮，二泥渣则沿斜板向池底滑落。水面上的油层由集油管收集并送入油回收槽。处理水沿斜板之间由池首水平流向池尾，经溢流堰汇入出水槽。

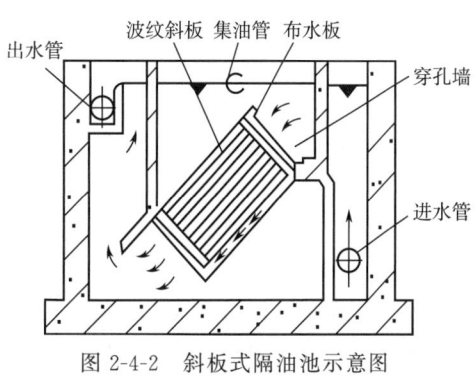

图 2-4-2 斜板式隔油池示意图

斜板式隔油池单位处理能力的池容只相当于平流式隔油池的 1/4~1/2。

2.5 酸碱中和

2.5.1 中和原理和作用

酸性工业废水和碱性工业废水来源广泛，化工厂、化纤厂、电镀厂、煤加工厂及金属酸洗车间等排出的是酸性废水；印染厂、金属加工厂、炼油厂、造纸厂等排出的是碱性废水。对酸、碱性废水首先应该考虑回收和综合利用。当酸、碱性废水的浓度较高（达到3%~5%）时，往往存在回收和综合利用的可能性。当浓度较低（小于2%）时，回收或综合利用经济意义不大，所以考虑中和处理。

中和法是用碱或碱性物质中和酸性废水或用酸或酸性物质中和碱性废水，把废水的pH调到7左右。中和药剂的理论投加量可按等当量反应的原则进行计算。酸性废水中往往含有重金属离子，在用碱进行中和处理时，还可生成难溶的金属氢氧化物而消耗部分碱性药剂，故此中和药剂的投加量可通过实验绘制中和曲线来确定。

废水化学处理（如混凝、化学沉淀、氧化还原等）之前，要求废水的pH升高或降低到某一需要的最佳范围。废水生物处理，废水的pH通常应维持在6.5~8.5，以保证处理系统内的微生物有较强的活性。废水排入城市排水管道之前，由于酸、碱对排水管道产生腐蚀作用，一般城市排水管道对排入的工业废水pH有明确的规定。

2.5.2 中和处理方法

中和处理方法分为酸性废水的中和处理和碱性废水的中和处理。

2.5.2.1 酸性废水的中和处理

酸性废水的中和处理方法可分为碱性废水或废渣中和法、投碱中和法以及过滤中和法。

(1) 碱性废水或废渣中和法

在同时存在酸性废水和碱性废水的情况下，可以先让两种废水相互中和，然后再用中和剂中和剩余的酸或碱。

由于废水的水量和浓度均难以保持稳定，应设置均衡池及混合反应池（中和池）。如果混合水需要水泵提升，或者有相当长的出水沟渠可以利用，也可以不设混合反应池。

采用碱性废渣中和酸性废水具有一定的实际意义。例如，电石渣中含有大量的$Ca(OH)_2$、软水站石灰软化法的废渣中含有大量的$Ca(OH)_2$、锅炉灰中含有2%~20%的CaO，利用它们处理酸性废水均能获得一定的中和效果。

采用碱性废水或废渣中和酸性废水时，除必须设置均衡池外，还必须考虑碱性废水和废渣来源中断时的应急措施。

(2) 投碱中和法

投碱中和法最常用的药剂是石灰（CaO），也有的用苛性钠、碳酸钠、石灰石、白云石、电石渣等。选择药剂时，不仅要考虑它本身的溶解性、反应速度、成本、二次污染、使用便利性等因素，而且还要考虑中和产物的形状、数量及处理费用等。当投加石灰进行中和处理时，$Ca(OH)_2$还有凝聚作用，因此对杂质多、浓度高的酸性废水尤其适用。

(3) 过滤中和法

酸性废水流过碱性滤料使废水得到中和的方法称为过滤中和法。过滤中和法仅适用于中和酸性废水。主要的碱性滤料有石灰石（$CaCO_3$）、大理石（$CaCO_3$）和白云石（$CaCO_3 \cdot MgCO_3$）3种。

滤料的选择与中和产物的溶解度有密切的关系。滤料的中和反应发生在颗粒表面上，如果中和产物的溶解度很小，就会在滤料颗粒表面形成不溶性的硬壳，阻止中和反应的继续进行，使中和处理失效。例如，中和处理硝酸、盐酸时，滤料选用石灰石、大理石或白云石都可以；中和处理碳酸时，含钙或镁的中和剂都不行，不宜用过滤中和法；中和硫酸时，最好选用含镁的中和滤料（白云石），以石灰石为滤料时，废水的硫酸浓度不应超过 $1 \sim 2 \text{g/L}$，若硫酸浓度过高，可以利用中和后的出水回流稀释原水。

采用碳酸盐作为中和滤料，均有 CO_2 气体产生，它能附着在滤料表面，形成气体薄膜，阻碍反应的进行。酸的浓度越大，产生的气体越多，阻碍作用就越严重。采用升流过滤方式和较大的过滤速度，有利于消除气体的阻碍作用。另外，过滤中和产物 CO_2 溶于水使出水 pH 约为 5，经曝气吹脱 CO_2，pH 可上升到 6 左右。脱气方式可采用穿孔管曝气吹脱、多级跌落自然脱气、填料淋水脱气等。

为了进行有效的过滤，还必须限制进水中吸附杂质的浓度，以防止堵塞滤料。滤料的粒径也不宜过大。另外，失效的滤渣应及时清除，并随时向滤池补加滤料，纸质倒床换料。

采用图 2-5-1 所示的升流式膨胀滤池，可以改善废水的中和过滤过程。当滤料的粒径较小（<3mm），废水上升流速较高（50～70m/h）时，滤床膨胀，滤料相互碰撞摩擦，有助于防止结壳。废水从池底进入，从池顶四周溢出，曝气使 CO_2 逸出，出水 pH 可上升到 6 以上。

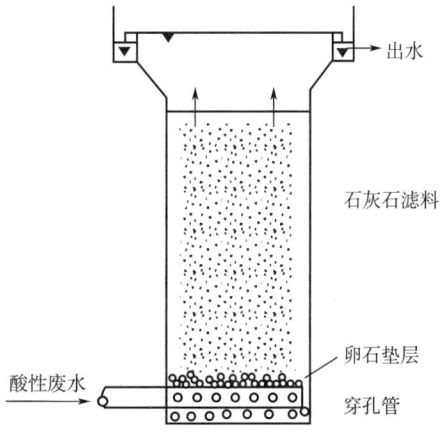

图 2-5-1　升流式膨胀中和滤池示意图

2.5.2.2 碱性废水的中和处理

碱性废水的中和处理方法可分为利用酸性废水中和法、投酸中和法以及酸性废气中和法。

(1) 利用酸性废水中和法

利用酸性废水中和碱性废水与利用碱性废水中和酸性废水的工艺流程与设备基本相同，在此不再叙述。

(2) 投酸中和法

投酸中和法和投碱中和法的工艺流程与设备基本相同，在此也不再叙述。

(3) 酸性废气中和法

烟道气中含有高达 24% 的 CO_2，有时还含有少量 SO_2 及 H_2S，故可用来中和碱性废水，其中和产物 Na_2CO_3、Na_2SO_3、Na_2S 均为弱酸强碱盐，具有一定的碱性，因此酸性物质必须超量供应。

用烟道气中和碱性废水时，常用喷淋塔，如图 2-5-2 所示，碱性废水从塔顶布液器向下喷淋，经填料层，烟道气则自塔底朝上进入填料层，水、气在填料层逆流接触过程中，废水与烟道气都得到了净化，废水得到中和，烟尘得以消除。有资料表明，CO_2 含量为 12%～14%

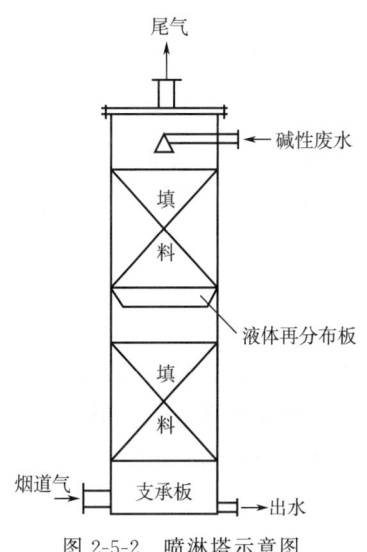

图 2-5-2　喷淋塔示意图

的烟道气与硫化物含量为 30mg/L、pH 为 11 的印染厂硫化染料废水在喷淋塔接触 20min，废水的 pH 可降至 6.4，硫化物去除率达 98%。

用烟道气中和碱性废水的优点是可以把废水处理与烟道气除尘结合起来，缺点是处理后的废水中，悬浮物量、硫化物量、色度和耗氧量均有显著增加。

污泥消化时获得的沼气中含有 25%～35% 的 CO_2 气体，如经水洗，可部分溶入水中，再用以中和碱性废水，也能获得一定效果。

2.6 冷 却

2.6.1 冷却的原理和作用

冷却是利用水和空气的接触，通过蒸发作用对工业废水降温的一种过程。冷却塔是最主要的冷却设备，可以将携带废热的冷却水在塔内与空气进行热交换，使废热散发到空气中。冷却塔主要应用于空调冷却系统、注塑、制革、发泡、发电、汽轮机、铝型材加工和空气压缩等工业水的冷却。冷却塔结构如图 2-6-1 所示，干燥的空气和湿热的水分别从冷却塔的底部和顶部进入塔内。当水滴和空气接触时，在空气与水的直接传热以及水蒸气的蒸发作用下，带走水中的热量，从而达到降温的目的。蒸发降温与空气的温度高低无关，只要水分子能不断地向空气中蒸发，便可使水温下降。然而，当与水接触的空气中的水蒸气达到饱和时，蒸发过程将难以发生。因此，与水接触的空气越干燥，蒸发就越容易进行，冷却效果就越好。

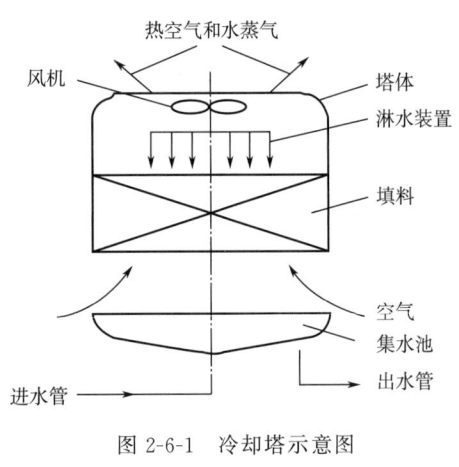

图 2-6-1 冷却塔示意图

2.6.2 冷却塔类型及构造

冷却塔按通风方式，可分为自然通风冷却塔和机械通风冷却塔；按热水和空气的流动方向，可分为逆流式冷却塔、横流式冷却塔和混流式冷却塔；按热水和空气的接触方式，可分为湿式冷却塔、干式冷却塔和干湿式冷却塔；按风机的安装位置，机械通风冷却塔又可分为抽风式冷却塔和鼓风式冷却塔。

(1) 自然通风冷却塔

自然通风冷却塔塔体较高，水经过淋水装置喷淋而下，与从百叶窗中进来的空气相遇，完成热交换过程。具有冷却效果稳定，运行费用低，故障少，易维护，飘滴和雾气对环境影响小等优点。但冷却效果取决于环境风力和气温，只适用于传热要求很低、水温变化不大的场合。

(2) 鼓风式冷却塔

鼓风式冷却塔由安装在塔底的风机将低温空气压入塔中，与热水逆流通过填料层进行传热和传质。优点是风机的位置低，维护方便；风机工作不受湿热空气的影响，可避免风机的腐蚀，使用寿命长。缺点是塔内空气处于正压状态，不利于蒸发，吸入口受湿热空气回流影响时，冷却效果明显降低。在相同冷却效果时，要有更高的塔高。

（3）抽风式冷却塔

抽风式冷却塔风机安装在塔顶，如图 2-6-1 所示，抽风时，塔内空气成负压，有利于水的蒸发散热，冷却效果优于鼓风式冷却塔。该塔型允许有较大水温差，占地面积小，工程造价低，在气温较高、湿度较大的地区也能很好地使用。但风机耗电量偏高，塔身较低时，排出塔顶的湿热空气容易造成部分回流，影响冷却效果。

（4）横流式冷却塔

横流式冷却塔气流由填料一侧进入塔体，与塔内自上而下流动的水流垂直相遇，进行热交换。整个过程通风阻力小、进风均匀。与逆流式冷却塔相比，不需要设置专门进风口，塔体低，配水方便，水泵扬程小，但单位体积填料的冷却效率低于逆流式，因此占地面积较逆流式大。

（5）干式冷却塔

干式冷却塔中，水或蒸气与空气间接接触进行热量交换，不发生质量交换。与湿式冷却塔相比，干式不存在冷却水的蒸发损失和飘散损失，水质相对稳定，不需补水和排水，主要用于缺水地区及特殊场合。但热交换效率一般比较低，并且投资大、能耗高。

2.6.3 冷却塔选型原则

对于特定型号的冷却，其达到特定冷却要求时的处理量、冷却塔的结构尺寸、填料的种类尺寸以及与之配套的风机尺寸和功率等都是确定的。实际应用中只需依据单台冷却塔的冷却能力以及待处理总水量计算出需要配备的冷却塔个数，并进行冷却塔出水温度校核即可。

冷却塔设计运行参数主要包括冷却水量、进塔水温、出塔水温、冷却效率以及淋水密度。冷却水量即理论冷却水量乘以适当的安全系数，一般为 1.1～1.3。工业用冷却塔设计概况一般分为 65～45℃、43～33℃、40～32℃ 等几档。进出塔温差达 8～20℃；冷却塔进水和出水温度之差称为冷幅宽，主要取决于周围空气的湿球温度；出塔水温度应不超过生产工艺允许的最高水温。冷却塔的完善程度通常用冷却效率衡量，冷却效率与冷却前后水温、当地湿球温度以及冷幅宽等因素有关。冷却塔淋水密度也称水力负荷，是指冷却塔单位有效面积上所能冷却的水量，与热负荷有关。

冷却塔选型原则：

①热力性能应满足使用要求；

②塔体应结构稳定，防大气和水腐蚀，经久耐用；

③配水均匀，壁流较少，不易堵塞；

④出水效能正常，水滴飞溅少；

⑤淋水填料、喷溅装置及除水器不易软化变形，不易破碎、破裂，具有足够的刚度、强度及良好的耐老化性能，而且具有良好的阻燃性能，满足国家和地方的有关标准、规定。

思 考 题

1. 工业废水为什么要预处理？预处理技术都有哪些类型，其作用是什么？
2. 常用的格栅和筛网设备有哪些？简述其工作原理。
3. 调节池的类型及其在工业废水处理中的作用有哪些？
4. 设置沉砂池的目的和作用是什么？曝气沉砂池与平流式沉砂池的工作原理有何区别？
5. 废水中油类的主要存在形式有哪些？简述隔油池工作原理。
6. 酸碱废水常用哪些方法进行中和处理？
7. 简述冷却塔的工作过程，比较不同类型冷却塔的特点。

第 3 章　废水物理处理

物理处理是指借助物理作用或通过物理作用使废水发生变化的处理过程。和其他技术相比，具有设备简单、成本低、管理方便、效果稳定等优点，处理对象主要是废水中的漂浮物、悬浮物、砂、盐和油类等物质。本章主要介绍的废水物理处理单元包括沉淀、气浮、过滤、蒸发。

3.1　沉　　淀

3.1.1　沉淀原理与作用

沉淀池是利用重力作用将密度比水大的悬浮颗粒从水中沉淀去除的构筑物或设备。

如图 3-1-1 所示，沉淀池通常包括 5 个区域，即进水区、沉淀区、缓冲区、污泥区和出水区。进水区和出水区的作用是使水流均匀地流过沉淀池，避免短流和减少紊流对沉淀产生的不利影响，同时减少死水区，提高沉淀池的容积利用率。沉淀区也称澄清区，即沉淀池的工作区，是沉淀颗粒与废水分离的区域。污泥区是污泥贮存、浓缩和排出的区域。缓冲区则是分隔沉淀区和污泥区的水层区域，保证已经沉淀的颗粒不因水流搅动而再次浮起。

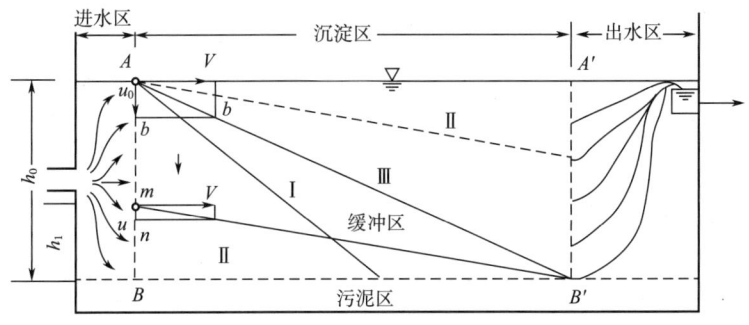

图 3-1-1　理想沉淀池示意图

沉淀池按废水处理系统的位置不同，可以分为初沉池和二沉池。

初沉池设置在沉砂池之后，处理对象主要是悬浮物，同时可去除部分有机物。废水经过格栅和沉砂池后，进入初沉池，废水中的可沉降悬浮物在重力的作用下与废水分离。

二沉池设置在生物反应池之后，进行生物污泥与水分离。二沉池中的悬浮物是生化反应后的活性污泥或脱落的生物膜，其结构疏松，密度小，沉降速度低，因此二沉池的表面负荷比初沉池低，水力停留时间相对较长。

3.1.2 沉淀池类型及构造

沉淀池一般分为平流式沉淀池、竖流式沉淀池、辐流式沉淀池和斜板（管）式沉淀池。

(1) 平流式沉淀池

如图 3-1-2 所示，平流式沉淀池水平断面呈长方形，废水从池的一端流入，沿着水平的方向流向另一端，悬浮物在重力作用下沉入池底。沉淀后的水从池体的另一端出水槽排走。污泥通过刮泥机被收集到泥斗，再通过排泥管排走。平流式沉淀池处理效果稳定，对冲击负荷和温度的变化有较强的适应能力，操作管理简单，因此在大、中、小的废水处理厂得到普遍采用。

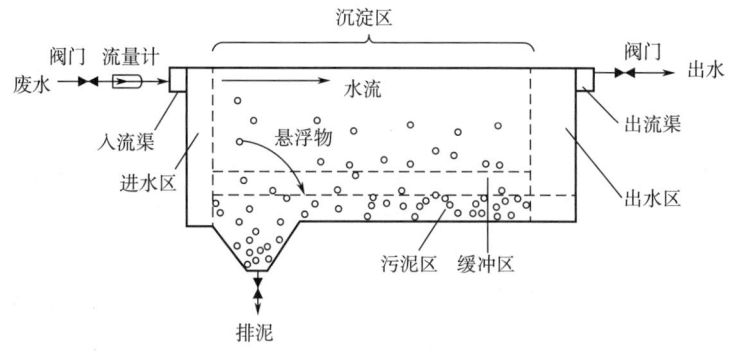

图 3-1-2 平流式沉淀池工艺结构示意图

(2) 竖流式沉淀池

如图 3-1-3 所示，竖流式沉淀池水平断面为圆形或正方形，废水从池中央下部进入，由下向上流动，周边出水。竖流式沉淀池的工作状况与平流式不同，废水以一定速度上升，悬浮物也以同样的速度上升到一定高度后，在重力的作用下又下沉。只有当下沉的速度大于上浮的速度时，悬浮物才能得到有效去除。因此，在相同条件下，竖流式沉淀池的

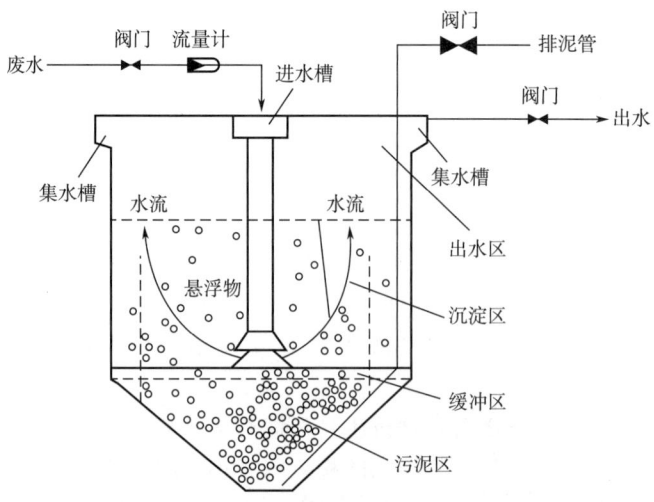

图 3-1-3 竖流式沉淀池工艺结构示意图

去除率低于其他类型的沉淀池。但该沉淀池通常只要一个泥斗,便于实施人工重力排泥或静压排泥或虹吸排泥,排泥和管理都比较简单,因此适用于小型的废水处理厂。

(3) 辐流式沉淀池

如图3-1-4所示,辐流式沉淀池水平断面为圆形,废水从中心进入,周边出水,被称为中心进水周边出水辐流式沉淀池。废水从池底进入中心管,中心管周围为入流区,其中均匀地开有配水孔。中心管外有整流淘通,使废水在池内分布均匀。在池的周边设出水集水渠,渠的两边有三角堰板。集水渠外还有挡板,防止浮渣流入集水渠。池内还设有浮渣收集斗。

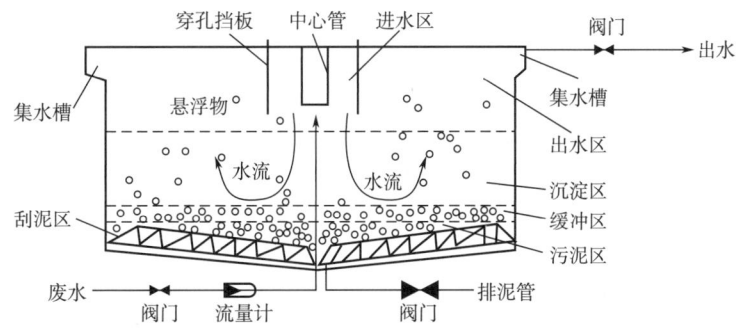

图3-1-4 辐流式沉淀池工艺结构示意图

辐流式沉淀池一般采用机械刮泥机或吸泥机收集和排出污泥。但因中心导流筒内的流速较大,可达到100mm/s,当用作二沉池时,活性污泥在中心导流筒内难以絮凝,并且这股水流向下流动时的动能较大,易冲击池底污泥,池的容积利用系数也较小(约48%)。为克服上述缺点,可采用周边进水,在距离沉淀池中心部位1/4R、1/3R、1/2R处出水方式,称为周边进水中心出水式的辐流式沉淀池。此外,还有周边进水周边出水式的辐流式沉淀池,沉淀效率较高,与中心进水周边出水的辐流式沉淀池相比,其水力负荷可提高1倍左右。辐流式沉淀池处理效果比较稳定,被广泛应用于大型废水处理厂。

(4) 斜板(管)式沉淀池

如图3-1-5所示,斜板(管)式沉淀池是根据"浅层沉淀"理论,在沉淀池中加设斜板或蜂窝斜管,斜板(管)的倾角一般为50°~60°,这样可减少沉淀距离,污泥可自由滑

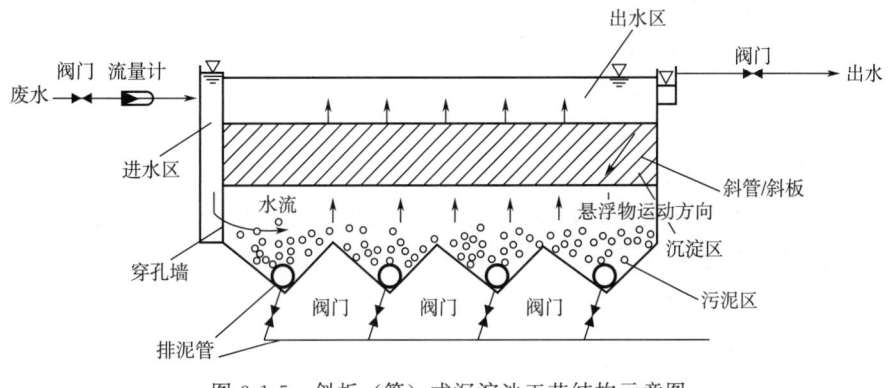

图3-1-5 斜板(管)式沉淀池工艺结构示意图

落至池底的泥斗处，提高沉淀效率。按水流方向与悬浮物的沉淀方向之间的相对关系，可分为侧向流斜板（管）沉淀池、同向流斜板（管）沉淀池和逆向流斜板（管）沉淀池。第一种沉淀池水流方向与颗粒沉淀方向互相垂直，第二种沉淀池水流方向与颗粒沉淀方向相同，第三种沉淀池水流方向与颗粒沉淀方向相反。

斜板（管）式沉淀池具有去除率高，停留时间短，占地面积小等优点，但是不宜作为生物处理系统的二次沉淀池，原因是生物泥黏度较大，容易黏附在斜板（管）上，影响沉淀效果甚至可能堵塞斜板（管）。同时在厌氧情况下，经厌氧消化产生的气体上升会干扰污泥的沉淀，并把从斜板（管）上脱落下来的污泥带至水面结成污泥层。

3.1.3　沉淀池一般设计原则及设计参数

（1）设计流量

沉淀池的设计流量与沉砂池的设计流量相同。当废水自流入沉淀池时，应按最大流量作为设计流量；当用泵提升时，应按泵的最大组合流量作为设计流量。沉淀时间一般不应小于30min。

（2）沉淀池数量

沉淀池一般不少于2座，并考虑1座发生故障时，其余沉淀池能够负担全部流量。

（3）沉淀池经验设计参数

如无废水沉淀性能的实测资料时，可参照表3-1-1的经验设计参数选用。

表 3-1-1　　　　　　　　　沉淀池经验设计参数[1]

类型	在处理工艺中的作用	沉淀时间/h	表面水力负荷/($m^3/m^2 \cdot h$)	污泥含水率/%	固体负荷/($kg/m^2 \cdot d$)
初沉池	单独沉淀处理	1.5~2.0	1.5~2.5	95.0~97.0	—
	生物处理前	0.5~1.5	2.0~4.5	95.0~97.0	—
二沉池	生物膜法后	1.5~4.0	1.0~2.0	96.0~98.0	≤150
	活性污泥法后	1.5~4.0	0.6~1.5	99.2~98.6	≤150

沉淀时间是指废水通过沉淀池所需的时间，只有保证足够的停留时间，才能达到良好的分离效果。

表面水力负荷是指单位沉淀池面积在单位时间内的过水量。实际运行时，根据沉淀池的功能和出水水质要求进行调节。增加流速则表面负荷变大，沉淀效率降低；减小流速则表面负荷变小，沉淀效率升高。

（4）沉淀池构造尺寸

沉淀池超高高度不应小于0.3m；有效水深宜采用2.0~4.0m；缓冲层高度，非机械排泥时宜采用0.5m，机械排泥时，应根据刮泥板高度确定，且缓冲层上缘宜高出刮泥板0.3m；贮泥斗斜壁的倾角宜为55°~60°；坡向泥斗的底板坡度，平流沉淀池不宜小于0.01，辐流沉淀池不宜小于0.05。

（5）沉淀池出水部分

一般用堰流，堰口应保持水平。出水堰负荷指单位堰板长度在单位时间内所能溢流的水量。通过出水堰负荷调整，可控制出水端流速保持均匀而稳定，防止污泥及浮渣流失。初沉池的出水堰负荷不宜大于 2.9L/(s·m)；二沉池的出水堰负荷不宜大于 1.7L/(s·m)。可采用多槽出水布置，减轻单位长度堰口水力负荷，提高出水水质。

(6) 贮泥斗容积

初沉池一般按不大于 2d 的污泥量计算，采用机械排泥的污泥斗可按 4h 污泥量计算；活性污泥法处理后二沉池的污泥区体积，宜按不超过 2h 贮泥时间计算，并应有连续排泥措施；生物膜法处理后二沉池的污泥区体积，宜按不超过 4h 的污泥量计算。

(7) 排泥部分

沉淀池一般采用静水压力排泥，初沉池排泥静水头不应小于 1.5m（H_2O）；生物膜法的二沉池不应小于 1.2m（H_2O），活性污泥法的二沉池不应小于 0.9m（H_2O）；排泥管直径不应小于 200mm。

3.1.4 沉淀池运行控制参数

沉淀池运行的工艺控制参数包括：水力停留时间、水力表面负荷、出水堰板的溢流负荷、流量控制、增减沉淀池数量、排泥除渣等。

当废水流量在短期（数小时）内发生变化时，可利用上游的排水渠道进行短期储存，以保证沉淀池进水的稳定。

当水量发生较大变化时，可通过增减投入运行的沉淀池数量使各个工艺参数控制在最佳范围。

排泥是沉淀池运行中最重要也是最难控制的一个操作，有连续排泥和间歇排泥两种操作方式，每次排泥时间长短取决于污泥量的大小。对于处理量较小的处理站，可采用人工排泥，而大型的污水处理厂一般采用自动排泥。排泥周期应按每个沉淀池的实际状况通过调试确定，一般为 8～12h。间隔时间过长，污泥可能厌氧发酵和腐化，黑泥上浮。

3.2 气　　浮

3.2.1 气浮原理与作用

气浮是通过空气在水中形成高密度分散的细微气泡，黏附于废水中疏水基的固体或液体颗粒上，形成整体密度小于水的絮体而上浮，然后凝聚成泡沫或浮渣被刮出，从而使水质悬浮物得以分离。

实现气浮分离必须具备 2 个基本条件：

①必须在水中产生足够数量的细微气泡；

②必须使气泡能够与污染物相黏附，并形成不溶性的固态悬浮体。

气浮主要用于从废水中去除比重较小的呈悬浮态或具有疏水性的微小悬浮颗粒。如乳化油、羊毛脂、细小纤维、纸浆、微生物和其他低密度固（液）体等，也可以用于污泥的浓缩。但对于亲水性颗粒（如胶体颗粒、纸浆纤维、煤粉等）需要投加合适的混凝剂或破乳剂，以改变颗粒的表面性质，使其转化为憎水性，才能通过气浮去除。

气浮产生的泥渣含水率低，可用刮泥设备排出。气浮过程需要配置能产生微气泡的装置，如溶气罐、释放器或电解设备、真空设备、吸气搅拌破碎设备等。

3.2.2 气浮设备及特点

根据气泡产生的方式不同,气浮可以分为电解气浮法、散气气浮法和溶气气浮法。

(1) 电解气浮法

如图 3-2-1 所示,电解气浮法是在直流电的作用下废水进行电解,此时在正负两极会有气体(主要是 H_2 和 O_2,包括 CO_2、Cl_2 等)呈小气泡析出,气泡粒径为 $10\sim50\mu m$。电解气浮法适用于原水盐含量较高、废水导电性好、有机物浓度高及含有毒有害物质的废水处理。

电解气浮法除可用于固液分离外,还有降低 COD、氧化、脱色和杀菌等作用,具备对废水负荷变化适应性强,生产污泥量少,占地少,不产生噪声等优点;主要缺点是电耗大,但若采用脉冲电解气浮法则可大大降低电耗。

(2) 散气气浮法

如图 3-2-2 所示,散气气浮法是利用机械的剪切力,将通入水中的空气破碎成微小气泡进行气浮的方法。散气气浮法产生的气泡粒径较大,通常大于 1mm,不易与细小颗粒预备絮凝体相互吸附,反而易将絮体打碎,因此散气气浮法不适合处理含细小颗粒与絮体的废水,主要适用于处理水量较小、悬浮物浓度高的废水,如用于洗煤废水及含油脂、羊毛、表面活性剂等废水的处理。

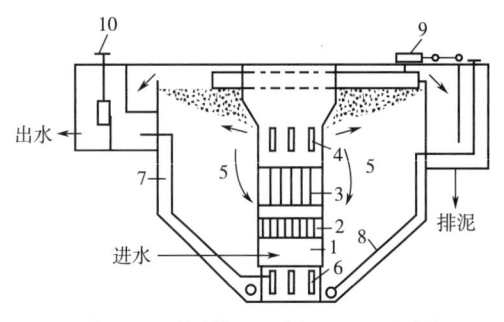

1—入流室;2—转流槽;3—电极组;4—出流孔;
5—分离室;6—集水孔;7—出水管;8—排沉泥管;
9—刮渣机;10—水位调节器。

图 3-2-1 电解气浮池示意图   图 3-2-2 叶轮散气气浮设备示意图

(3) 溶气气浮法

溶气气浮法是在一定压力作用下,强制空气溶解于水中,然后再突然将压力降低,使溶解于水的过量气体以微气泡形式释放出来,借助气泡的浮力把黏附在其表面的固体微粒带到水面,从而达到固体或液体微粒与水分离的目的。在加压条件下,空气的溶解度大,供气浮用的气泡数量多,能够确保气浮效果;产生的气泡微细、粒度均匀、密集度大,而且上浮稳定,对液体扰动微小,特别适用于对疏松絮凝体、细小颗粒的固液分离;工艺过程及设备比较简单,便于管理、维护;可人为地控制气泡与废水的接触时间。

如图 3-2-3 所示,加压溶气气浮系统组成包括加压泵、溶气罐、空气释放器、气浮池和刮渣机等。加压泵用来供给一定压力的水量。溶气罐的作用是实现高压水与空气的充分接触,加速空气的溶解。物理作用加剧紊动程度,提高液相的分散程度,不断更新液相与气相的界面,从而提高溶气效率,通常会在溶气罐中填充填料。空气释放器的作用是通过减压,迅速将溶于水中的空气以极为细小的气泡形式释放出来,要求微气泡的直径在 20~100μm。气浮池的功能是提供一定的容积和池表面积,使微气泡与水中的悬浮颗粒充分混合、接触、黏附,并使带气絮体与水分离。

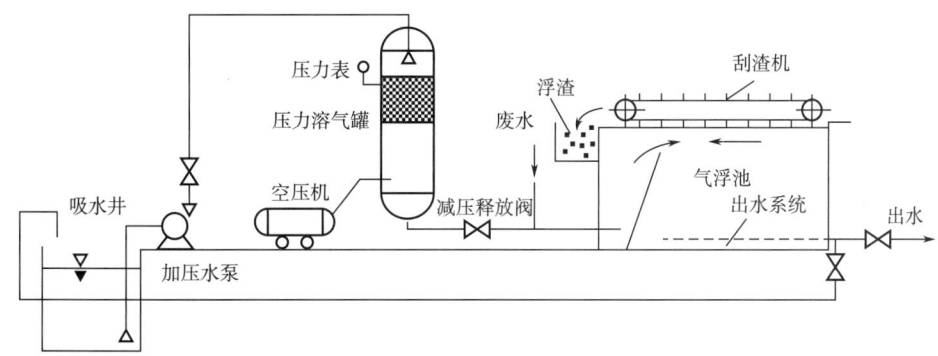

图 3-2-3 加压溶气气浮系统

气浮池可分为平流式和竖流式 2 种基本形式,如图 3-2-4 所示。气浮池分为接触室和分离室 2 个区域,接触室是溶气水与废水混合、微气泡与悬浮物黏附的区域,分离室也称气浮区,是悬浮物以微气泡为载体上浮分离的区域。

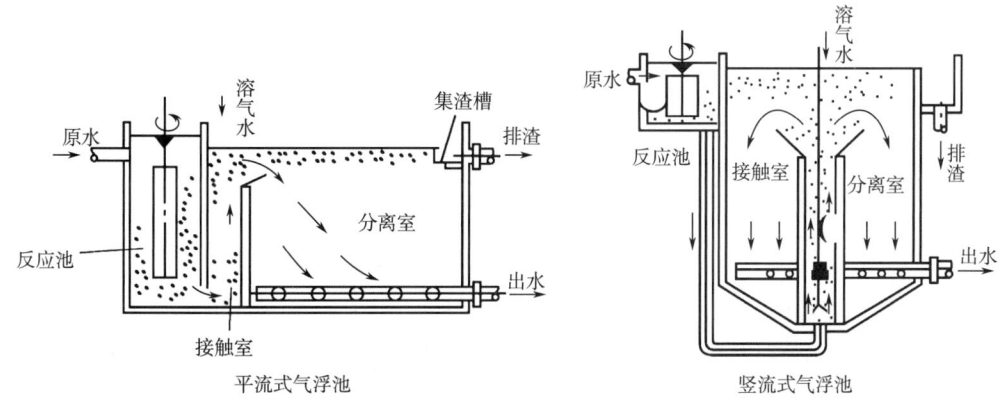

图 3-2-4 平流式气浮池和竖流式气浮池

平流式气浮池的反应池与气浮池合建。废水进入反应池完全混合后,经挡板底部进入气浮接触室以延长絮体与气泡的接触时间,然后由接触室上部进入分离室进行固液分离。平流式气浮池优点是池身浅、造价低、构造简单、运行方便。缺点是分离部分的容积利用率不高。

竖流式气浮池的反应池优点是接触室在池中央,水流向四周扩散,水力条件好。缺点是气浮池与反应池较难衔接,容积利用率较低。经验表明,当处理水量大于 150~200m³/h,废水中的悬浮固体浓度较高时,宜采用竖流式气浮池。

3.2.3 加压溶气气浮的基本流程

按照溶气水来源,加压溶气气浮分为全部进水加压溶气气浮、部分进水加压溶气气浮和部分回流水加压溶气气浮 3 种基本流程，如图 3-2-5 所示。

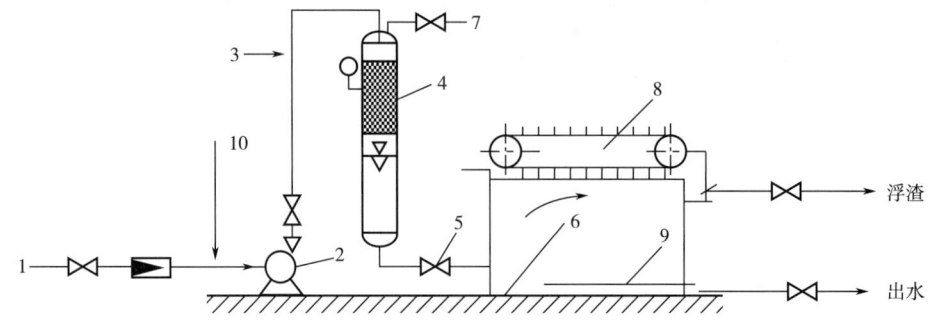
（a）全部进水加压溶气气浮

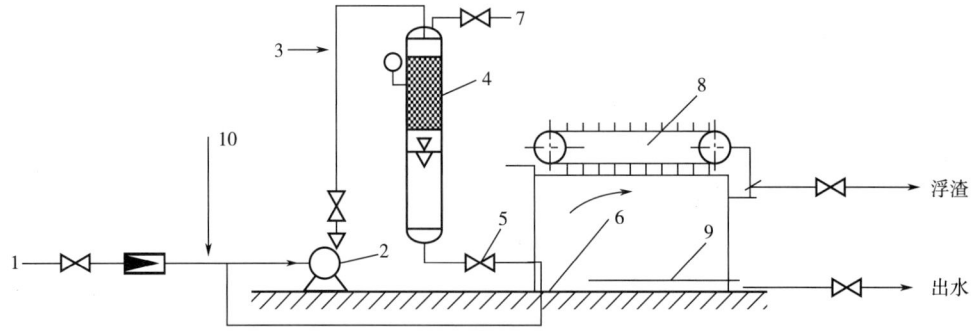
（b）部分进水加压溶气气浮

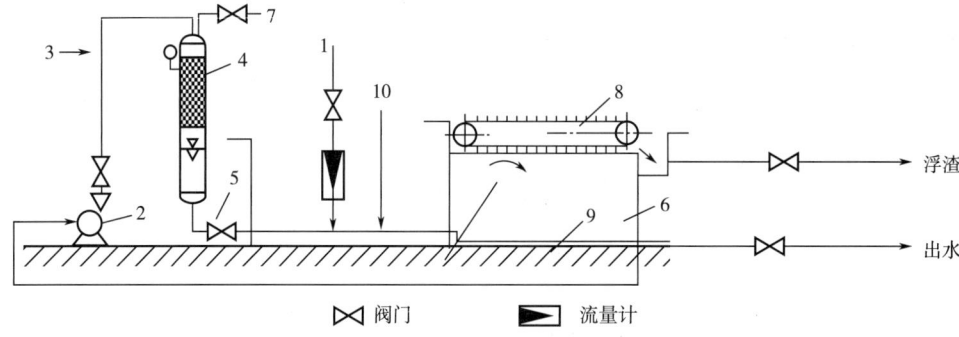
（c）部分回流水加压溶气气浮

1—原水进入；2—加压泵；3—空气进入；4—压力溶气罐；5—减压阀；6—气浮池；7—放气阀；8—刮渣机；9—集水系统；10—混凝剂。

图 3-2-5 溶气气浮的 3 种基本流程示意图

（1）全部进水加压溶气气浮流程

如图 3-2-5（a），全部进水加压溶气气浮流程是将全部废水进行加压溶气，再经减压释放装置进入气浮池进行固液分离，与其他流程相比，其电耗高，但因不另加溶气水，所以气浮池容积小。

（2）部分进水加压溶气气浮流程

如图 3-2-5（b），部分进水加压溶气气浮流程是将部分废水（10%～30%）进行加压溶气，其余废水直接送入气浮池。该流程比全部进水加压溶气气浮流程省电，另外因只有部分废水进入溶气罐，所以溶气罐的容积小。但因部分废水加压溶气所能提供的空气量较少，因此，若想提供同样的空气量，必须提升溶气罐的压力。

(3) 部分回流水加压溶气气浮流程

如图 3-2-5 (c)，采用进水加压气浮时，由于废水悬浮物较多，在减压过程中容易造成减压释放装置堵塞，故大多数情况下，采用部分回流水加压溶气。部分回流水加压溶气气浮流程是将部分出水（5%～25%）进行回流加压，废水直接送入气浮池。该流程通常用于含悬浮物浓度高的废水处理，但气浮池的容积较前两者大。

3.2.4 部分回流加压溶气气浮系统组成及工艺参数

如图 3-2-5 (c) 所示，部分回流加压溶气气浮是将气浮处理后的出水用加压回流泵送进溶气罐。采用空气压缩机同时向溶气罐进入压缩空气或用射流泵吸入空气，使水处于空气过饱和状态，然后进入气浮池，通过溶气释放器减压。释放的气泡附着在悬浮颗粒上，使得悬浮颗粒上浮至池面，在气浮池上部形成浮渣，用刮渣机收集至排渣槽排走，处理后的废水通过气浮池底部排出。

部分回流加压溶气气浮工艺参数如下：

(1) 一般采用喷淋式填料溶气罐，罐内水的停留时间为 2～5min。溶气压力为 0.2～0.4MPa。填料层高度为 1.0～1.6m。常用的填料有拉西环、波纹填料、阶梯环等。控制压力溶气罐内的水位距罐顶 60～100mm，既不淹没填料，也不能过低。

(2) 废水在气浮池内停留时间一般为 10～20min。平流式气浮池的工作水深为 2.0～2.5m。进行混凝气浮时，在池前端应增设废水反应室，反应室中废水停留时间一般为 10min。接触室内水力停留时间应不少于 1min。分离室的表面负荷率一般应控制为 5.4～0.9m³/(m²·h)。气浮池水位应稳定在集渣槽口以下 5～10cm。

(3) 一般情况下，回流比（回流水与原废水量之比）应控制在 5%～25%。

(4) 运行时，气浮池浮渣采用刮渣机定期刮除，刮渣机行车速度控制在 5m/min 以内，表面扰动过快会破坏浮渣层。

3.3 过 滤

3.3.1 过滤原理与作用

过滤是分离悬浮液最普遍和最有效的处理方法之一。与沉淀分离相比，过滤操作可使悬浮液的分离更迅速、更彻底。

过滤是以某种多孔物质为介质，在外力作用下，使悬浮液中的液体通过介质的孔道，而固体颗粒被截留在介质上，从而实现固液分离的操作。过滤采用的多孔物质称为过滤介质，所处理的悬浮液称为滤浆或料浆，通过多孔通道的液体称为滤液，被截留的固体物质称为滤饼或滤渣。过滤工作原理如图 3-3-1 所示。实现过滤操作的推动力可以是重力、压强差或惯性离心力。

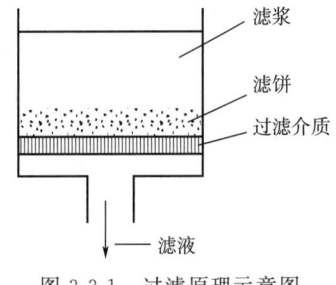

图 3-3-1 过滤原理示意图

3.3.2 过滤方式

过滤分为饼层过滤和深床过滤两大类。

(1) 饼层过滤

如图 3-3-1 所示，饼层过滤时，悬浮液置于过滤介质的一侧，固体物沉积于介质表面而形成滤饼层。过滤介质中微细孔道的直径可能大于悬浮液中部分颗粒的直径，因而，过滤之初会有一些细小颗粒穿过介质而使滤液浑浊，但是颗粒会在孔道中心迅速地发生"架桥"现象，使小于孔道直径的细小颗粒也能被拦截，故当滤饼开始形成，滤液即变清，此后过滤才能有效地进行。可见，在饼层过滤中，真正发挥拦截颗粒作用的主要是滤饼层而不是过滤介质。通常，过滤开始阶段得到的浑浊液，待滤饼形成后应返回滤浆槽重新处理。饼层过滤适用于处理固体含量较高（固相体积分率大于1%）的悬浮液，如污泥脱水便采用这种过滤方法。

(2) 深床过滤

深床过滤时，固体颗粒并不形成滤饼，而是沉积于较厚的粒状过滤介质床层内部。悬浮液中的颗粒尺寸小于床层孔道直径，当颗粒随液体在床层内的曲折孔道中流过时，便附在过滤介质上。这种过滤适用于生产能力大而悬浮液中颗粒小、含量甚微（固相体积分数小于1%）的场合。自来水厂饮用水的净化及从合成纤维纺丝液中除去极细固体物质等，均采用这种过滤方法。深床过滤常作为混凝沉淀的后续处理单元或吸附、离子交换、膜分离技术的预处理单元，也可作为生化处理后的深度处理单元。

各种工业废水的悬浮液性质差异很大，为适应各种不同的要求而发展了多种类型的过滤设备。

3.3.3 饼层过滤设备及性能特点

按照饼层过滤操作方式，可分为间歇过滤机与连续过滤机；按照过滤推动力，可分为压力过滤、真空吸滤和离心过滤机。

(1) 板框压滤机

板框压滤机为间歇式压力过滤机。如图 3-3-2 所示，板框压滤机由多块带凹凸纹路的

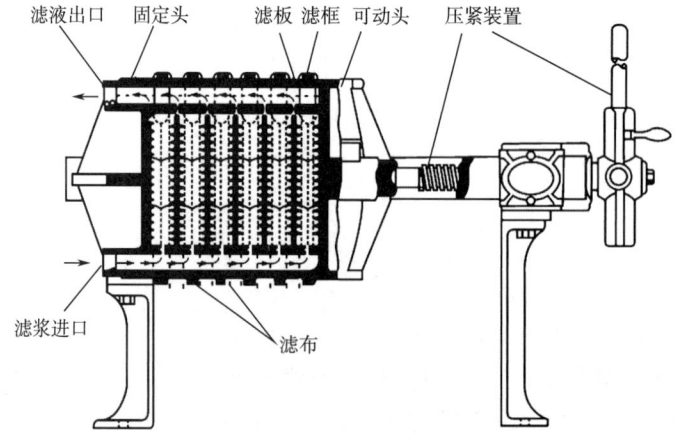

图 3-3-2　板框压滤机构造示意图

滤板和滤框排列组装于机架而构成。

板和框一般为方形，如图3-3-3所示。板和框的角端均开有圆孔，装合、压紧后即构成供滤浆、滤液或洗涤液流动的通道。框的两侧覆以四角开孔的滤布，空框与滤布围成了容纳滤浆及滤饼的空间。滤板分为洗涤板与过滤板两种。洗涤板左上角的圆孔内还开有与板面两侧相通的侧孔道，洗涤水可以由此进入框内。为了便于区别，常在板、框外侧铸有小钮或其他标志，通常，过滤板为一钮，框为二钮，洗涤板为三钮。装合时即按1—2—3—2—1—2……的钮数顺序排列板与框。压紧装置的驱动可用手动、电动或液压传动等方式。

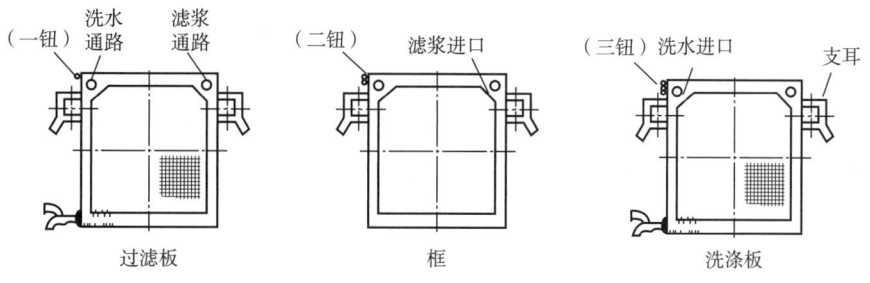

图3-3-3 滤板和滤框示意图

板框压滤机操作压力一般在0.3~0.8MPa。其优点是操作压强高，过滤面积大，适应能力强，结构简单，占地面积小，应用广泛。缺点是间歇操作，劳动强度大，滤布损耗较快。

（2）加压叶滤机

加压叶滤机为间歇式压力过滤机，如图3-3-4所示。加压叶滤机由许多不同宽度的长方形滤叶装合而成。滤叶由金属多孔板或金属网构成，内部有空间，外罩滤布。过滤时滤叶安装在能承受内压的密闭机壳内。滤浆用泵压送到机壳内，滤液穿过滤布进入叶内，汇集至总管后排出机外，颗粒则积于滤布外侧形成滤饼。

若滤饼需要洗涤，则于过滤完毕后通入洗涤水，洗涤水路径与滤液相同，这种洗涤方式称为置换洗涤法。洗涤过后打开机壳上盖，拔出滤叶卸除滤饼。

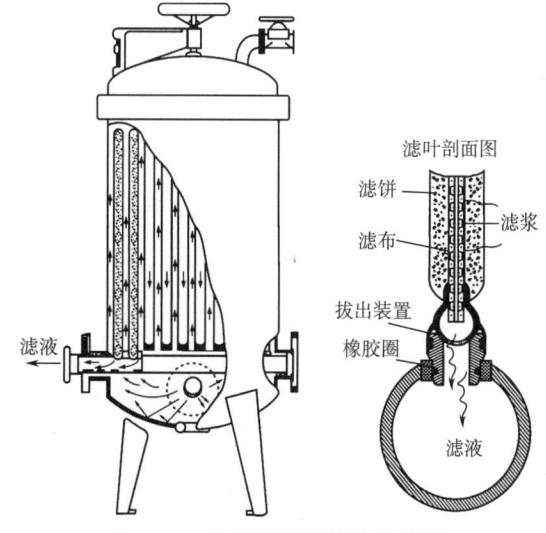

图3-3-4 加压叶滤机构造示意图

加压叶滤机的优点是密闭操作，过滤速度大，洗涤效果好，改善了操作条件。缺点是造价较高，更换滤布比较麻烦。

（3）转筒真空过滤机

转筒真空过滤机为吸滤式连续过滤机。转筒真空过滤机装置系统如图3-3-5所示。设备的主体是一个能转动的水平圆筒，其表面有一层金属丝网，网上覆盖滤布，筒的下部浸

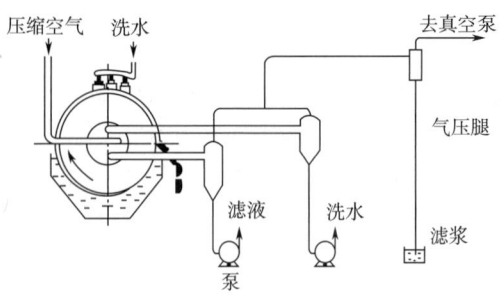

图 3-3-5 转筒真空过滤机装置示意图

入滤浆中。圆筒沿径向分隔成若干扇形格，每格都有单独的孔道通至分配头上。圆筒转动时，凭借分配头的作用使这些孔道依次分别与真空管及压缩空气管相通，因而在回转一周的过程中，每格扇形格表面即可顺序进行过滤、洗涤、吸干、吹松、卸饼等操作。

（4）离心过滤机

离心机是利用惯性离心力分离液态非均相化合物的机械，由于离心机可以产生很大的离心力，可用于分离一般方法难以分离的悬浮液或乳浊液。

根据分离方式，离心机可分为过滤式、沉降式和分离式 3 种基本类型。其中过滤式离心机于转鼓壁上开孔，在鼓内壁上覆以滤布，悬浮液加入鼓内并随之旋转，液体受到离心力作用被甩出而颗粒被截留在鼓内。沉降式或分离式离心机的鼓壁上没有开孔。若被处理物质为悬浮液，其中密度较大的颗粒沉积于转鼓内壁而液体集中于中央并不断引出，这种操作即为离心沉降；若被处理物料为乳浊液，则两种液体按轻重分层，重者在外，轻者在内，各自从适当的径向位置引出，此种操作即为离心分离。

根据操作方式，离心机也可分为间歇式和连续式。根据转鼓轴线的方向，离心机还可分为立式和卧式。

三足式离心过滤机如图 3-3-6 所示，其卸料方式有上部卸料与下部卸料之分。离心机的转鼓支撑在具有缓冲弹簧的杆上，以减轻由于加料或其他原因造成的冲击。三足式离心机结构简单，运转平稳，适应性强，滤渣颗粒不易受损伤，适用于过滤周期较长、处理量不大、要求滤渣含液量较低的场合。其缺点是上部卸料时劳动强度大，操作周期长，生产能力低。

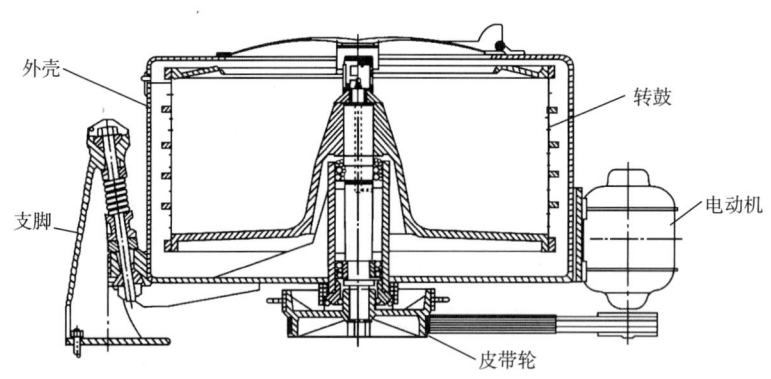

图 3-3-6 三足式离心过滤机结构示意图

卧式刮刀卸料离心过滤机结构及操作如图 3-3-7 所示，在转鼓全速运转的情况下能够自动地一次进行加料、分离、洗涤、甩干、卸料、洗网等工序的循环操作。每一工序的操作时间可按预定要求实行自动控制。操作时，进料阀门自动定时开启，悬浮液加入全速运转的鼓内，液相经滤网及鼓壁小孔被甩到鼓外，再经机壳的排液口流出。留在鼓内的固相被耙齿均匀分布在滤网面上。当滤饼达到指定厚度时,进料阀门自动关闭,停止进料。随后冲洗阀门自动开启,洗水喷洒在滤饼上。再经甩干一定时间后,刮刀自动上升,滤饼被刮下并经倾斜的溜槽排出。刮刀升至极限位置后自动退下,同时冲洗阀又开启,对滤网进行冲洗,即完成一个操作循环,重新开始进料。卧式刮刀卸料离心过滤机可自动操作,也可人工操作。适用于大规模物料的连续脱水。因为用刮刀卸料会使颗粒破碎严重,所以不适于必须保持晶粒完整的物料。

活塞推料离心过滤机结构及操作如图 3-3-8 所示,在全速运转的情况下,加料、分离、洗涤等操作可以同时连续进行,滤渣由一个往复运动的活塞推送器脉冲递推送出来。整个操作自动进行。滤浆不断由进料管送入,沿锥形进料斗的内壁流至转鼓的滤网上。滤液穿过滤网经滤液出口连续排出,积于滤网内面上的滤渣则被往复运动的活塞推送器沿转鼓内壁面推出。滤渣被推至出口的途中,可由冲洗管出来的水进行喷洗,洗水则由另一出口排出。活塞推料离心过滤机主要适用于浓度适中并能很快脱水和失去流动性的悬浮液,其优点是颗粒破碎程度小,控制系统较简单,功率消耗较均匀。缺点是对悬浮液的浓度较敏感。若料浆太稀则滤饼来不及生成,料液直接流出转鼓,并可冲走先已形成的滤饼;若料浆太稠,则流动性差,易使滤渣分布不均,引起转鼓的振动。

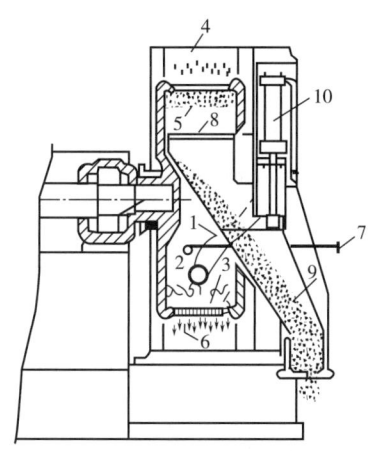

1—进料管;2—转鼓;3—滤网;4—外壳;
5—滤饼;6—滤液;7—冲洗管;8—刮刀;
9—滤饼;10—液压缸。

图 3-3-7 卧式刮刀卸料离心过滤机结构示意图

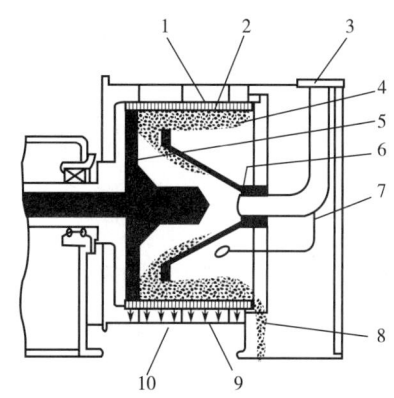

1—转鼓;2—滤网;3—进料管;4—滤饼;
5—活塞推进器;6—进料斗;7—冲洗管;
8—固体排出口;9—洗水出口;10—滤液出口。

图 3-3-8 活塞推料离心过滤机结构示意图

3.3.4 深床过滤设备及性能特点

常用的深床过滤设备为滤池。按照滤速不同,滤池可分为慢滤池、快滤池和高速滤池。按照驱动力不同,滤池可分为重力滤池和压力滤池。按照滤料层组成不同,滤池可分为单层滤料、双层滤料和多层滤料滤池。按照滤料冲洗状态不同,滤池可分为固定床式和移动床式滤池。按照进出水及反冲洗的供给和排出方式不同,滤池可分为普通快滤池、虹吸滤池和无阀滤池。

(1) 普通快滤池

普通快滤池是典型的深床过滤设备,利用层中粒状材料所提供的接触面,在接触絮凝、筛滤和沉淀作用下，可实现远小于滤料孔隙尺寸的悬浮杂质的截留去除。滤料一般为单层细砂滤料或煤-砂双层滤料，滤料采用清水冲洗。

普通快滤池包括滤料层、承托层、配水系统、集水渠和排水槽等5个部分，如图3-3-9所示。

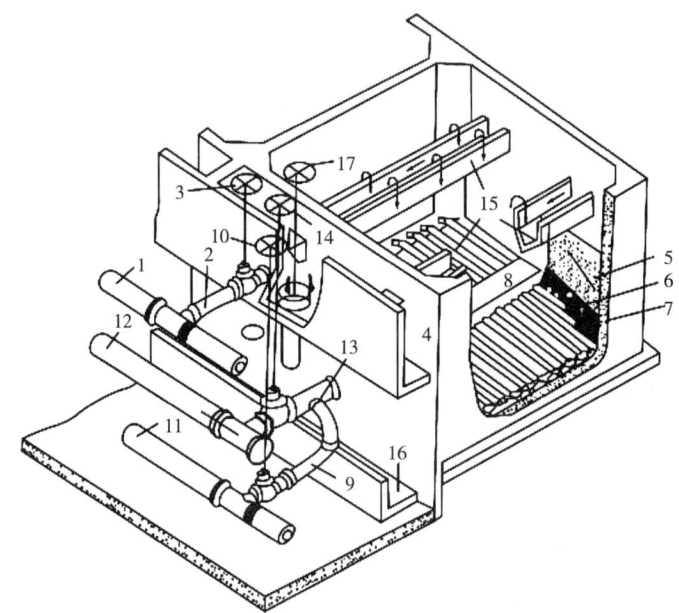

1—进水总管；2—进水干管；3—进水阀；4—浑水渠；5—滤料层；6—承托层；7—配水系统支管；8—配水干管；9—清水支管；10—出水阀；11—清水总管；12—冲洗水总管；13—冲洗水支管；14—冲洗水阀；15—排水槽；16—废水渠；17—排水阀。

图3-3-9 普通快滤池构造示意图

滤料应该满足悬浮物去除效率要求。其纳污能力和过滤效果还与滤层厚度和滤料级配有关。滤料粒径一定时，滤层厚度越大，去除率也越高。常用最大和最小粒径表示滤料的规格。

承托层可防止滤料流失，也可以使配水均匀，一般配合大阻力配水系统使用。承托层的最小粒径一般不小于2mm，其最大粒径以不被常规反冲洗强度下的水流冲动来考虑，一般为32mm。

配水系统的作用是收集滤后水，并将反冲洗水均匀分布在整个滤池平面上。如果反冲洗水在池内分配不均匀，局部流速过大，滤料流化程度过高，会使这个区域的滤料迁移到流速较低的区域，甚至随反冲洗水流出池外，从而使滤料分层混乱，局部地方滤料厚度减薄，出水水质恶化。因此，配水系统的合理设计是滤池正常工作、保持滤料层稳定的关键。

集水渠也为进水渠。反冲洗时用于收集排水槽过来的反冲洗水，通过反冲洗排水管排入排水道；过滤时，则接受来自进水管的待处理水，起到为滤池配水的作用。布置形式视滤池面积大小而定，一般情况下沿池壁一边布置。

普通快滤池的工作方式分为过滤和反冲洗两个过程。

过滤过程：待处理水从进水干管，经过集水渠，进入滤池。水经过滤料层后，将水中的悬浮杂质截留在滤层内,使水成为洁净的过滤水。过滤水经由级配卵石组成的承托层、配水支管汇集到配水干管。最后,经清水总管排出。在过滤阶段,原水流经滤床时,由于滤层阻力不断增大,滤速将相应减小,为了保持一定的滤速,应设置流量调节装置,以保持滤池进水量与出水量的平衡。

反冲洗过程:反冲洗的目的是清除截留在滤料孔隙中的悬浮物,恢复其过滤能力。反冲洗时,先关闭进水管道上的进水阀,反冲洗水经配水系统的干管、支管,自下而上高速流过承托层和滤料层,滤料在上升水流的冲刷作用下悬浮起来,并逐步膨胀到一定高度,滤料间不断摩擦碰撞,将大部分杂质和淤泥冲洗下来,随冲洗水一并进入排水槽。冲洗强度一般控制在 $10\sim15L/(s\cdot m^2)$。

(2) 压力滤池

压力滤池又称机械过滤器,是一种压力式快速过滤设备,采用单层滤料、向下流设计,能去除细小的胶体颗粒和悬浮物,过滤出水浊度可降至 1NTU 左右。压力滤池的结构如图 3-3-10 所示,包括滤料及进水和配水系统。容器外设置各种管道和阀门,在压力下进行过滤。待处理水由泵直接打入,滤后水可借助池内压力直接送到用水装置或后续处理单元。其配水系统常用阻力较小的缝隙式滤头,滤层厚度一般在 1.0~1.2m。压力滤池允许的水头损失可达 5~6m。为提高反冲洗过程中滤料的清洗效果,可以考虑常用压缩空气辅助清洗。

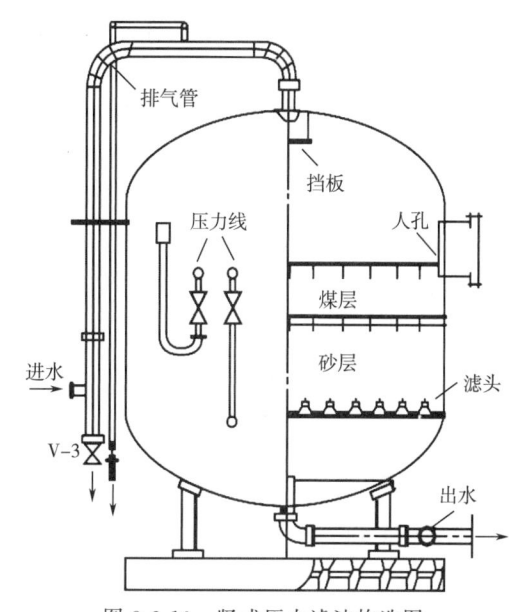

图 3-3-10 竖式压力滤池构造图

根据使用方式不同,压力滤池可分为竖式和卧式两种。压力滤池直径一般不超过 3m,国家已有标准图和定型产品,选用时只要根据处理水量和滤速算出所需过滤面积,确定滤池数量后即可算出每个滤池的直径,然后选定型产品即可。压力滤池的特点是可省去清水泵站,运行管理比较方便。同时,由于装卸、移动方便,占地面积小,又有定型产品,可缩短建设周期,适用于工业水处理以及临时性给水水质净化工程。

(3) 纤维滤池

纤维滤池中的填料主要为有机高分子材料的长纤维,直径在 50μm 左右,长度超过 1m,纤维下端固定在出水孔板上,上端固定在构件上,纤维装填孔隙率在 90% 左右。纤维滤池的结构如图 3-3-11 所示,上端固定构件可上下移动。当水流自上而下通过纤维层时,在水头阻力作用下,纤维承受向下的纵向压力,且随着深度的增加,纤维所受的压力增大。由于纤维材料的纵向刚度较小,当纵向压力足够大时将产生弯曲而使纤维层整体下移。由于纤维层所受的纵向压力沿水流方向依次递增,所以纤维层沿水流方向被压缩弯曲的程度也依次增大,滤层的孔隙率沿水流方向逐渐减小,这样就达到了理想床层状态。

纤维滤池常做成压力式的。由于滤池中纤维滤料的孔隙率高,含污能力强,允许滤池以很高的滤速运行,滤速最高可达 50m/h。当系统的进水浊度在 20NTU 以下时,滤层含污能力可达 15kg/m³。滤层堵塞后,需及时进行反冲洗。反冲洗时,纤维滤层向上伸展膨胀,需用水与空气联合冲洗,才能将纤维滤层的积泥冲洗干净。纤维滤池在火力发电系统净水站中应用较多。

(4) 连续过滤滤池

连续过滤滤池无单独的反冲洗阶段。以池内进行滤料连续过滤的滤池为例,如图 3-3-12 所示,其工作过程如下:原水经进水管流入滤池,再经中心进水管向下由布水管分布到滤层中,并由下向上通过滤层。此时,原水中的悬浮物被滤料截留,滤后水由池顶集水槽收集,并经出水管排出。滤池的中心位置有一个气体输砂管。通过向输砂管下部送入压缩空气,形成气水混合液。由于气水混合液密度比水小,在周围水压的作用下经输砂管由下而上高速流动,并在输砂管下端形成负压区,将周围水和滤料带入输砂管。被污染的滤料在输砂管内高速流动,相互碰撞,可剥离其表面大部分悬浮污染物;气、水和滤料在输砂管上部出口处分离,悬浮物随冲洗水流出池外,滤料则向下沉降进入清洗管。冲洗水排水堰顶部标高比滤后水的出水堰略低,使一部分清水由下向上经清水管流动,同时从输砂管分离出来的滤砂在清水管中与清水逆向流动,从而达到进一步清洗,清洗后的滤料落至滤层顶部,参与过滤过程。过滤过程中,由于滤层下部的滤料不断被气提输砂管吸走,滤层逐渐下移,经过一段时间,整个滤层的滤料可被循环清洗一遍,实现过滤与滤料清洗过程的同步进行。

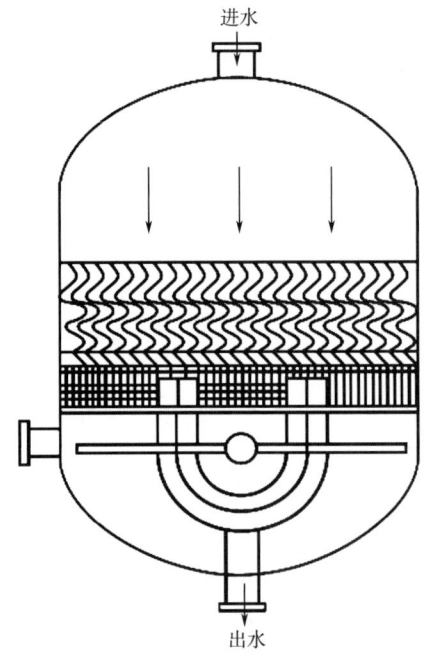

图 3-3-11 纤维滤池构造示意图

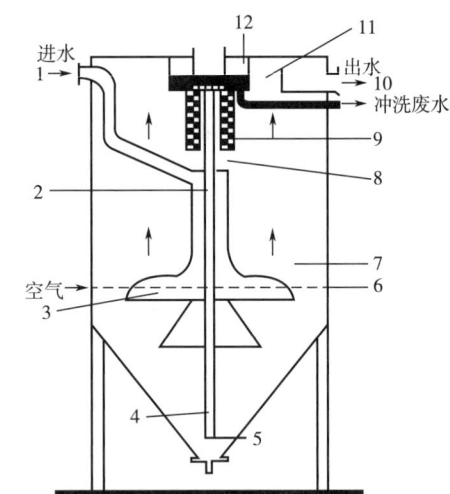

1—原水进入;2—中心水管;3—进水布水器;
4—气提输砂管;5—蚀砂;6—补水管;7—滤床;
8—清洗后清洁砂;9—蚀砂清洗管;10—滤后水出水;
11—滤后清水;12—冲洗废水。

图 3-3-12 连续过滤滤池构造示意图

由于在连续过滤滤池过滤过程中滤床不断下移,对过滤出水水质会有一定程度的影响,因此,其出水水质不如普通快滤池和压力滤池好,但无需定期进行反冲洗,操作简单,适用于对水质要求较低的工业水处理工程,也可用于预处理。当原水之间的有机物和氨氮含量较高时,连续过滤滤池的滤料表面会附着生物膜,能够在一定程度上降解水中有机物和氨氮,可作为生物滤池,此时,需向池中进行适量曝气。除池内进行循环清洗的滤池形式外,有的连续过滤滤池将滤料的循环清洗设置于池外,有的则使滤料的循环清洗间歇进行,构造与工作方式多种多样。

3.4 蒸　　发

3.4.1 蒸发器工作原理及其构造

(1) 蒸发原理与作用

蒸发是将非挥发性溶质(如盐类)的溶液加热至沸腾,使溶剂汽化为蒸气,溶质得到浓缩或结晶被分离的过程。蒸发被广泛应用于高含盐废水处理过程中,如制浆造纸黑液浓缩处理。

蒸发操作中的热源常采用新鲜的饱和水蒸气,又称生蒸汽。从溶液中蒸出的蒸汽称为二次蒸汽,以区别于生蒸汽。在操作中一般用冷凝方法将二次蒸汽不断移出,否则蒸汽与沸腾溶液趋于平衡,使蒸发过程无法进行。将二次蒸汽直接冷凝而不利用其冷凝热的操作称为单效蒸发。将二次蒸汽引到下一蒸发器作为加热蒸汽以利用其冷凝热的串联蒸发操作称为多效蒸发。

蒸发操作可以在加压、常压或减压下进行,工业上的蒸发操作通常在减压下进行,称为真空蒸发。真空操作的特点在于:①减压下溶液的沸点下降,有利于处理热敏性物料,且可利用低压蒸汽或废蒸汽作为热源;②溶液的沸点随所处的压强减少而降低,故对相同压强的加热蒸汽而言,当溶液处于减压时可以提高传热总温度差,但与此同时,溶液的黏度加大,使总传热系数下降;③真空蒸发系统要求有造成减压的装置,使系统的投资费用和操作费用提高。

区别于一般的传热过程,蒸发的特点在于:①蒸发属于壁面两侧流体均有相变化的恒温传热过程;②有些溶液在蒸发过程中有晶体析出、易结垢和产生泡沫、高温下易分解或聚合;溶液的黏度在蒸发过程中逐渐增大,腐蚀性逐渐加强;③对于含有不挥发溶质的溶液,其蒸气压较同温度下溶剂(即纯水)的低。当加热蒸汽一定时,蒸发溶液的传热温度差依靠小于蒸发水的温度差,溶液浓度越高该现象越显著;④二次蒸汽中常夹带大量液体,冷凝之前必须设法除去,否则不仅损失物料,还会污染冷凝设备;⑤对于蒸发时产生大量的二次蒸汽,如何利用其潜热,是蒸发操作中要考虑的关键问题之一。基于上述特点,蒸发器的结构必须有别于一般的换热器。

(2) 蒸发器类型及构造

蒸发器主要由加热室及分离室组成。按加热方式可分为间接加热蒸发器和直接加热蒸发器。按加热室的结构和操作时溶液的流动情况,可分为循环型(非膜式)蒸发器和单程型(膜式)蒸发器两类。

3.4.2 循环型(非膜式)蒸发器

循环型(非膜式)蒸发器的特点是溶液在蒸发器内作连续的循环运动,以提高传热效果、缓和溶液结垢情况。由于引起循环运动的原因不同,可分为自然循环和强制循环 2 种类型。自然循环是溶液在加热室不同位置上的受热程度不同,产生了密度差,从而引起的循环运动;强制循环是依靠外加动力迫使溶液沿一个方向作循环流动。

(1) 中央循环管式蒸发器

中央循环管式蒸发器如图 3-4-1 所示,加热室由垂直管束组成,管束中央有一根直径较粗的管子。细管内单位体积溶液受热面大于粗管的,即前者受热好,溶液汽化得多,因此细管内汽液混合物的密度比粗管的小,这种密度差促使溶液作沿粗管下降而沿细管上升的连续规则的自然循环运动。粗管称为降液管或中央循环管,细管称为沸腾管或加热管。为了促使溶液有良好的循环,中央循环管截面积一般为加热管总截面的 40%～100%。管束高度为 1～2m;加热管直径为 25～75mm,长径比为 20～40。溶液循环速度为 0.4～0.5m/s。

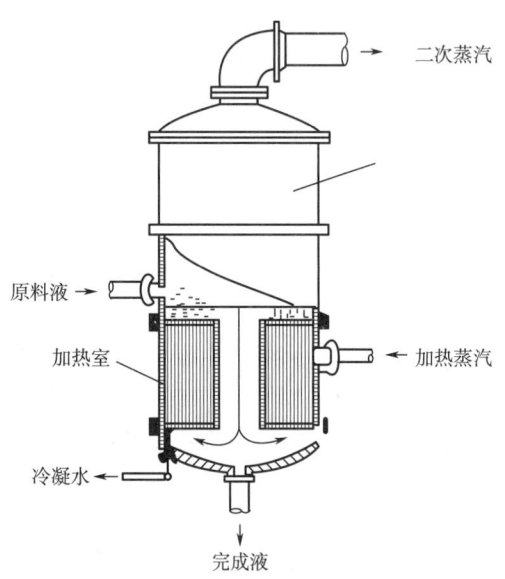

图 3-4-1 中央循环管式蒸发器示意图

中央循环管蒸发器具有溶液循环好、传热效率高等优点,同时由于结构紧凑,制造方便,操作可靠,应用广泛,有"标准蒸发器"之称。但由于溶液的不断循环,加热管内的溶液始终接近完成液的浓度,因此,中央循环管蒸发器内部有溶液黏度大、沸点高的缺点;此外,中央循环管蒸发器的加热室结构紧密,不易清洗。中央循环管蒸发器适用于处理结垢不严重、腐蚀性较小的溶液。

(2) 悬框式蒸发器

如图 3-4-2 所示,悬框式蒸发器是中央循环管蒸发器的改进。加热蒸汽由中央蒸汽管进入加热室,加热室悬挂在器内,可由顶部取出,便于清洗与更换。包围管束的外壳外壁面与蒸发器外壳内壁面间留有环隙通道,其作用与中央循环管类似,操作时溶液形成沿环隙通道下降而沿加热管上升的不断循环运动。一般悬框式蒸发器的环隙截面与加热管总截面之比大于中央循环管式的,环隙截面积为沸腾管总截面积的 100%～150%,因此溶液循环速度较高,为 1.0～1.5m/s,

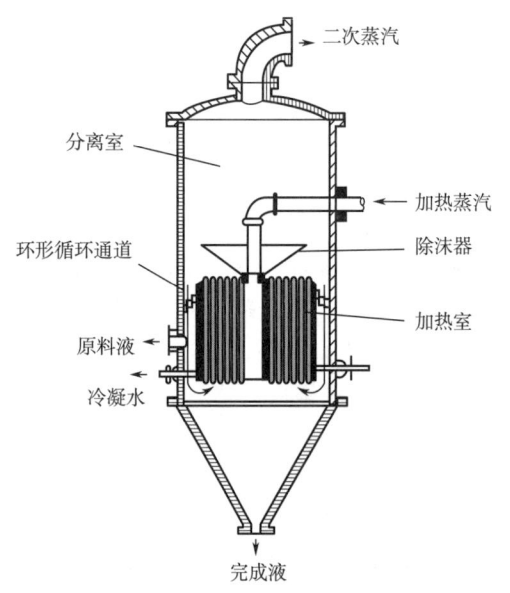

图 3-4-2 悬框式蒸发器示意图

改善了加热管内结垢情况,提高了传热速率。

悬框式蒸发器适用于蒸发有晶体析出的溶液。缺点是设备耗材量大、占地面积大、加热管内的溶液滞留量大。

(3) 外热式蒸发器

外热式蒸发器如图 3-4-3 所示，其加热管较长，长径比为 50～100。由于循环管内的溶液未受蒸汽加热，其密度较加热管内的大，因此形成溶液沿循环管下降而沿加热管上升的循环运动，循环速度可达 1.5m/s。

(4) 强制循环蒸发器

前面 3 种蒸发器都是由于加热室与循环管内的溶液间存在密度差而产生溶液的自然循环运动，故均属于自然循环型蒸发器，它们的共同缺点是溶液的循环速度较低，传热效果不好。在处理黏度大、易结垢或易结晶的溶液时，可采用图 3-4-4 所示的强制循环蒸发器。这种蒸发器内的溶液是利用外加动力进行强制循环的，循环泵迫使溶液沿一个方向以 2～5m/s 的速度通过加热管。其缺点是动力消耗大，进入面积受到一定限制。

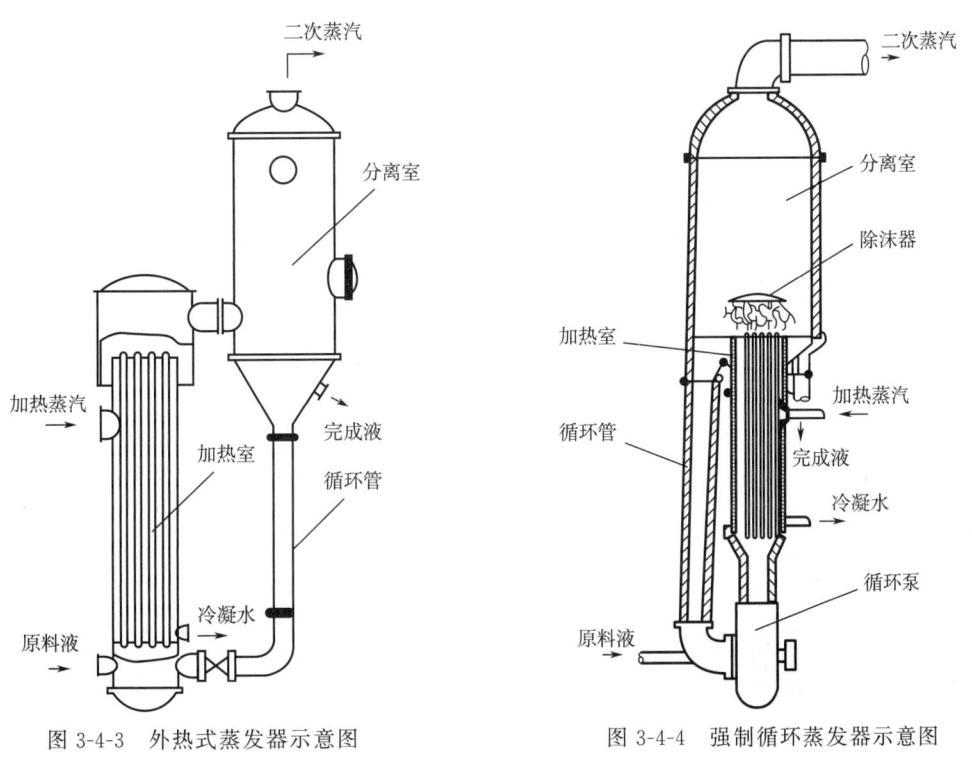

图 3-4-3 外热式蒸发器示意图　　　　图 3-4-4 强制循环蒸发器示意图

3.4.3 单程型（膜式）蒸发器

循环型（非膜式）蒸发器的主要缺点是加热室内滞料量大，致使物料在高温下停留时间长，特别不适于处理热敏性物料。在膜式蒸发器内，溶液只通过加热室一次即可达到需要的浓度，停留时间仅为数秒或 10 余秒钟。操作过程中溶液沿加热管壁呈传热效果最佳的膜状流动。

(1) 升膜式蒸发器

升膜式蒸发器结构如图 3-4-5 所示，加热室由单根或多根垂直管组成，加热管长径比为 100～150，管径为 25～50mm。原料液经预热达到沸点或接近沸点后，由加热室底部引入管内，被高速上升的二次蒸汽带动，沿壁面边呈膜状流动边进行蒸发，在加热室顶部可达到所需要的浓度,完成液由分离室底部排出。二次蒸汽在加热管内的速度不应小于 10m/s,一般为 20~50m/s。

若将常温下的液体直接引入加热室,则在加热室底部必须有一部分受热面用来加热溶液使其达到沸点后才能汽化,溶液在这部分壁面上不能呈膜状流动,而在各种流动状态中,又以膜状流动效果最好,故溶液应预热到沸点或接近沸点后再引入蒸发器。

升膜式蒸发器适用于处理蒸发量较大的稀溶液以及热敏性或易生泡的溶液;不适用于处理高黏度、有晶体析出或易结垢的溶液。

(2) 降膜式蒸发器

降膜式蒸发器结构如图 3-4-6 所示,原料液由加热室顶部加入,经管端的液体分布器均匀地流入加热管内,在溶液本身的重力作用下,溶液沿管内壁呈膜状下流,并进行蒸发。为了使溶液能够在壁上均匀布膜且防止二次蒸汽由加热管顶端直接窜出,加热管顶部必须设置加工良好的液体分布器。

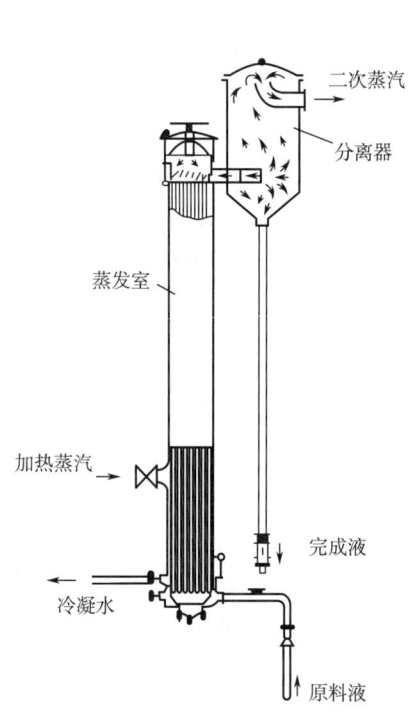
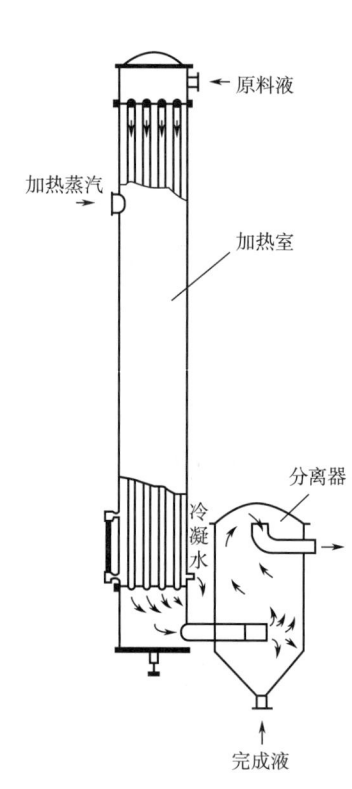

图 3-4-5 升膜式蒸发器示意图　　　　图 3-4-6 降膜式蒸发器示意图

降膜式蒸发器适用于蒸发浓度或黏度较大的溶液以及热敏性物料,不适用于处理易结晶、易结垢或黏度特别大的溶液。

(3) 升-降膜式蒸发器

升-降膜式蒸发器结构如图 3-4-7 所示,由升膜管束和降膜管束组合而成。蒸发器的底部封头内有一隔板,将加热管束均分为二。原料液在预热器中加热达到或接近沸点后,引入升膜加热管束的底部,汽、液混合物经管束由顶部流入降膜加热管束,然后转入分离器,完成液由分离器底部取出。溶液在升膜和降膜管束内的布膜及操作情况与前述的升膜及降膜式蒸发器内的情况完全相同。

升-降膜式蒸发器适用于浓缩过程中黏度变化大的溶液或厂房高度有一定限制的场合。若蒸发过程溶液的黏度变化大,推荐采用常压操作。

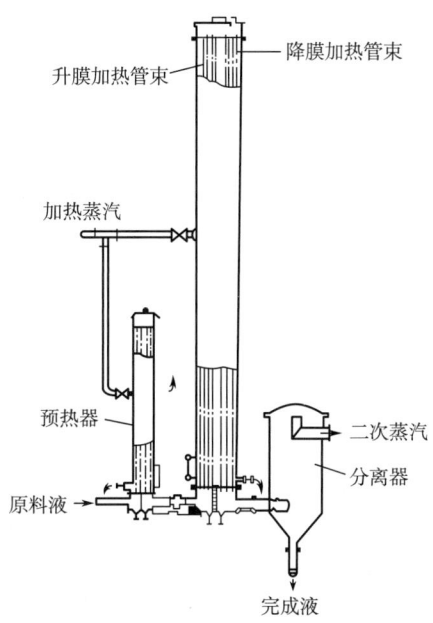

图 3-4-7　升-降膜式蒸发器示意图

3.4.4　多效蒸发系统的操作流程

蒸发主要用于处理高浓度含盐废水。单效蒸发中每蒸发 1kg 的水要消耗比 1kg 多一些的加热蒸汽,蒸发大量的水分必须消耗大量的加热蒸汽。为了减少加热蒸汽的消耗量,通常采用多效蒸发操作,其中最常用的是三效蒸发,其系统工作原理如图 3-4-8 所示。三效蒸发系统是由 3 个串联的蒸发器组成,加热蒸汽被引入第一效,加热其中的废水,产生的蒸汽被引入第二效作为加热蒸汽,使第二效的废水以比第一效更低的温度蒸发,这个过

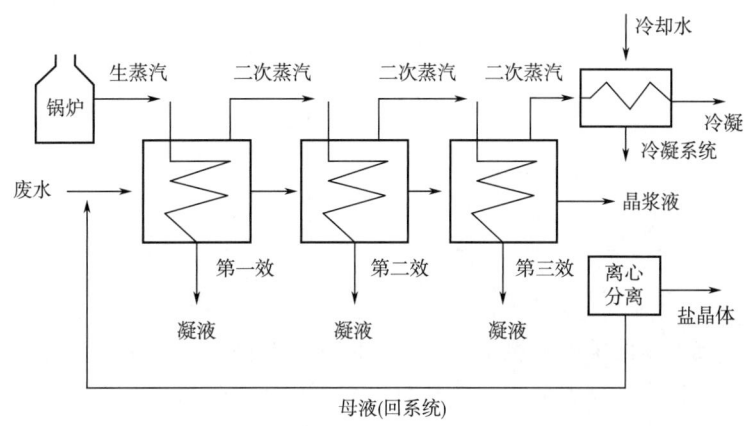

图 3-4-8　三效蒸发系统工作原理示意图

程一直重复到最后一效。各效冷凝水汇集后作为净水输出，同时，高盐废水经过由第一效到最末效依次浓缩，在最末达到过饱和而结晶析出，由此实现盐分与废水的分离。系统所需热量由系统外接蒸汽源提供。

按投料方式，蒸发操作流程可分为并流加料、逆流加料和平流加料3种。

(1) 并流加料

并流加料是最常见的蒸发操作流程。图3-4-9所示为三效并流加料流程，溶液和蒸汽的流向相同，即都由第一效按顺序流至末效。水蒸气通入第一效加热室，蒸发出的二次蒸汽进入第二效的加热室作为加热蒸汽，第二效的二次蒸汽又进入第三效的加热室作为加热蒸汽，第三效（末效）的二次蒸汽则送至冷凝器全部冷凝。原料液进入第一效，浓缩后由底部排出，依次流过后面各效时即被连续不断地浓缩，完成液由末效底部取出。

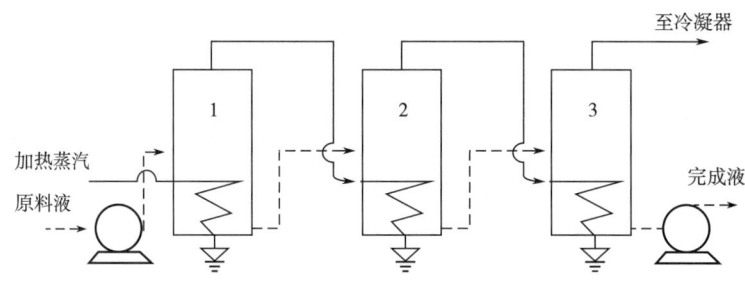

图 3-4-9 并流加料的三效蒸发装置流程示意图

并流加料的优点是利用各效间的压力差输送废水。因前效温度和压力高于后效，可以不设预热器；辅助设备少，流程紧凑，温度损失小；操作简便，工艺稳定，设备维修量小。缺点是后效温度降低后，废水黏度逐效增大，降低了传热系数，需要更大的传热面积。

(2) 逆流加料

如图3-4-10为三效逆流加料流程，溶液和蒸汽的流向相反，即原料液由末效进入，用泵依次输送至前效，完成液由第一效底部取出。加热蒸汽的流向仍是由第一效顺序至末效。

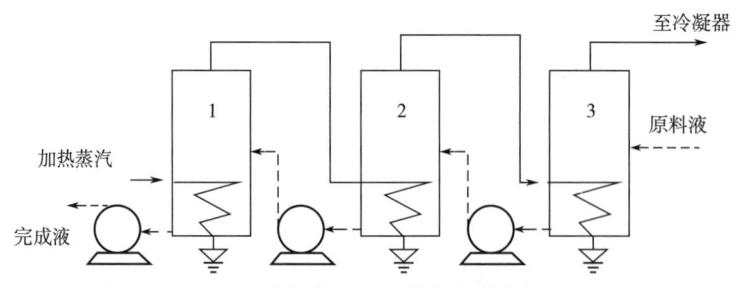

图 3-4-10 逆流加料的三效蒸发装置流程示意图

逆流加料的优点是溶液的浓度沿着流动方向不断提高，同时温度也逐渐上升，因此各效溶液的黏度较为接近，使各效的传热系数也大致相同；排出废水温度较高，可在减压下进一步闪蒸浓缩。缺点是效间的溶液需用泵输送，能量消耗较大；因各效在低于沸点下进料，故必须设置预热器。

逆流加料流程主要适用于黏度较大的废水浓缩，不宜于处理热敏性溶液。

（3）平流加料

如图 3-4-11 为三效平流加料流程，原料液分别加入各效中，完成液也分别自各效底部取出，蒸汽的流向仍是由第一效流至末效。

平流加料流程主要适用于黏度大、易结晶的溶液，因其有结晶析出，不便于在效间输送。此流程还可以用于两种或两种以上不同废水的同时蒸发过程。

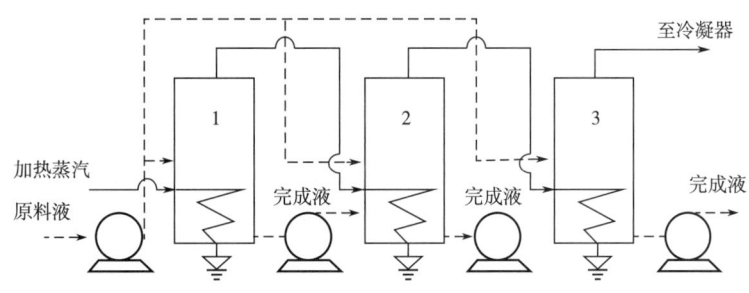

图 3-4-11　平流加料的三效蒸发装置流程示意图

思 考 题

1. 简述废水物理处理主要去除的对象有哪些？包括哪些方法？
2. 沉淀类型有哪几种？各适用于哪些场合？
3. 加压溶气气浮法的基本原理是什么？
4. 气浮法与沉淀法比较，各有什么优缺点？
5. 分析饼层过滤和深床过滤的区别以及各自的适用条件。
6. 并流加料的多效蒸发装置中，一般各效的总传热系数逐效减少，而蒸发量却逐效略有增加，试分析原因。
7. 多效蒸发中，"最后一效的操作压强是由后面冷凝器的冷凝能力确定的"。这种说法是否正确？冷凝器后面使用真空泵的目的是什么？

第4章 废水化学与物理化学处理

化学处理法是借助或通过化学反应完成废水的处理过程。处理对象主要是废水中无机或有机的（难以生物降解的）溶解性污染物。对于水中容易生物降解的有机溶解物质和胶体物质，尤其当水量较大时，一般采用生物处理方法。废水的化学处理单元包括化学沉淀、氧化还原及电解。

物理化学处理法是利用物理化学原理去除水中的杂质。处理对象主要是废水中无机或有机的（难以生物降解的）溶解性污染物或胶体物质。废水的物理化学处理单元包括化学混凝、化学沉淀、氧化还原、电解、吸附、离子交换、膜分离及消毒。

4.1 化 学 混 凝

4.1.1 混凝原理与作用

废水中的胶体（1～100nm）和细微悬浮物（100～10000nm）能在水中长期保持稳定的悬浮状态，静止而不沉，使水产生浑浊现象。混凝法就是向废水中投加混凝药剂，使其中的胶体和细微悬浮物脱稳，并聚集为数百微米至数毫米的矾花，进而通过重力沉降或其他固液分离手段予以去除的废水处理技术。

混凝机理涉及的因素很多，如水中杂质的成分和浓度、水温、水的pH、碱度以及混凝剂的性质和混凝条件等。混凝原理主要是压缩双电层、吸附架桥和网捕等三个方面的作用。

(1) 压缩双电层作用

在水中投加电解质——混凝剂，能消除或降低胶体微粒的ζ电位，使胶体间排斥的能量减小。当胶粒间排斥的能量小于胶粒布朗运动的动能时，胶粒开始产生明显的聚结，失去稳定性。压缩双电层是阐明胶体凝聚的一个重要理论，特别适用于无机盐混凝剂所提供的简单离子的情况。实践中，若只用压缩双电层作用原理来解释水中的混凝现象，会产生一些矛盾。例如，三价铝盐或铁盐混凝剂投量过多时，效果反而下降，水中的胶粒又会重新获得稳定。这表明除了压缩双电层作用外，还有其他作用存在。

(2) 吸附架桥作用

三价铝盐或铁盐以及其他高分子混凝剂溶于水后，经水解和缩聚反应形成高分子聚合物，具有线型结构。这类高分子物质可被胶体微粒所强烈吸附。因其线型长度较大，当它的一端吸附某一胶粒后，另一端又吸附另一胶粒，在相距较远的两胶粒间进行吸附架桥，使微粒相互黏结，逐渐聚结生长，形成肉眼可见的粗大絮凝体。

(3) 网捕作用

三价铝盐或铁盐等水解而生成的沉淀物，在自身的沉淀过程中，能卷集、网捕水中的胶体等微粒，使胶体黏结。

以上压缩双电层作用使脱稳的胶粒相互凝聚，吸附架桥作用再使微粒相互黏结絮凝产生的微粒凝结现象总称为混凝。压缩双电层作用和吸附架桥作用对于不同类型的混凝剂所起的作用程度并不相同。对于高分子混凝剂特别是有机高分子混凝剂，吸附架桥可能起主要作用；对于铝盐、铁盐等无机混凝剂，压缩双电层和吸附架桥以及网捕都具有重要作用。

4.1.2 常用混凝剂和助凝剂

常用混凝剂和助凝剂包括无机盐类混凝剂、有机高分子类混凝剂以及助凝剂。

(1) 无机盐类混凝剂

目前应用最广的是铝盐和铁盐，可分为普通铁盐、铝盐和碱化聚合物，其他还有碳酸镁、活性硅酸、高岭土、膨润土等。

①三氯化铁是褐色结晶体，极易溶解，形成的絮凝体较紧密，易沉淀。处理低温水或低浊度水效果比铝盐好，适宜的 pH 范围较宽。但三氯化铁腐蚀性强，易吸水潮解，不易保管。

②硫酸亚铁是半透明绿色结晶体，能够提供二价铁离子，其混凝作用通常不及三价铁盐，如单独用于水处理，应补充氧化剂将二价铁氧化成三价铁。同时，残留在水中的二价铁离子会使处理后的水带色。

③硫酸铝是废水处理中使用最多的混凝剂，混凝效果好，适宜的 pH 范围较窄，且跟原水硬度有关，如对于软水，pH 为 5.7~6.6；中等硬度的水 pH 为 6.6~7.2；硬度较高的水 pH 则为 7.2~7.8。

明矾是硫酸铝和硫酸钾的复盐，其中的三氧化二铝含量约为 10.6%，是天然矿石，也可作为混凝剂。

硫酸铝混凝效果好，使用方便，对处理后的水质没有任何不良影响。但水温低时，硫酸铝可能水解，形成的矾花絮凝体较松散，效果不及铁盐。

④聚合氯化铝作为混凝剂处理水时，对污染严重或低浊度、高浊度、高色度的原水都可达到好的混凝效果；水温低时，仍可保持稳定的混凝效果；矾花形成快，颗粒大而重，沉淀性能好，投药量一般比硫酸铝低；适宜的 pH 范围较窄，为 5~9，当过量投加时也不会像硫酸铝那样造成水浑浊的反效果；药液对设备的腐蚀性小，且处理后的 pH 和碱度下降较小。

⑤聚合硫酸铁与聚合氯化铝都是具有一定碱化度的无机高分子聚合物。适宜水温为 10~50℃，pH 为 5.0~8.5，但在 pH 为 4.0~11.0 的范围内仍可使用。与普通铁铝盐相比，它具有投加剂量少、矾花生成快、对水质的适应范围广等优点。

(2) 有机高分子类混凝剂

高分子混凝剂分为天然和人工两种，其中天然高分子混凝剂的应用远不如人工的广泛。高分子混凝剂溶于水中，通常会形成黏性的液体。

有机高分子混凝剂可分为阴离子型、阳离子型和非离子型。以聚丙烯酰胺应用最为普遍，通常作为助凝剂与其他混凝剂一起使用，可产生较好的混凝效果。聚丙烯酰胺的投加次序与废水水质有关，当废水浊度低时，宜先投加其他混凝剂，再投加聚丙烯酰胺；当废水浊度高时，应先投加聚丙烯酰胺，再投加其他混凝剂。

（3）助凝剂

当单用混凝剂不能取得良好效果时，可投加某些辅助药剂以提高混凝效果，这种辅助药剂称为助凝剂。助凝剂可用以调节或改善混凝的条件，常用的助凝剂主要有pH调整剂、絮体结构改良剂和氧化剂等3类。

①pH调整剂。在原水pH不符合工艺要求，或在投加混凝剂后pH发生较大变化时，就需要投加酸性或碱性物质予以调整。常用的pH调整剂有硫酸、熟石灰、氢氧化钠、纯碱等。例如，当原水的碱度不足时，可投加石灰或重碳酸钠等。

②絮体结构改良剂。其作用是加大絮体的粒径、密度和机械强度。这类物质有水玻璃、活性硅酸和粉煤灰、黏土等。前二者主要作为骨架物质来强化低温和低碱度下的絮凝作用；后二者则作为矾花形成核心来加大絮体密度，改善其沉降性能和污泥的脱水性能。常用的有聚丙烯酰胺、活化硅酸、骨胶、海藻酸钠、红花树等。

③氧化剂。当原水中的有机物含量较高时容易形成泡沫，不仅使感观性状恶化，絮凝体也不易沉降。此时，应投加氯气、次氯酸钙和次氯酸钠等氧化剂来破坏有机物。当用硫酸亚铁作混凝剂时，则常用臭氧和氯气将二价铁离子氧化为三价铁离子，以提高混凝效果。

4.1.3 混凝处理工艺过程及运行控制条件

4.1.3.1 混凝处理工艺过程

混凝处理工艺过程涉及混凝剂的配制与投加、混合、反应及矾花分离等4个步骤。

①混凝剂的配制与投加。通常采用湿法投加混凝剂，即先将混凝剂和助凝剂分别配制成一定浓度的溶液，然后定量向废水中投加。

②混合。将混凝剂迅速地分散到废水中，与水中的胶体和细微悬浮物相接触。在混合过程中，胶体和细微的悬浮物初步发生絮凝，并产生微小的矾花。一般要求快速和剧烈搅拌，在几秒钟或一分钟内完成混合。

③反应。指混凝剂与胶体和细微的悬浮物发生反应，使胶体和悬浮物脱稳，互相絮凝，最终聚集成为粒径较大的矾花颗粒。一般要求反应阶段的搅拌强度或水流速度随着絮凝体颗粒的增大而逐渐降低，以免大的矾花被打碎。

④矾花分离。通过重力沉降或其他固液分离手段将形成的大颗粒矾花从水中去除。

4.1.3.2 混凝过程运行控制条件

影响混凝效果的主要因素包括pH、水温、混凝剂的选择和投加量、水力条件。

（1）pH

每种混凝剂都有其适宜的pH。在最适宜的pH条件下，混凝反应速度最快，絮体溶解度最小，混凝作用最大。当废水的pH不是混凝剂的适宜范围时，应首先将pH调节到最适范围，再投加混凝剂。一般高分子混凝剂受pH的影响很小；铁盐、铝盐混凝剂水解时不断产生氢离子，导致pH下降，为此应有碱性物质与之中和。最适宜pH一般需要通过实验得到。

（2）水温

混凝水温一般以20~30℃为宜。水温过低，混凝剂水解缓慢，生成的絮体细碎松散，不易沉降；水温高时，黏度降低，水中胶体或细微颗粒之间的碰撞机会增多，从而提高混凝效果，缩短混凝沉淀时间。

当废水温度过低时，可以采用废热加热，也可以配合使用铁盐混凝剂并投加活性硅酸助凝剂和粉煤灰、黏土等絮体加重剂。

(3) 混凝剂的选择和投加量

①混凝剂的选择。主要取决于胶体和细微悬浮物的性质、浓度，还应考虑来源、成本和是否引入有害物质等因素。

如水质污染物主要呈胶体状态，可以选择投加无机混凝剂使其脱稳凝聚，再投加高分子混凝剂或配合使用活性硅酸等助凝剂。一般将无机混凝剂和高分子混凝剂并用，可明显减少混凝剂消耗量，提高混凝效果，扩大应用范围。高分子混凝剂选用的基本原则是：阴离子型和非离子型主要用于去除浓度较高的细微悬浮物，但前者更适于中性和碱性水质，后者更适于中性和酸性水质；阳离子型主要用于去除胶体状有机物，pH 为酸性至碱性均可。

②混凝剂的投加量。除与水中微粒种类、性质和浓度有关外，还与混凝剂的品种、投加方式及介质条件有关。

任何废水的混凝处理都存在最佳混凝剂和最佳投药量的问题，应通过实验确定。一般聚合盐混凝剂的投加量大体为普通盐混凝剂的 1/2～1/3，有机高分子混凝剂通常只需 1～5mg/L。混凝剂投加过量，反而容易造成胶体再稳定，导致混凝效果不佳。

(4) 水力条件

混凝剂投入废水中后，必须创造适宜的水力条件使混凝作用顺利进行。混凝中的混合阶段和反应阶段对水力条件有不同的要求。一般通过搅拌强度和搅拌时间来控制混凝工艺的水力条件以及絮体的形成过程。

混合阶段要求快速和剧烈搅拌，在几秒钟或 1 分钟内完成，使混凝剂迅速地扩散到全部水中以创造良好的水解和聚合条件，使胶体脱稳并借助颗粒的布朗运动和紊动水流进行凝聚。

反应阶段要求混凝剂的微粒通过絮凝形成大的具有良好沉淀性能的絮凝体。搅拌强度或水流速度应随着絮凝体的结大而逐渐降低，以免结大的絮凝体被打碎。如果在混凝后不经沉淀处理而直接进行接触过滤或气浮处理，反应阶段可以省略。

4.1.3.3 混凝设备

混凝处理工艺设备包括混凝剂的配制与投加设备、混合设备、反应设备以及矾花分离设备。

(1) 混凝剂的配制与投加设备

混凝剂的配制和投加过程如图 4-1-1 所示。溶药池是把固体药剂溶解成浓溶液的场所。其搅拌可采用水力、机械或压缩空气等方式，视用药量大小和药剂的性质而定。一般药量小时用水力搅拌，药量大时用机械搅拌。溶药池体积一般为药液储存池的 20%～30%。另外需注意定期排出溶药系统中的沉渣。

药液的投配要求计量准确、调节灵活、设备简单。较常用的有计量泵、水射器、虹吸定量投药设备和孔口计量设备。其中计量泵最简单可靠，产品型号也较多。水射器主要用于向压力管内投加药液，使用方便。虹吸定量投药设备是利用空气管末端与虹吸管出口间的水位差不变因而维持投药量恒定的原理而设计的投配设备。孔口计量设备主要用于重力

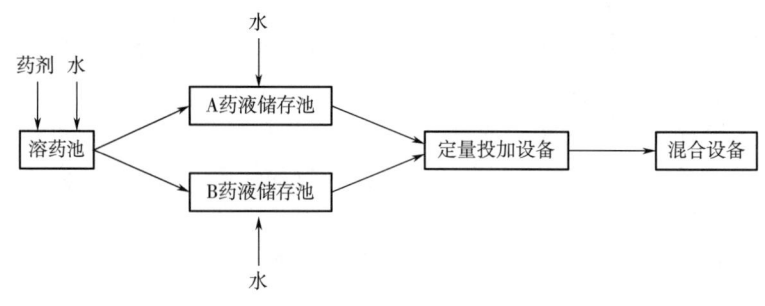

图 4-1-1 混凝剂的配制和投加流程示意图

投加系统，溶液液位由浮子保持恒定，溶液由孔口经软管流出，只要孔上的水头不变，投药量就保持不变，可通过调节孔口的大小来调节投药量的大小。水射器投药、虹吸投药和孔口投药设备的结构如图 4-1-2 所示。

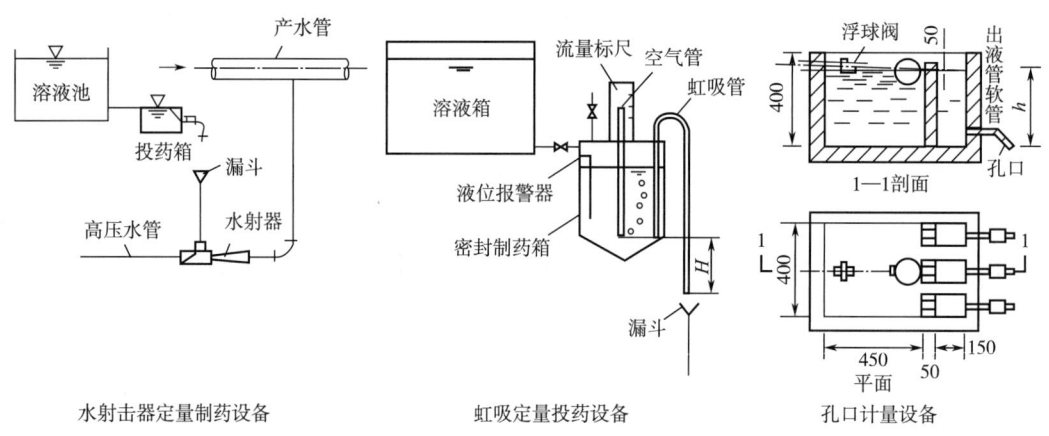

图 4-1-2 定量药剂投配设备示意图

（2）混合设备

混合设备可分为水力混合和机械搅拌混合槽 2 类，包括水力混合、管道混合及机械搅拌混合。

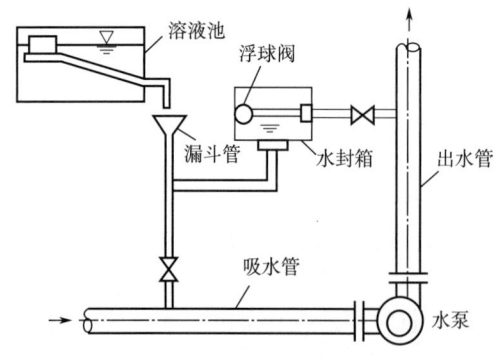

图 4-1-3 泵前重力投加示意图

①水力混合。图 4-1-3 所示为泵前重力投加。将混凝剂溶液在输水泵的吸入管加入，利用叶轮旋转产生的涡流达到混合目的。这种方式简便易行，能耗低，且混合均匀。但水泵离反应器不能太远，否则容易在输水管内形成细碎絮凝体。

②管道混合。将混凝剂溶液加入压力管，利用管内紊流使药剂扩散于水中。管道混合无活动部件，结构简单，安装使用方便。水流速度宜采用 1.5~2.0m/s，投药后的管内水头损失不大于 0.4m。

③机械搅拌混合。图 4-1-4 所示为桨板式搅拌混合池。混合槽由搅拌桨快速旋转造成紊流来完成混合。为了提高混合效果，槽内宜设内壁挡板。槽体有效容积按水力停留时间 10～30s 计算。对于桨式搅拌桨，搅拌桨叶的外缘线速度为 1.5～3.0m/s，对于推进式搅拌桨，搅拌桨叶的外缘线速度为 5～15m/s。

（3）反应设备

反应设备有水力搅拌和机械搅拌 2 类。常用的有隔板反应池和机械搅拌反应池。

①隔板反应池。往复式隔板反应池如图 4-1-5 所示。它是利用水流断面上流速分布不均匀所造成

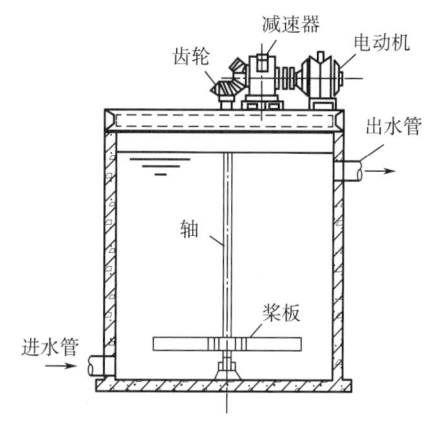

图 4-1-4 桨板式搅拌混合池示意图

的速度梯度，促进颗粒相互碰撞进行絮凝。为了避免生成的絮凝体被打碎，隔板中的流速应逐渐减小。隔板反应池结构简单，管理方便，效果较好，但反应时间较长，容积较大，且主要适用于水量较大的处理，因水量过小时，隔板间距过窄，难以施工和维修。

②机械搅拌反应池。机械搅拌反应池如图 4-1-6 所示。图中的转动轴是垂直的，也可以利用水平轴式。机械搅拌反应池效果好，大小水量都可适用，并能适应水质、水量的变化，但需要机械设备，增加了机械维修保养工作和动力消耗。

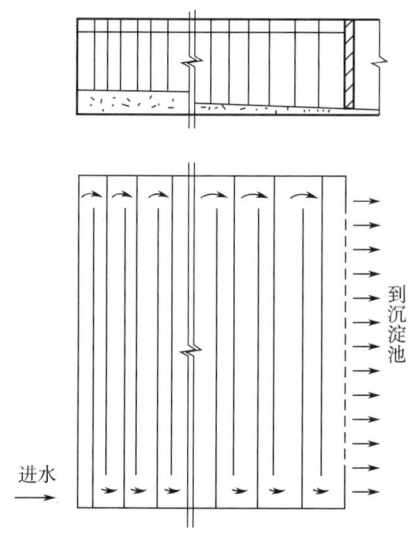

图 4-1-5 往复式隔板反应池示意图

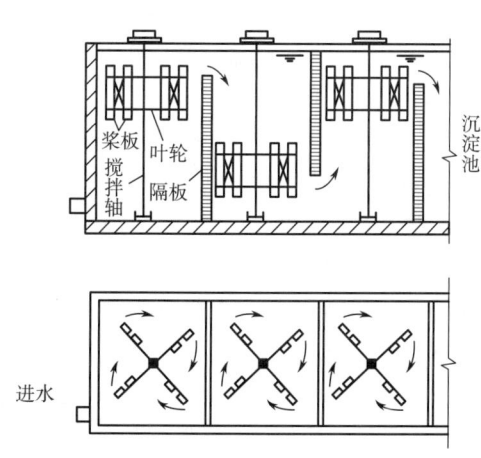

图 4-1-6 机械搅拌反应池

（4）矾花分离设备

通常采用沉淀池将矾花从水中分离，可以选择的沉淀池类型有平流式沉淀池、斜板（管）式沉淀池和辐流式沉淀池。另外也可以采用气浮进行矾花分离。

4.2 化学沉淀

4.2.1 化学沉淀原理与作用

化学沉淀法是向废水中投加某种化学物质，使其与废水中的一些离子发生反应，生成难溶的沉淀物而从水中析出，以达到减少水中溶解污染物的目的的方法。废水中含有的一些危害性很大的重金属（如 Hg、Zn、Cd、Cr、Pb、Cu 等）和某些非金属（如 As、F 等）都可以用化学沉淀法去除。

化学沉淀法工艺流程包括：化学药剂（沉淀剂）的配制和投加；混合反应，通过沉降、气浮、过滤、离心等进行固液分离；泥渣的处理和回收利用。

化学沉淀法处理工业废水时，产生的沉淀物通常为不带电荷的胶体，因此沉淀过程简单，一般用普通平流式沉淀池或竖流式沉淀池即可。具体停留时间应由实验确定。

4.2.2 溶解度和溶度积

各类固体盐都是呈离子晶体结构的强电解质，而水是分子极性很强、溶解能力很高的天然溶剂。当固体盐类进入水中时，盐类离子就会生成水合离子，整个过程称为溶解。当某种盐在水中溶解达到平衡状态时，该盐的溶解达到最大限度，称为该种盐的溶解度。根据化学平衡原理，溶解达到平衡时，存在所谓溶解平衡常数。溶解平衡常数等于两种离子溶解度的乘积，称为溶度积常数或简称为溶度积（Ks）。溶解盐类形成沉淀的必要条件是其离子的浓度积大于溶度积。因此，化学沉淀法的实质主要是向水中投加某种适当的化学物质，使投入的离子与水中的有害离子形成溶度积很小的难溶盐和难溶氢氧化物，从而沉淀析出。

溶度积（Ks）是常数，其数值可参阅有关的化学手册。表 4-2-1 为溶度积的简表。当能结合成难溶盐的两种离子的浓度之积超过此盐溶度积时，该盐将析出，而这两种离子的浓度将下降，需要去除的离子就与水分离。例如水中的 Zn^{2+} 浓度为 a，需要降低，可投加 NaS，S^{2-} 的浓度为 b。若 $a·b$ 超过 ZnS 的 $Ks=1.2\times10^{-23}$，则 ZnS 从水中析出，Zn^{2+} 的浓度降低。由此可见，各种离子都有难溶盐或难溶氢氧化物，它们都能用化学沉淀法从废水中去除。

表 4-2-1　　　　　　　　　　溶度积简表[1]

化合物	溶度积	化合物	溶度积
$Al(OH)_3$	11.1×10^{-15} (18℃)	$Fe(OH)_2$	1.64×10^{-14} (18℃)
$AlPO_4$	5.8×10^{-19} (25℃)	$Fe(OH)_3$	1.1×10^{-36} (18℃)
$AgBr$	4.1×10^{-13} (18℃)	FeS	3.7×10^{-19} (18℃)
$AgCl$	1.56×10^{-10} (25℃)	Hg_2Br_2	1.3×10^{-21} (25℃)
Ag_2CO_3	6.15×10^{-12} (25℃)	Hg_2Cl_2	2×10^{-18} (25℃)
Ag_2CrO_4	1.2×10^{-12} (25℃)	Hg_2I_2	1.2×10^{-28} (25℃)
Ag	1.5×10^{-16} (25℃)	HgS	$4\times10^{-53} - 2\times10^{-49}$ (18℃)

续表

化合物	溶度积	化合物	溶度积
Ag_2S	1.6×10^{-49}(18℃)	$MgCO_3$	2.6×10^{-5}(12℃)
$BaCO_3$	7×10^{-9}(16℃)	MgF_2	7.1×10^{-9}(18℃)
$BaCrO_4$	1.6×10^{-10}(18℃)	$Mg(OH)_2$	1.2×10^{-11}(18℃)
$BaSO_4$	0.87×10^{-10}(18℃)	$Mn(OH)_2$	4×10^{-14}(18℃)
$CaCO_3$	0.99×10^{-8}(15℃)	MnS	1.4×10^{-15}(18℃)
$CaSO_4$	2.45×10^{-5}(25℃)	$PbCO_3$	3.3×10^{-14}(18℃)
CdS	3.6×10^{-29}(18℃)	$PbCrO_4$	1.77×10^{-14}(18℃)
CoS	3×10^{-26}(18℃)	PbF_2	3.2×10^{-8}(18℃)
$Cr(OH)_3$	6.5×10^{-31}(25℃)	PbI_2	7.47×10^{-9}(15℃)
$CuBr$	4.15×10^{-8}(18~20℃)	PbS	3.4×10^{-28}(18℃)
$CuCl$	1.02×10^{-6}(18~20℃)	$PbSO_4$	1.06×10^{-5}(18℃)
CuI	5.06×10^{-12}(18~20℃)	$Zn(OH)_2$	1.8×10^{-14}(18~20℃)
CuS	8.5×10^{-45}(18℃)	ZnS	1.2×10^{-23}(18℃)
Cu_2S	2×10^{-47}(16~18℃)		

4.2.3 化学沉淀法类型

根据使用的沉淀剂不同，常用的化学沉淀法有氢氧化物沉淀法、硫化物沉淀法、碳酸盐沉淀法、钡盐沉淀法等 4 种类型。

(1) 氢氧化物沉淀法

氢氧化物沉淀法是采用氢氧化物作沉淀剂，使工业废水中的重金属离子生成氢氧化物沉淀而得以去除的方法。

采用氢氧化物沉淀法去除重金属离子时，沉淀剂为各种碱性物料，常用石灰、碳酸钠、氢氧化钠、石灰石、白云石、电石渣等，可根据重金属离子的种类、废水性质、pH、处理水量等因素来选用。石灰沉淀法的优点是经济简便、药剂来源广，因而应用较多；但石灰品质不稳定，管道易结垢（$CaSO_4$、CaF_2）及被腐蚀，沉渣量大且多为胶体状态，含水率高达 95%~98%，脱水困难，一般适用于不准备回收金属的低浓度废水处理。当处理水量较小时，采用氢氧化钠可以减少沉渣量。

实际废水处理中，共存离子体系十分复杂，影响氢氧化物沉淀的因素很多，必须控制 pH 使其保持在最优沉淀范围内。一般应通过实验确定。

某铅锌冶炼厂废水含有大量的铅、锌、镉、汞、砷、氰等有害物质。采用石灰乳为沉淀剂去除金属离子，采用漂白粉氧化法除氰，废水处理工艺流程如图 4-2-1 所示。废水经泵提升送入第一沉淀池，初步分离悬浮固体后，进入反应池，向反应池投加石灰乳和漂白粉溶液，反应池 pH 控制在 9.5~10.5，然后送到第二沉淀池进行沉淀，上清液再送到第三沉淀池进一步沉淀，出水基本达到排放标准。各沉淀池沉渣送烧结系统。每年可从废水中回收铅锌约 384t，回收价值与废水处理费用持平。

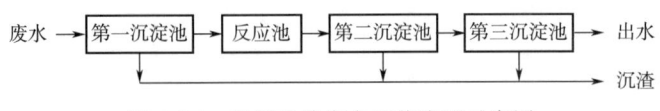

图 4-2-1 铅锌冶炼废水工艺流程示意图

（2）硫化物沉淀法

许多重金属离子可以与硫离子形成不溶性沉淀物，因此将通过投加硫化物沉淀废水中金属离子的方法称为硫化物沉淀法。

由于大多数金属硫化物的溶度积一般比其氢氧化物的溶度积小得多，因此采用硫化物沉淀法可以使重金属实现更为完全的去除。常用的沉淀剂有 H_2S、Na_2S、$NaHS$、$(NH_4)_2S$ 等。

使用硫化物沉淀法处理重金属废水，具有去除率高、可实现分步沉淀分离、泥渣中金属品位高、便于回收利用、适用 pH 范围大等优点。缺点是处理费用较高，金属硫化物颗粒细小，沉淀困难，通常需要投加絮凝剂来加强去除效果；硫化物投加过量时可使处理水的 COD 最佳；当 pH 降低时，可产生有毒的 H_2S。因存在上述缺点，硫化物沉淀法应用并不广泛，有时仅作为氢氧化物沉淀法的补充方法使用，而且在使用过程中还应注意硫化物的二次污染问题。

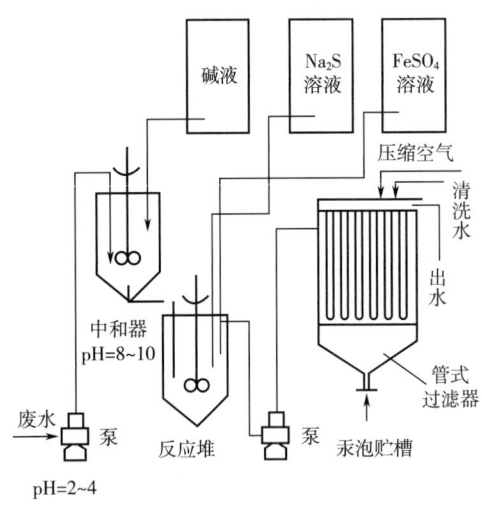

图 4-2-2 硫化物沉淀法处理含汞废水工艺流程示意图

某化工厂采用硫化钠沉淀法处理含汞废水，处理工艺流程如图 4-2-2 所示。废水量为 $200m^3/d$，汞浓度为 $5mg/L$，pH 为 $2\sim4$。先用石灰将原水的 pH 调至 $8\sim10$，然后投加 $30mg/L$ 的硫化钠，混合搅拌 10min，随后投加 $60mg/L$ 的硫酸亚铁，再搅拌 15min，最后静置沉淀 $30\sim60$min，处理后水中含汞约 $0.2mg/L$。对于产生的硫化汞沉渣，应该妥善处理，以防再次污染环境。

（3）碳酸盐沉淀法

金属离子碳酸盐的溶度积很小，对于高浓度的重金属废水，可以采用投加碳酸盐的方法加以回收。碳酸盐沉淀比氢氧化物沉淀易于脱水。

某化工企业含锌废水，用碳酸钠与之反应，生产碳酸锌沉淀，沉渣用清水漂洗后，再经真空抽滤脱水，可以回收或回用于生产。某企业含铜废水可用碳酸盐沉淀法回收，沉淀下来的铜可进一步回收利用。含铅工厂废水也可用碳酸盐沉淀法进行处理，沉淀下来的废渣应进行无害化处理，以保证不对环境造成二次污染。

（4）钡盐沉淀法

钡盐沉淀法主要用于处理含六价铬的废水，采用的沉淀剂有碳酸钡、氯化钡、硝酸钡、氢氧化钡等。以碳酸钡为例，它与废水中的铬酸根进行反应，生成难溶盐铬酸钡沉淀。

由于碳酸钡是难溶盐，反应速度很慢，通常需要数天才能进行到底。为了加快反应速度，提高除铬效果，应投加过量的碳酸钡。理论投碳酸钡量为六价铬量的3.8倍，工程上实际投加10~15倍，反应时间应保持25~30min，pH应控制在4.5~5.0。pH太低，铬酸钡溶解度大，对除铬不利；pH过高，CO_2气体难以析出，也不利于除铬反应的进行。

4.3 氧 化 还 原

4.3.1 氧化还原原理与作用

废水中的溶解性物质可通过氧化还原反应转化成无害的物质，或者转化成容易从水中分离排除的形态（气体或固体），从而达到处理的目的，这种方法称为氧化还原处理法。

对于无机物的化学氧化或还原过程，元素（原子或离子）失去或得到电子，引起化合价升高或降低。失去电子的过程称为氧化，得到电子的过程称为还原。得到电子的物质称为氧化剂，失去电子的物质称为还原剂。

对于有机物的化学氧化或还原过程，往往难以用电子的转移来分析判断。一般将加氧或去氢的反应称为氧化，或者将有机物与强氧化剂相互作用生成CO_2、H_2O等的反应判定为氧化反应；将加氢或去氧的反应称为还原。

废水处理中常用的氧化剂有空气、臭氧、氯气、次氯酸钠及漂白粉等。常用的还原剂有铁屑、锌粉、硫酸亚铁、亚硫酸氢钠、硼氢化钠、二氧化硫等。投药氧化还原法的工艺过程及设备比较简单，通常只需要一个反应池，若有沉淀物生成，尚需进行固液分离及泥渣处理。

4.3.2 氧 化 法

向废水中投加氧化剂氧化废水中的有害物质，使其转变为无毒无害或毒性小的新物质的方法称为氧化法。常用的氧化法有空气氧化法、氯氧化法和臭氧氧化法。此外，针对那些难以生物降解或对生物有毒害作用的有机污染物，很难用一般的氧化剂加以氧化去除，因此提出了以自由羟基（·OH）作为主要氧化剂的高级氧化技术。

4.3.2.1 空气氧化法

空气氧化法主要用于含二价硫的废水处理。二价硫在废水中以S^{2-}、HS^-、H_2S的形式存在。在碱性溶液中，二价硫的还原性较强，且不会形成易挥发的硫化氢，空气氧化效果较好。氧化1kg二价硫总共需约1.1kg氧，约相当于$4m^3$空气。如果能向废水中投加少量的氯化铜或氯化钴作为催化剂，则几乎全部$S_2O_3^{2-}$被氧化为SO_4^{2-}。

采用空气氧化处理含硫废水常用脱硫塔，如图4-3-1所示。废水、空气及蒸汽经射流混合器混合后，送至空气氧化脱硫塔。混入蒸

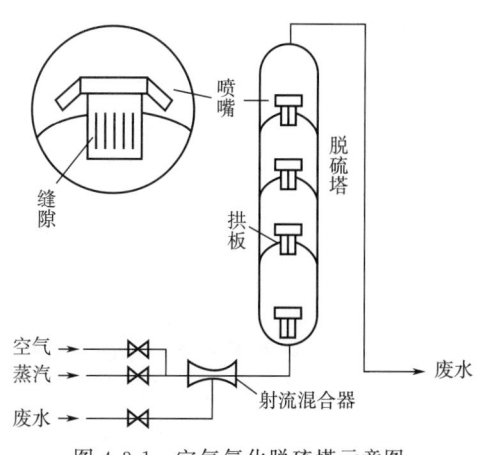

图 4-3-1 空气氧化脱硫塔示意图

汽的目的是提高温度,加快反应速度。脱硫塔被拱板分为数段,拱板上安装喷嘴。当废水和空气以较高的速度冲出喷嘴时,空气被粉碎成细小的气泡,增大气液两相的接触面积,使氧化速度加快,在气液并流上升的过程中,气泡的上升速度较快,并不断破裂与合并,当气泡上升到顶板时,就会产生气液分离现象。喷嘴底部缝隙的作用就是使气体能够再度均匀地分布在水中,然后经过喷嘴进一步混合,就消除了气阻现象,使塔内压力稳定。

4.3.2.2 氯氧化法

氯氧化法在废水处理中主要用于氰化物、硫化物、酚、醇、醛、油类的氧化去除,还用于消毒、脱色、除臭。常用的氯系氧化剂有液氯、漂白粉、次氯酸钠、二氧化氯等。

电镀废水往往含 CN^-,可加氯氧化为 N_2 和 CO_2。氯氧化氰离子的反应分为两个阶段,先加碱,调整 pH 至 10 以上,同时按质量浓度的计算量 $[\rho(CN^-):\rho(Cl_2)=1:2.7]$ 加氯,搅拌混合数分钟。然后调整 pH 至 8.5,再按质量浓度的计算量 $[\rho(CN^-):\rho(Cl_2)=1:4.1]$ 的 110% 第二次加氯,搅拌 1h 以上完成反应。其反应式如下:

第一阶段　$CN^- + 2OH^- + Cl_2 \longrightarrow CNO^- + 2Cl^- + H_2O$

第二阶段　$2CNO^- + 4OH^- + 3Cl_2 \longrightarrow 2CO_2\uparrow + N_2\uparrow + 6Cl^- + 2H_2O$

氯能氧化破坏有机物的发色官能团,使废水色度消除。因此,氯可用于印染废水等的脱色处理。在脱色的同时还有可能进一步降低废水的 COD。脱色效果与 pH 以及投氯方式有关,在碱性条件下效果更好。在 pH 相同时,用次氯酸钠比液氯更加有效,操作也更为安全。

当采用氯氧化法处理含氰废水时,可以考虑间歇式或连续式处理。当含氰废水量较小,浓度变化较大,要求处理程度较高时,一般采用间歇式处理方法。多设置两个反应池,胶体进行间歇处理。

当含氰废水量较大,浓度较低时,可采用连续式处理方法。如图 4-3-2 所示,处理设备包括废水均和池、混合反应池及投药设备等。反应池容积按 10~30min 的停留时间设计。可采用压缩空气进行激烈搅拌,避免金属氰化物沉淀析出,并促进吸附在金属氢氧化物质体(或其他不溶物)上的氰化物氧化。当采用漂白粉作为氧化剂时,渣量较大,约为水量的 2.8%~5.0%,需设专门的沉淀池。由于污泥中往往含有相当数量的溶解氰化物,处置时必须注意。如果用液氯和氢氧化钠可不设沉淀池。

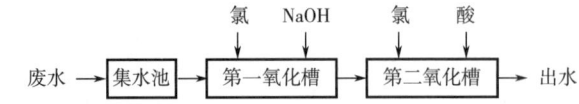

第一氧化槽:pH=10~11,10min 以上;第二氧化槽:pH=8~9,30min 以上。

图 4-3-2　氯氧化法处理含氰废水工艺流程示意图

4.3.2.3 臭氧氧化法

臭氧是一种强氧化剂,其氧化能力仅次于氟,强于氧、氯及高锰酸盐等常用的氧化剂。在废水处理中可用于除臭、脱色、杀菌、除铁、除氰化物、除有机物等。废水经处理后,残留于废水中的臭氧容易自行分解,一般不产生二次污染,并且能增加水中的溶解氧。

废水中的很多有机物都易与臭氧发生反应，例如蛋白质、氨基酸、有机胺、链式不饱和化合物、芳香族和杂环化合物、木质素、腐殖质等。影响臭氧氧化法处理效果的主要因素有污染物的性质、浓度、臭氧的投加方式和投加量、溶液 pH、温度、反应时间等。臭氧的实际投加量应通过实验确定。

臭氧氧化法主要用于低浓度、难降解有机废水的处理和消毒杀菌。

臭氧氧化设备包括臭氧发生器、混合反应器和尾气处理系统等三部分。

①臭氧发生器。制备臭氧的方法较多，有化学法、电解法、紫外光法、无声放电法等。工业上一般采用无声放电法制取臭氧。

②混合反应器。臭氧系统中最重要的设备是混合反应器，其作用是促进气水扩散混合，使气水充分接触，加快反应。废水处理中常用微孔扩散板式混合器和射流接触池两类接触混合方式，如图 4-3-3 所示。

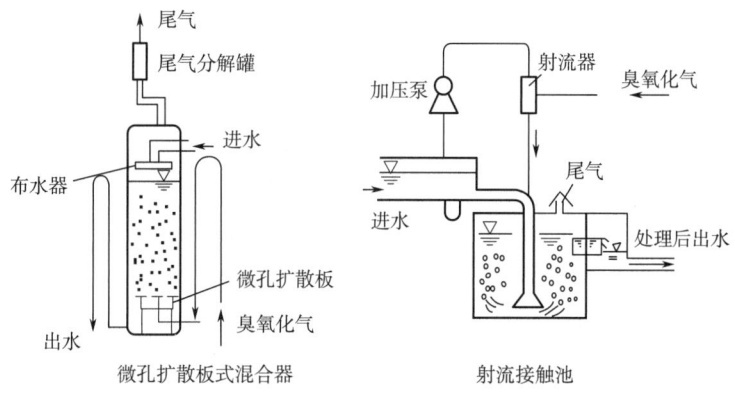

图 4-3-3 臭氧系统混合反应器示意图

③尾气处理系统。臭氧是有毒气体，通常臭氧在从接触反应器排出的尾气中的体积分数为 $500\times10^6 \sim 3000\times10^6$。尾气的直接排放将对周围环境造成污染，因而需要对尾气进行处理。尾气处理方法有活性炭吸附法、药剂还原分解法和燃烧高温分解法。

4.3.2.4 高级氧化技术

1987 年，Glaze 等提出了以自由羟基（·OH）作为主要氧化剂的高级氧化工艺（advanced oxidation processes，AOPs）。这类工艺采用两种或多种氧化剂发生协同效应，或者与催化剂联用，提高·OH 的生成量和生成速率，加速反应过程，提高处理效率和出水水质。

高级氧化工艺特点是高氧化性，反应速率快，可提高生物降解性。对废水中的难生物降解以及不能生物降解的有毒有害污染物发挥显著的处理功效。但处理成本高，主要应用于某些特种废水的处理。典型的高级氧化工艺有 Fenton 试剂法、H_2O_2/UV 法、类 Fenton 试剂法、光催化氧化法、超声氧化法等。

(1) Fenton 试剂法（H_2O_2/Fe^{2+}）

Fenton 试剂由亚铁盐和过氧化氢组成，当 pH 低时（一般要求 pH=3 左右），在 Fe^{2+} 的催化作用下，过氧化氢就会分解产生·OH，从而引发链式反应。

(2) H_2O_2/UV法

H_2O_2/UV体系对有机物的去除能力比单独用H_2O_2更强。H_2O_2在受到一定能量的紫外光(UV)照射时可以产生·OH。这一工艺不仅能有效地去除水中的有机污染物，而且不会造成二次污染。

用H_2O_2/UV对氯代酚类化合物进行处理实验。当光的波长大于290nm、H_2O_2含量为55mg/L时，可显著提高对2-氯酚、2,4-二氯酚和2,4,6-三氯酚的处理效果。

(3) 类Fenton试剂法

类Fenton试剂法是指在常规Fenton试剂法中引入紫外光(UV)、光催化(Photocatalysis)、超声(US)、微波(MW)、电能(Electrolysis)和氧气时，可以提高H_2O_2催化分解产生·OH的效率，显著增强Fenton试剂的氧化能力，节省H_2O_2用量。

$UV/H_2O_2/Fe^{2+}$的工艺，实际上是H_2O_2/Fe^{2+}和H_2O_2/UV的结合。其优点是可降低H_2O_2用量。紫外光(UV)和Fe^{2+}对H_2O_2的分解具有协同作用。

(4) 光催化氧化法

半导体光催化剂经太阳或人工光照射而吸附光能后，发生电子跃迁并生成电子-空穴对，对吸附于表面的污染物直接进行氧化降解，或在催化剂表面形成强氧化性的自由基，并通过自由基氧化有机污染物，达到对有机物的降解或矿化。

光催化剂主要有TiO_2、ZnO、CdS、WO_3、SnO_2等半导体材料。

光催化氧化法对难降解有机污染物有着较好的降解效果，并具有反应条件温和、能耗低、无二次污染和应用范围广等优点。缺点是普遍存在催化剂不成熟等问题，影响了其在实际水处理中的应用与推广。

(5) 超声氧化法

超声降解有机污染物的机理是在超声波（频率一般在$2\times10^4\sim5\times10^8$Hz）作用下发生声空化，产生空化泡，空化泡崩溃的瞬间，在空化泡内及周围极小空间范围内产生高温(1900~5200K)和高压(5×10^7Pa)，并伴有强烈的冲击波和速度高达400km/s的射流，这使泡内水蒸气发生热分解反应，产生具有强氧化能力的自由基，易挥发有机物形成蒸气直接热分解，而难挥发的有机物则会与空化产生的自由基在空化气泡气液界面上发生氧化反应而降解。

超声氧化法具有设备简单、易操作、无二次污染等优点。缺点是降解效果差，能量转化率低、处理量小、处理费用高、处理时间长等。通常作为其他氧化剂或处理技术的辅助和强化技术。

4.3.3 还原法

向废水中投加还原剂，还原废水中的有害物质，使其转变为无毒无害或毒性小的新物质的方法称为还原法。目前化学还原法主要用于去除重金属离子，如六价铬和二价汞。

4.3.3.1 还原法去除六价铬

含铬废水多来源于电镀厂、制革厂和某些化工厂。六价铬有剧毒，但三价铬的毒性却非常小。六价铬的去除通常采用还原法。还原反应在酸性条件下进行（pH<4为宜），将六价铬转化为三价铬，然后通过加碱使pH升至7.5~9.0，使三价铬转化成氢氧化铬沉淀，从溶液中分离除去。常用的还原剂有亚硫酸钠、二氧化硫、硫酸亚铁等。

硫酸亚铁＋石灰法处理含铬废水工艺流程如图 4-3-4 所示，处理构筑物有间歇式和连续式两种。间歇式适用于含铬浓度变化大、水量小、排放浓度要求严格的含铬废水。连续式适用于浓度变化小、水量较大的含铬废水。采用连续处理时，反应池应分为酸性反应池和碱性反应池两部分，反应池中应设搅拌设备。

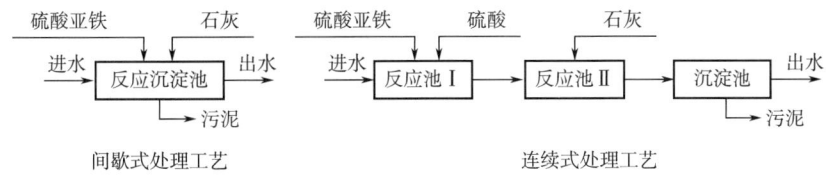

图 4-3-4　硫酸亚铁＋石灰法处理含铬废水工艺流程示意图

4.3.3.2　还原法去除汞

常用的还原剂为比汞活跃的金属（铁屑、锌粒、铝粉、铜屑等）、硼氢化钠、醛类、联胺等。当汞在废水中以有机汞形式存在时，通常先用氧化剂（如氯）将其破坏，使之转化为无机汞后，再用还原法进行处理。

（1）金属还原除汞

将含汞废水通过金属屑滤床，或与金属粉混合反应，置换出金属汞。置换的反应速度与接触面积、温度、pH 等因素有关。

金属过滤还原法除汞的处理系统如图 4-3-5 所示。池中填以金属屑，废水以一定的速度自下而上通过金属屑滤池，经一定的接触时间后从滤池流出。通常需要将金属破碎成 2～4mm 的碎屑，并用汽油或酸去掉表面的油污或锈蚀层。反应温度的提高能加速反应的进行；但温度过高会有汞蒸气逸出，一般控制在 20～80℃。从废水中析出的汞在金属表面上析出汞气或汞滴，用干馏法可以回收到纯净的汞，使金属恢复洁净的表面，再次用于还原反应。

（2）硼氢化钠除汞

在碱性条件下（pH＝9～11），硼氢化钠可将汞离子还原成汞。

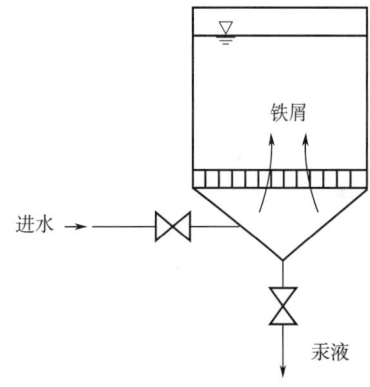

图 4-3-5　金属过滤还原法除汞系统

4.4　电　　解

4.4.1　电解原理与作用

电解法指在直流电场的作用下，利用电极上产生的氧化还原反应，去除废水中的污染物的方法。用来进行电解的装置叫电解槽，在其中阴极与电源负极相连接，阳极与电源正极相连接。阳极能接纳电子，起到氧化剂的作用；阴极能放出电子，起到还原剂的作用。

电解槽的阳极分为可溶性阳极与不溶性阳极两类。不溶性阳极是用铂、石墨制成的，在电解过程中自身不参与反应，只起传导电子的作用；可溶性阳极是用铁、铝等可溶性金属制成的，在电解过程中自身溶解，金属原子失去电子被氧化成阳离子进入溶液，这些阳离子或沉积于阴极，或形成金属氢氧化物，可作为混凝剂，起凝聚作用。

一般废水的电阻率控制在 $1200\Omega \cdot cm$。对于导电性能差的废水，需要投加食盐，以改善其导电性能，降低电压，减少电能消耗。废水中污染物浓度大时，可适当提高电流密度；反之可降低电流密度。电流密度越大，则电压越高，处理效率加快，但电能消耗量增加，且副反应数量增加。适宜的电流密度应由实验确定。对不同的污染物进行电解处理时宜对应其最佳的pH范围，应严格控制电解槽的pH。搅拌可以促进离子的对流与扩散，减少电极的浓差极化现象，并能清洁电极表面，防止沉淀物在电解槽中沉淀，通常采用压缩空气对电解槽进行搅拌。

4.4.2 电解法类型

废水处理中常用的电解法有电化学氧化法、电化学还原法、电解凝聚法和电解气浮法等。

4.4.2.1 电化学氧化法

电解槽的阳极既可通过直接的电极反应过程，使污染物氧化破坏（如 CN^- 的阳极氧化），也可通过某些阳极反应产物（如 Cl_2、ClO^-、O_2、H_2O_2 等）间接地氧化破坏污染物（如阳极产物 Cl_2 可除氰、除色）。实际上，为了强化阳极的氧化作用，往往投加一定量的食盐，进行所谓的"电氯化"，此时阳极的直接氧化作用和间接氧化作用往往同时发生。

电化学氧化法主要用于去除水中氰、酚，以及COD、S^{2-}、有机农药（如马拉硫磷）等。亦有利用阳极产物 Ag^- 离子进行消毒处理的。

（1）电解氧化法含氰废水

CN^- 可在阳极直接被氧化，其电极反应分两步进行：第一步将 CN^- 氧化为 CNO^-，第二步将 CNO^- 氧化为 N_2 和 CO_2。反应在适当的碱性条件下（pH=9~10）进行，有助于剧毒的氯化氰的水解。通常在废水中投加一定量（2~3g/L）的食盐，不仅使溶液导电性增加，而且 Cl^- 离子在阳极放电可产生氯氧化剂，强化了阳极的氧化作用。

电解氧化法除氰时，阳极可用石墨或涂二氧化钛的钛材，阴极可用普通钢板，电流密度一般在 $9A/dm^2$ 以下。为防止有害气体逸入大气，电解槽应采用全封闭式。采用电解法处理含氰废水，可使游离 CN^- 浓度降至 $0.1mg/L$ 以下，并且不必设置沉淀池和泥渣处理设施。

（2）电解氧化法含酚废水

通常投加食盐，以强化氧化过程，并降低电耗。有实验表明，在废水中投加一定量（20g/L）的食盐，电流密度采用 $1.5\sim6A/dm^2$ 时，经 6~38min 电解处理，废水含酚浓度可从 250~600mg/L 降至 0.8~4.3mg/L。

4.4.2.2 电化学还原法

电解槽的阴极可使废水中的重金属离子还原出来，沉淀于阴极（称为电沉积），加以回收利用，还可以将五价砷（AsO_3^- 或 AsO_4^-）及六价铬（CrO_4^{2-} 或 $Cr_2O_7^{2-}$）分别还原为

砷化氢 AsH_3 及三价铬 Cr^{3+} 予以去除或回收。

(1) 电解还原法处理含铬废水

六价铬通常以 $Cr_2O_7^{2-}$ 的形态存在于废水中，在直流电作用下向阳极迁移，被铁阳极溶蚀产物 Fe^{2+} 离子还原。此外，阴极还可以直接还原一部分六价铬。由于 H^+ 离子在阴极放电，使废水的 pH 逐渐提高，Cr^{3+} 和 Fe^{3+} 便形成 $Cr(OH)_3$ 及 $Fe(OH)_3$ 沉淀。生成的氢氧化铁有凝聚作用，能促进氢氧化铬迅速沉淀。

电解还原法处理含铬废水操作管理较简单，处理效果稳定，含铬电镀废水的六价铬含量可以降至 0.1mg/L 以下。水中其他重金属离子亦可通过还原和共沉淀得到部分去除。

(2) 电沉积法去除与回收废水中的重金属离子

废水中的许多重金属离子，如 Cu^{2+}、Ag^+、Au^{3+}、Ni^{2+}、Cd^{2+}、Hg^{2+} 等，都可用电解法在阴极沉积析出。如某含铜 3360mg/L 的废水，电流密度采用 $0.3A/dm^2$，经 10min 电解，水中含铜可降至 10mg/L 以下。

4.4.2.3 电解凝聚法

电解凝聚（又称电混凝）是以铝、铁等金属为阳极，在直流电的作用下，阳极被腐蚀，产生 Al^{3+}、Fe^{3+} 等离子，再经一系列水解、聚合以及亚铁的氧化过程，使废水中的胶态杂质、悬浮杂质凝聚沉淀而得以分离。同时，带电的污染物颗粒在电场中向电极移动，其部分电荷被电极中和而促使其脱稳凝聚。

电解凝聚用铝电极比铁电极好，因为形成 $Fe(OH)_3$ 絮凝体要先经过 $Fe(OH)_2$，故比较慢，而形成 $Al(OH)_3$ 则快得多。为降低成本，可用废铁板和废铝板作电极。有实验表明，用电解凝聚法处理纸厂废水，电极采用铁板，槽电压为 10～20V，电解时间为 10～15min。废水进水 COD 高达 1500～2500mg/L，色度很高，经处理后，COD 去除率为 55%～70%，色度去除率为 90%～95%。

电解凝聚与投加凝聚剂的化学凝聚相比，其优点是可去除的污染物广泛，反应迅速（如阳极溶蚀产生 Al^{3+} 离子并形成絮凝体只需约 0.5min），适用的 pH 范围广，所形成的沉渣密实，澄清效果好。缺点是极板消耗大量金属，电耗较高。

4.5 吸 附

4.5.1 吸附原理与作用

4.5.1.1 吸附概念

利用多孔性固体吸附废水中的一种或几种溶质，达到废水净化的目的或回收有用溶质的过程，称为吸附。这种对溶质具有吸附能力的固体称为吸附剂，而被固体吸附的物质称为吸附质。

吸附法对进水的预处理要求高，吸附剂的价格昂贵，因此在废水处理中，吸附法主要用来去除废水中的微量污染物，达到深度净化的目的，或从高浓度的废水中吸附某些物质达到资源回收和治理的目的。如废水中少量重金属离子的去除、有害的生物难降解有机物的去除、放射性元素的去除、脱色除臭等。

目前吸附法已成功应用于含重金属离子废水、含油废水、染料废水、化工废水、有机磷废水、显影废水、印染废水、合成洗涤剂废水的处理。

4.5.1.2 吸附平衡和吸附量

废水与吸附剂接触后,一方面吸附质被吸附剂吸附,另一方面已被吸附的吸附质因热运动的结果而逃离吸附剂表面,又回到液相中去,前者称为吸附过程,后者称为解吸过程。当吸附速度和解吸速度相等时,即达到吸附平衡。

吸附剂吸附能力的大小以吸附量表示。所谓吸附量是指单位重量的吸附剂所吸附的吸附质的重量。当达到吸附平衡时,吸附质在溶液中的浓度称为平衡浓度,吸附剂的吸附量称为平衡吸附量。

在温度一定的条件下,平衡吸附量随吸附质平衡浓度的提高而增加。吸附量随平衡浓度变化的曲线称为吸附等温线。吸附量是选择吸附剂和设计吸附设备的重要参数。吸附量的大小决定吸附再生周期的长短。

4.5.1.3 吸附的影响因素

吸附的主要影响因素包括吸附剂的性质、吸附质的性质、废水的pH、温度、共存物的影响以及接触时间等。

(1) 吸附剂的性质

吸附剂的种类不同,吸附效果不同。一般是极性分子(或离子)型的吸附剂容易吸附极性分子(或离子)型的吸附质,非极性分子(或离子)型的吸附剂容易吸附非极性分子(或离子)型的吸附质。由于吸附作用是发生在吸附剂的内外表面上,所以吸附剂的比表面积越大,吸附能力就越强。另外,吸附剂的颗粒大小、孔隙构造和分布情况以及表面活性特性等对吸附也有很大的影响。

(2) 吸附质的性质

吸附质在废水中的溶解度对吸附有较大影响。一般来说,吸附质的溶解度越低,越容易被吸附;吸附质的浓度增加,吸附量也随之增加,但浓度增加到一定程度后,吸附量增加很慢;如果吸附质是有机物,其分子尺寸越小,吸附反应就进行得越快;极性的吸附剂容易吸附极性的吸附质,非极性的吸附剂容易吸附非极性的吸附质。

(3) 废水的pH

吸附质在废水中的存在形态(分子、离子、结合物等)和溶解度均与废水的pH有关,并影响着吸附效果。例如活性炭一般在酸性溶液中比在碱性溶液中具有更高的吸附量。

(4) 温度

吸附反应通常是放热的,因此温度越低对吸附越有利。但在废水处理中,温度一般变化不大,因此温度对吸附过程影响很小。实践中通常在常温下进行吸附操作。

(5) 共存物的影响

当多种吸附质共存时,吸附剂对其中一种吸附质的吸附能力要比只含这种吸附质时的吸附能力低。悬浮物会阻塞吸附剂的孔隙,油类物质会浓集于吸附剂的表面形成油膜,它们均对吸附有很大影响。因此,在吸附操作之前,必须将它们除去。

(6) 接触时间

吸附质与吸附剂要有足够的接触时间才能达到吸附平衡。平衡所需时间取决于吸附速度。吸附速度越快,到平衡所需时间越短。

4.5.2 吸 附 剂

吸附剂应具备如下性质：吸附选择性好、吸附能力强、吸附平衡浓度低、容易再生和再利用、机械强度好、化学性质稳定、来源广泛和价格低廉等。在实际应用中还应该将吸附剂制成多孔状的细小微粒，以便使吸附剂具有更大的表面积。目前在废水处理中应用的吸附剂有：活性炭、活性白土、漂白土、硅藻土、硅胶、活性氧化铝、沸石分子筛、吸附树脂、腐殖酸等。

（1）活性炭

活性炭是用含碳为主的物质（如木材、木炭、椰子壳、煤、废纸浆等）作原料，经粉碎及加黏合剂成型后，经加热脱水、炭化、活化而制得。活性炭是一种非极性吸附剂，比表面积达 $800\sim2000m^2/g$，具有良好的吸附性能和稳定的化学性质，可以耐强酸、强碱，能经受水浸、高温。

（2）活性白土、漂白土、硅藻土等天然矿物质

天然矿物质主要成分是 SiO_2、Al_2O_3、Fe_2O_3。经适当加工活化处理后即可作为吸附剂使用，虽然吸附容量不大，选择吸附分离能力低，但这些天然材料来源广泛。

（3）硅胶

硅胶是用酸处理硅酸钠水溶液生成的凝胶，是一种极性吸附剂，易于吸附极性的含氮或含氧物质，如酚、胺、吡啶、水、醇等，对非极性物质吸附较难。

（4）活性氧化铝

活性氧化铝由铝的水合物加热脱水、活化而制成。活性氧化铝是无毒性的坚硬颗粒，对多数气体性质稳定，在水或溶液中不溶胀、软化或崩碎破裂，抗冲击和耐磨损能力强。

（5）沸石分子筛

沸石分子筛具有许多空穴和微孔，比表面积大，吸附容量大。孔径大小均匀一致，只能吸附能通过孔道的分子。人工合成沸石是极性吸附剂，对极性分子具有很大的亲和力，能根据溶质极性的不同选择性吸附。天然沸石的离子交换容量和选择性较低，工业上常用改性的沸石。

（6）吸附树脂

吸附树脂是具有巨大网状结构的大孔径树脂，由苯乙烯、吡啶等单体和乙二烯苯共聚而成。吸附树脂具有从非极性到高极性多种类型，物理化学性能稳定，可按不同需求选择使用。

（7）腐殖酸

腐殖酸类吸附剂主要有天然的富含腐殖酸的风化煤、泥煤、褐煤等，可直接使用或经简单处理后使用。用适当的黏合剂可将富含腐殖酸的物质制备成腐殖酸系树脂。

腐殖酸是一种芳香结构的，性质与酸性物质相似的复杂混合物。所含的活性基团有酚羟基、羟基、醇羟基、甲氧基、醌基、胺基、磺酸基等。这些活性基团有阳离子吸附性能。腐殖酸对阳离子的吸附包括离子交换、螯合、表面吸附、凝聚等作用。

腐殖酸类吸附剂可吸附工业废水中的许多金属离子，如汞、铬、锌、镉、铅、铜等。吸附重金属离子后，可以用 H_2SO_4、HCl、$NaCl$ 等进行解吸。

4.5.3 吸附操作方式及设备

废水处理中,吸附操作方式有静态间歇操作和动态连续操作两种方式。

4.5.3.1 静态间歇操作

将干(或湿)粉末活性炭投入水中,不断搅拌,然后再用沉淀或过滤方法将炭和处理后的水分离。如经过一次吸附后出水的水质达不到要求,往往采取多次静态吸附操作。静态间歇操作适用于间歇排放和水量较小的场合,也可作为应急措施采用。粉末活性炭一般不考虑再生,因此运行费用较高。

4.5.3.2 动态连续操作

动态连续操作常用设备有固定床、移动床和流化床3种。

(1) 固定床

由于吸附剂固定填充在吸附柱(或塔)中,所以叫固定床。废水连续流过吸附剂层,吸附质便不断地被吸附。若吸附剂数量足够,出水中吸附质的浓度即可降低至接近于零。但随着运行时间的延长,出水中吸附质的浓度会逐渐增加。当达到某一规定的数值时,就必须停止通水,进行吸附剂再生。

固定床根据处理水量、原水水质和处理要求可分为单床式、多床串联式和多床并联式3种,如图4-5-1所示。固定床一般多用于处理量少或处理量虽多而被吸附物质的量少的场合。为防止床层堵塞,含悬浮物的废水一般先经过砂滤等预处理再进行吸附处理。

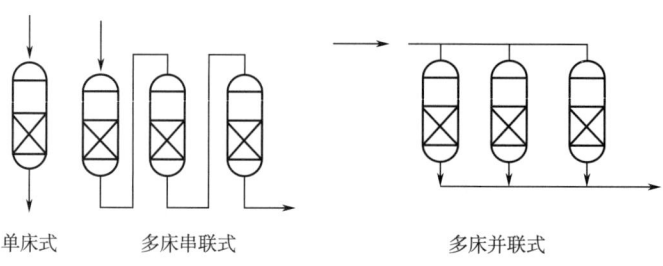

图 4-5-1 固定床吸附操作示意图

根据水流方式的不同,固定床吸附又分为降流式和升流式两种。如图4-5-2所示,降流式固定床的水流由上而下穿过吸附层,过滤速度为4~20m/h。吸附层厚度3~5m,可采用多床串联式工作。接触时间一般不大于30~60min。降流式适用于处理含悬浮物很少的废水。当悬浮物含量高时,容易引起吸附剂层堵塞,降低吸附量,同时增大水头损失。为了防止悬浮物堵塞吸附层,需定期进行反冲洗,有时需要在吸附层上部设置反冲洗设备。

升流式固定床的水流由下而上穿过吸附层,其水头损失小,允许废水中的悬浮物浓度稍高,对预处理要求较低,但滤速较小。升流式可避免炭床内因积有气泡而产生短路,也便于发挥生物协同作用,缺点是冲洗效果较降流式差,操作失误时易造成吸附剂流失。

(2) 移动床

移动床结构如图4-5-3所示。废水从吸附塔底部进入与吸附剂接触,处理后的水由塔顶流出。塔底部接近饱和的某一段高度的吸附剂间歇地排出,再生后从塔顶加入。

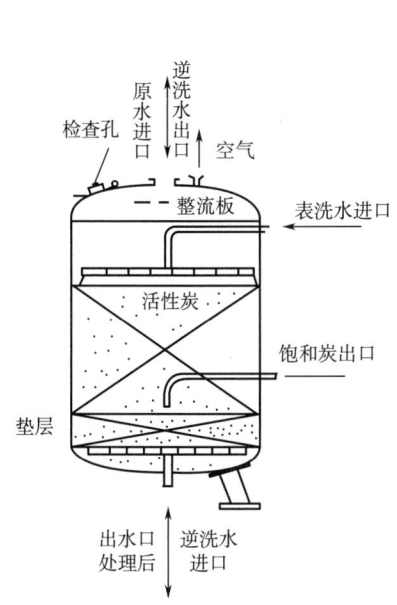 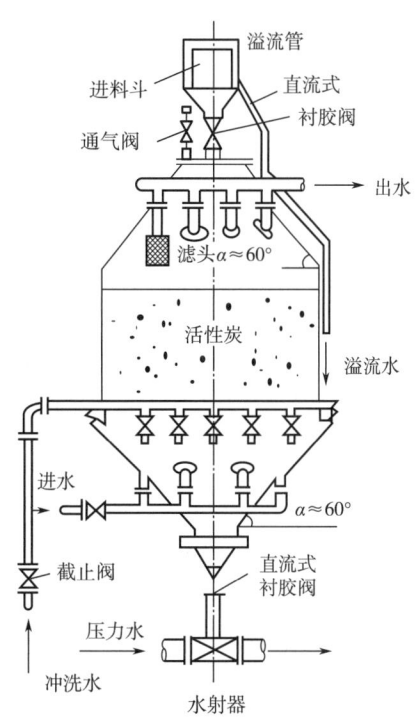

图 4-5-2　降流式固定床吸附塔示意图　　　　图 4-5-3　移动床吸附塔示意图

这种方式较固定床式能够充分利用吸附剂的吸附容量，水头损失小。由于采用升流式，废水从塔底流入，从塔顶流出，被截留的悬浮物随饱和的吸附剂间歇地从塔底排出，所以不需要反冲洗设备。但这种操作方式要求塔内吸附剂上下层不能互相混合，操作管理要求严格。移动床进水悬浮物浓度要求在 30mg/L 以下。炭层高度可达 5～10m，因此装置占地面积小、设备简单、出水水质好，适于较大规模的废水处理。

（3）流化床

流化床吸附适用于处理含悬浮物较多的废水，不需要进行反冲洗。废水从底部进入向上流动，使吸附层在塔内处于膨胀状态或硫化状态。由于活性炭在水中处于膨胀状态，与水的接触面积大，用少量的炭可处理较多的废水，基建费用低。流化床稳定操作要求较高，吸附剂的磨损大，对吸附剂粒径要求均匀等，导致在废水处理中较少应用。

4.6　离子交换

4.6.1　离子交换原理与作用

离子交换法是给水处理中软化和除盐的主要方法之一。在废水处理中，离子交换法可用于去除废水中的某些有害物质，回收有价值化学品、重金属和稀有元素。主要用于处理电镀废水，还可以用于含铬废水、含镍废水、含汞废水、放射性废水的处理。

离子交换的实质是固相的离子交换树脂与液相中电解质直接的化学置换反应，是一种特殊的吸附过程，通常是可逆性化学吸附。离子交换树脂达到吸附饱和时，通入某种高浓

度的电解质溶液,就可以将被吸附的离子交换下来,从而得到再生树脂。离子交换的反应过程可表达为:

$$RA+B^+ \Leftrightarrow RB+A^+ \tag{4-6-1}$$

在平衡状态下,树脂及溶液中的反应物浓度符合下列关系式:

$$K=\frac{[RB][A^+]}{[RA][B^+]} \tag{4-6-2}$$

式中　$[RA]$、$[RB]$——交换树脂中 A^+、B^+ 的离子浓度,mol/L;
　　　$[A^+]$、$[B^+]$——溶液中 A^+、B^+ 的离子浓度,mol/L;
　　　K——平衡常数。

K 大于1,表示反应能顺利地向右方进行。K 值越大,越有利于交换反应,而越不利于逆反应。K 值的大小能定量地反映离子交换剂对离子交换选择性的大小。

4.6.2　离子交换剂及其选用

4.6.2.1　离子交换剂

离子交换剂根据其材料可分为无机离子交换剂和有机离子交换剂,又可分为天然离子交换剂和人工合成离子交换剂等。天然离子交换剂有黏土、沸石、褐煤等。人工合成离子交换剂有凝胶树脂、大孔树脂、吸附树脂、氧化还原树脂、螯合树脂等。根据其化学基团又可分为强碱性、弱碱性、强酸性、弱酸性等类型。

废水处理中通常采用的是离子交换树脂,其具有交换容量高、交换速度快、机械强度高和化学稳定性好等优点,但成本较高。

4.6.2.2　离子交换树脂的有效 pH 范围

由于离子交换树脂的化学基团分为强碱、弱碱、强酸和弱酸性,水的 pH 势必对其造成影响。强碱、强酸性交换树脂的活性基团电离能力强,其交换能力基本上与 pH 无关。弱酸性交换树脂在水的 pH 低时不电离或仅部分电离,因此只能在碱性溶液中才有较高的交换能力;弱碱性交换树脂则在水的 pH 高时不电离或仅部分电离,只能在酸性溶液中才有较高的交换能力。各类型交换树脂的有效 pH 范围见表 4-6-1。

表 4-6-1　　　　　　　　交换树脂的有效 pH 范围[1]

树脂类型	强酸性离子交换树脂	弱酸性离子交换树脂	强碱性离子交换树脂	弱碱性离子交换树脂
有效 pH 范围	1~14	5~14	1~12	1~7

4.6.2.3　离子交换树脂的选择性

离子交换树脂的选择性与水质离子种类、树脂交换基团性能有关,也受水中离子浓度和温度的影响。在低浓度和常温条件下,各种树脂对各种离子的交换选择性如下:

(1) 强酸性阳离子交换树脂

强酸性阳离子交换树脂对溶液中价数越高的离子亲和能力越强;当价数相同时,原子序数越大,亲和力越强。其选择性顺序为:

$$Fe^{3+}>Cr^{3+}>Cl^{3+}>Ca^{2+}>Mg^{2+}>K^+>NH_4^+>Na^+>H^+>Li^+ \tag{4-6-3}$$

(2) 弱酸性阳离子交换树脂

弱酸性阳离子交换树脂对 H^+ 选择能力特别强,对多价离子的选择能力也优于低价离子，如：

$$H^+>Fe^{3+}>Cr^{3+}>Cl^{3+}>Ca^{2+}>Mg^{2+}>K^+\approx NH_4^+>Na^+>Li^+ \quad (4\text{-}6\text{-}4)$$

（3）强碱性阴离子交换树脂

一般而言，强碱性阴离子交换树脂的选择性随溶液中阴离子的价数增加而增加，如：

$$Cr_2O_7^{2-}>SO_4^{2-}>CrO_4^{2-}>NO_3^->OH^->F^->HCO_3^->HSiO_3^- \quad (4\text{-}6\text{-}5)$$

（4）弱碱性阴离子交换树脂

弱碱性阴离子交换树脂对 OH^- 离子具有很强的选择性，对离子的选择顺序如下：

$$OH^->Cr_2O_7^{2-}>SO_4^{2-}>CrO_4^{2-}>NO_3^->Cl^->HCO_3^- \quad (4\text{-}6\text{-}6)$$

（5）螯合树脂

螯合树脂的选择性与树脂的种类有关，典型的螯合树脂为亚氨基醋酸型树脂，其选择性为：

$$Hg^{2+}>Cd^{2+}>Ni^{2+}>Mn^{2+}>Ca^{2+}>Mg^{2+}>Na^+ \quad (4\text{-}6\text{-}7)$$

位于序列前的离子可以取代序列后的离子，但在高温或高浓度条件下，处于序列后的离子可以取代序列前的离子。另外，当金属离子在溶液中呈络合阴离子存在时，一般来说，树脂对其的亲和能力会降低。

4.6.2.4 离子交换树脂的交换容量

交换容量是离子交换树脂最重要的性能，它定量地表示树脂交换能力的大小。交换容量的单位是 mol/kg（干树脂）或 mol/L（湿树脂）。交换容量又可分为全交换容量与工作交换容量。前者指一定量的树脂所具有的活性基团或可交换离子的总数量，后者指树脂在给定工作条件下实际的交换能力。

4.6.2.5 离子交换树脂的物理和化学性能

离子交换树脂的物理性能包括粒度、树脂密度、含水量、溶胀性、机械强度、耐热性和孔结构等。离子交换树脂的化学性能包括耐酸碱性和抗氧化性。在选择和使用离子交换树脂时必须对这些性质予以考虑。

4.6.3 离子交换工艺过程和设备

4.6.3.1 离子交换工艺过程

离子交换工艺过程包括交换、反冲洗、再生和清洗 4 个阶段。各步骤依次进行，形成不断循环的工作周期。

（1）交换

交换是利用离子交换树脂的交换能力，从废水中去除目标离子的操作过程。如图 4-6-1 所示，树脂 RA 处理含离子 B 的废水，当废水进入交换柱后，首先与顶层的水质接触并进行交换，B 离子被吸附而 A 离子被交换下来。废水继续流过下层树脂时，水质 B 离子浓度逐渐降低，而 A 离子浓度却逐渐升

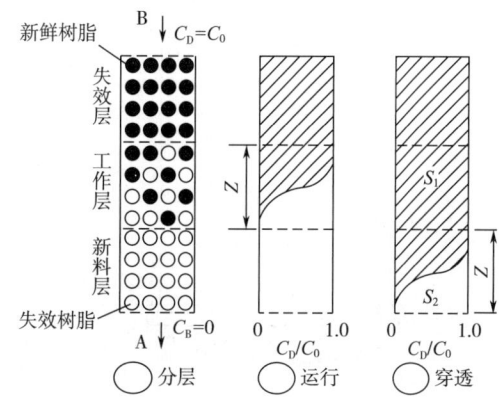

图 4-6-1 离子交换柱工作过程示意图

高。当废水流经一定长度的滤层之后,全部 B 离子都被交换成 A 离子,将这一定长度的滤层称为工作层或交换层。当废水不断地流过树脂层时,工作层便不断地下移。这样,整个树脂层就形成了上部失效、中部工作层、下部新料层 3 个部分。当工作层的前沿到达交换柱树脂底层的下端时,出水中开始出现 B 离子,称为"穿透点"。达到穿透点时,最后一个工作层的树脂尚有一定的交换能力,若继续通入废水,仍能除去一定量的 B 离子,不过出水中的 B 离子浓度会越来越高。当出水和进水中的 B 离子浓度相等时,整个树脂层的交换能力耗尽,完全饱和。

一般在废水处理中,树脂层到穿透点时就应该停止工作,进行树脂再生。但为了充分利用树脂的交换能力,可将达到穿透点的交换柱的出水引入到另一个交换柱中,该交换柱则工作到全部树脂都达到饱和后进行再生。

(2) 反冲洗

反冲洗的目的是松动树脂层,使再生液能均匀渗入层中,与交换剂颗粒充分接触,同时把过滤过程中产生的破碎粒子和截留的污物冲走。树脂层在反冲洗时要膨胀 30%～40%。冲洗水可用自来水或废再生液。

(3) 再生

树脂失效后,必须再生才能再使用。通过树脂再生,一方面可恢复树脂的交换能力,另一方面可回收有用物质。离子交换树脂的再生是离子交换的逆过程。影响再生效果和处理费用的因素包括:再生剂种类、再生剂用量、再生方式、再生方法等。

(4) 清洗

清洗目的是洗涤残留的再生液和再生时可能出现的反应产物。通常洗涤的水流方向和交换时一样,称为正洗。清洗的水流速度应先小后大。清洗过程后期应特别注意掌握清洗终点的 pH,避免重新消耗树脂的交换容量。

4.6.3.2 离子交换操作方式和设备

按照操作方式不同,离子交换设备有固定床、移动床和流化床 3 种。固定床工作时,树脂床层固定不变,水流由上而下流动。固定床交换柱的上部和下部设有配水和集水装置,中部装填 1.0～1.5m 厚的交换树脂。根据树脂层的组成,固定床又分为单层床、双层床和混合床 3 种。单层床中只装一种树脂,可以单独使用,也可以串联使用。双层床是在同一个柱子中装两种同性不同型的树脂,由于比重不同而分为两层。混合床是把阴、阳两种树脂混合装成一个床使用。

单床离子交换器的结构如图 4-6-2 所示。在废水处理中,单层固定床离子交换器是最常用的一种形式。用于废水处理的离子交换系统一般包括预处理(用以去除悬浮物,防止离子交换树脂受到污染和交换床堵塞,一般采用砂滤

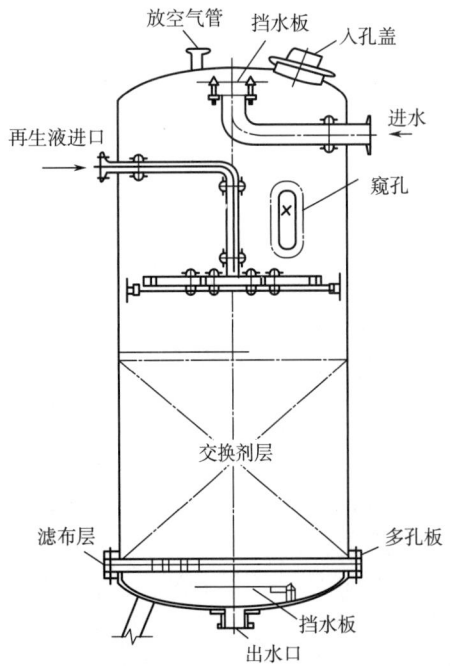

图 4-6-2 单床离子交换的结构

器)、离子交换器和再生附属设备(再生液配制设备)。

4.7 膜 分 离

4.7.1 概 述

膜分离法是利用特殊的薄膜对液体中的成分进行选择分离的技术。基本原理是利用污染物透过一层特殊膜层的浓度差而实现固液分离、污染物浓缩或脱盐。用于废水处理的膜分离技术包括微滤(MF)、超滤(UF)、纳滤(NF)、反渗透(RO)等。根据膜的种类及其功能和推动力的不同,各种膜分离技术的特征和它们之间的区别见表4-7-1。膜技术在废水深度处理中,可用于制取"中水",应用微滤膜截留吸附粒子和胶体物;还被广泛应用于废水中残留的大分子有机物和氨氮污染物的去除,以及重金属离子和盐分的去除。

表 4-7-1　　　　　　　　　　几种膜分离技术的特征和区别

分离过程	膜材料	滤膜孔径	传递机理	推动力	膜类型	用途
微滤(MF)	再生纤维素、聚丙烯、聚氯乙烯、陶瓷、聚偏氟乙烯	0.05~2.0μm	颗粒大小	0.01~0.30MPa	多孔膜	主要依靠机械筛分作用,滤除>50nm微粒和细粒物质
超滤(UF)	醋酸纤维素膜、聚砜、聚丙烯酰胺、聚氯乙烯、陶瓷、聚偏氟乙烯	0.002~0.050μm	分子特性大小形状	0.1~0.5MPa	非对称性膜	主要依靠机械筛分作用,截留大分子,滤除5~100nm颜料、油漆、微生物等
纳滤(NF)	醋酸纤维素膜、聚砜和聚酰胺复合材料	1~2nm	离子大小及电荷	0.3~0.7MPa	复合膜	膜截留小分子
反渗透(RO)	醋酸纤维素膜、聚砜、聚酰胺及其改性材料	0.2~10.0nm	溶剂的扩散传递	1.0~1.5MPa	非对称性膜	利用半透膜的选择透过性,分离小分子溶质,用于海水淡化、去除无机离子或有机物

膜分离法的特点是:分离过程中不发生相变化,能量的转化效率高;一般不需要投加其他物质,可节省预处理和化学药剂;分离和浓缩同时进行,能回收有价值的物质;可在常温下进行分离,不会破坏对热敏感和对热不稳定的物质;操作及维护方便,便于实现自动控制。

4.7.2 微 滤

微滤又称微孔过滤,是以静压为推动力,在0.01~0.30MPa压力推动下,利用筛网状过滤介质膜的筛分作用进行分离。微滤膜是均匀的多孔薄膜,膜孔径均一,过滤精度高、滤速快、吸附量少且无介质脱落等。能截留0.1~10μm的颗粒,允许大分子有机物和无机盐等物质通过,但能阻挡泥、砂等颗粒物、胶体和悬浮物。

在废水深度处理中,微滤主要用于细菌、微粒的去除,主要用作超滤和反渗透分离过程的预处理,或是对处理出水要求不高的中水回用过程。

4.7.3 超 滤

超滤是在压差推动下进行的筛孔分离过程,在一定压力(0.1~0.5MPa)作用下,水和小分子物质透过膜作为处理水流出,而大分子物质则被膜截留作为浓缩液被回收。超滤是一个错流和切向流的过程,要过滤的液体沿膜表面流动。超滤膜多为非对称膜,膜的水透过通量为 $0.5\sim5.0\mathrm{m}^3/(\mathrm{m}^2\cdot\mathrm{d})$。

在废水深度处理中,超滤能够完全去除微粒与微生物,有望取代砂滤、纤维转盘过滤,有效去除废水中含有的非溶解性杂质。可用于反渗透预处理,降低反渗透膜的阻塞风险,或与微生物处理相结合,形成生物膜反应器(MBR)。

超滤按组件形式分为管式、板式、中空纤维、卷式等不同类型的膜组件。

4.7.4 纳 滤

纳滤是一种介于反渗透和超滤之间的膜分离形式,纳滤膜孔径在几个纳米左右。纳滤膜是一种复合膜,膜材料大多从反渗透膜衍化而来。膜组件的结构也与反渗透膜组件相同,分离过程也是透析过程。但与反渗透相比,其操作压力更低(<2.0MPa),因此被称为"低压反渗透"或"疏松反渗透"。

纳滤膜具有离子选择性,NaCl 的透过率不小于 90%。分离对象主要为粒径 1nm 左右的物质。能截留小分子有机物,并可同时透析除盐,集浓缩与透析为一体。

纳滤在废水深度处理中,用于去除三卤甲烷中间体、农药、合成洗涤剂、可溶性有机物等残留物质。

4.7.5 反 渗 透

反渗透分离过程是利用反渗透膜选择性地透过溶剂(水)而截留水中的离子性物质,以膜两侧的静压差为推动力,克服溶剂(水)的渗透压,使溶剂(水)通过反渗透膜而对离子型物质进行分离的过程。

反渗透膜分离必须具备两个条件:一是具有高选择性和高渗透性的半透膜;二是膜的工作压力必须高于溶液的渗透压。

当溶液(如盐水)与纯溶剂(纯水)被半透膜隔开,半透膜两侧压力相等时,纯溶剂通过半透膜进入溶液侧使溶液浓度变低的现象称为渗析。如果在溶液侧加上一定的外压,恰好能阻止纯溶剂侧的溶剂分子通过半透膜进入溶液侧,则此外压称为渗透压。渗透压取决于溶液的浓度,且与温度有关,如果在溶液侧的压力超过了渗透压,则使溶液中的溶剂分子进入纯溶剂内,此过程称为反渗透。

反渗透膜可以将重金属、农药、细菌、病毒等彻底分离。

反渗透过程必须加压,只有当工作压力大于溶液的渗透压时,水才能通过膜从盐水中分离出。在理论上只要用比渗透压差大一点的压力就可以进行反渗透。然而工作压力的选定还应考虑到一定的渗透水量和在反渗透过程中因浓缩而使渗透压增高等因素,实际中使用的工作压力是渗透压差的 3~10 倍。

反渗透膜的分离透过性用溶质分离率、溶剂透过流速(又称水通量)和水回收率 3 个指标表示。

反渗透装置类型有板框式、管式、螺旋卷式和中空纤维式等4种。

反渗透处理工艺流程包括预处理、反渗透处理、膜清洗和浓缩液处理4个部分。

4.8 消　　毒

4.8.1 概　　述

废水中不但存在大量细菌,而且有可能含有较多病原微生物。采用常规的废水处理工艺一般不能将这些病原微生物有效灭活(如活性污泥法去除率约90%～95%,生物膜法去除率约80%～90%,自然沉淀法去除率约25%～75%)。为了防止疾病传播,必须对这类废水进行消毒处理。在工业水回用和中水回用工程中,消毒处理已然成为必须考虑的工艺步骤之一。

目前常用的废水消毒方法有氯消毒(主要包括液氯消毒、二氧化氯消毒和次氯酸钠消毒)、紫外线消毒和臭氧消毒3种。

4.8.2 氯　消　毒

氯消毒工艺技术成熟,是目前废水消毒的主要技术,其中液氯消毒多用在大型的污水处理厂,而二氧化氯和次氯酸钠消毒多用在中小型的污水处理厂或医院污水的消毒。氯消毒的缺点是有可能形成致癌物。

(1) 液氯消毒

液氯消毒利用的不是氯气本身,而是氯与水发生反应生成的次氯酸。次氯酸相对分子质量很小,是不带电的中性分子,可以扩散到带负电荷的细菌细胞表面,利用氯原子的氧化作用破坏细胞的酶系统,使其生理活动停止,最后导致死亡。在水中形成的次氯酸是一种弱酸,因此会发生以下电解反应:

$$HOCl \rightleftharpoons H^+ + OCl^- \tag{4-8-1}$$

式中的次氯酸根离子也具有氧化性,但由于其本身带有负电荷,不能靠近也带负电荷的细菌,所以基本上无消毒作用。当废水的pH较高时,上式中的化学平衡会向右移动,水中次氯酸浓度降低,消毒效果减弱。因此pH是影响消毒效果的一个重要因素。pH越低,消毒效果越好。实际运行中,一般应控制pH<7.4,以保证消毒效果。除pH外,温度对消毒效果影响也很大,温度越高,消毒效果越好,反之越差,主要原因是温度升高能促进次氯酸向细胞内扩散。

(2) 二氧化氯消毒

二氧化氯对细菌的细胞壁有较强的吸附和穿透能力,可快速控制微生物蛋白质的合成,对细菌、病毒等有很强的灭活能力。

ClO_2在水中是纯粹的溶解状态,不与水发生化学反应,故它的消毒作用受水的pH影响小,这是与液氯消毒的区别之一。在较高的pH下,ClO_2消毒能力比液氯强。ClO_2消毒的特点是只起氧化作用,不起氯化作用,因而一般不会产生致癌物质。另外,ClO_2不与氨氮反应,因此,在相同的有效氯投加量下,可以保持较高的余氯浓度,取得较好的消毒效果。

二氧化氯不稳定，必须现场制造且成本较高，适用于小型污水处理工程中。

（3）次氯酸钠消毒

次氯酸钠已较为广泛地用于医院废水消毒。其消毒原理与液氯完全一致，在溶液中生成次氯酸离子，通过水解反应生成次氯酸，具有与其他氯的衍生物相同的氧化和消毒作用，但其效果不如 Cl_2 强。

$$NaOCl + H_2O \rightleftharpoons HOCl + NaOH \tag{4-8-2}$$

由于次氯酸钠是由氢氧化钠和氯反应生成，因而其消毒的直接运行费用会高于液氯，但与液氯消毒相比，次氯酸钠消毒工艺运行方便、安全、基建费用低。

二氧化氯和次氯酸钠可以采用泵前插管或水射器等设备进行投加，接触反应池可以采用与氯消毒相同的反应池。由于二氧化氯气体有毒，使用过程中应注意个人防护和通风。

4.8.3 紫外线消毒

汞灯发出的紫外光能穿透细胞壁与细胞质发生反应而达到消毒的目的。波长为250～360nm 的紫外光的杀菌能力最强。因为紫外光需要透过水层才能起消毒作用，故废水中的悬浮物、浊度和有机物都会干扰紫外光的传播，因此处理水的光传播系数越高的紫外线消毒的效果越好。

消毒常用的紫外灯有3种类型：低压低强度紫外灯、低压高强度紫外灯和中压高强度紫外灯。中压紫外管的单管紫外光输出效率最高，因此可以用很少的灯管数量达到消毒效果，适用于大型污水处理厂的消毒处理。紫外灯在使用过程中，随着时间的增加，紫外灯放出紫外线的强度会逐渐降低，因而在设计紫外线消毒系统的过程中，需要考虑在灯的使用末期能够保证足够的杀菌剂量。

和液氯消毒比较，紫外线消毒速度快，效率高，经紫外线照射几十秒钟即可杀菌，不影响水的物理性质和化学成分，不增加水的臭味，操作简单，便于管理，易于实现自动化。缺点是预处理程度要求高，处理水的水层薄，耗电量大，成本高，没有持续的消毒作用，不能解决消毒后在管网中的再污染问题。

4.8.4 臭氧消毒

臭氧具有很强的杀菌能力，远超过氯，且不需要太长的接触时间，除能有效杀灭细菌外，对各种病毒和芽孢也有很大的杀伤效果。臭氧消毒不受废水中 NH_3 和 pH 的影响，而且其最终产物是二氧化碳和水。臭氧还能除臭、去色，并不会产生有机氯化物。缺点是电耗大，费用高，臭氧在水中不稳定，易挥发，无持续消毒作用，设备复杂，管理麻烦。由于臭氧有毒、不稳定、容易分解，需要现场制备。

为了提高臭氧的利用率和消毒效果，接触反应池有效水深一般为5～6m，通过管式或板式微孔扩散器投加臭氧。扩散器用陶瓷或聚氯乙烯微孔塑料或不锈钢制成。接触池排出的剩余臭氧具有腐蚀性，需进行消除处理。

臭氧消毒多适用于出水水质较好，排入水体卫生条件要求较高的场合。

4.8.5 影响消毒效果的因素

影响消毒效果的主要因素有投加量和时间、微生物特性、温度、pH、水中杂质、消毒剂与微生物的混合接触状况、处理工艺等。

(1) 投加量和时间

消毒剂的投加量和时间是影响消毒效果最重要的因素。对于某种废水进行消毒处理时，加入较大剂量的消毒剂无疑将得到更好的效果，但这样也必然造成运行费用的增加。因此需要确定一个适宜的投药量，从而既能满足消毒灭菌的指标要求，又保证较低的运行费用。在有条件的情况下，可以通过实验确定消毒剂的投加量。大多数情况下是根据经验确定消毒剂的投加量和反应接触时间，工程投入运行后，还可以通过控制投药量的增加或减少对设计参数进行修正。

(2) 微生物特性

一般而言，病毒对消毒剂的抵抗力较强；有芽孢的比无芽孢的耐力强；寄生虫卵较易杀死，但原生动物中的痢疾内变形虫的胞囊却很难被杀死；单个细菌易杀死，成团细菌（如葡萄球菌）的内部菌体却难以被杀死。

(3) 温度

温度通过两个途径对消毒产生影响。一是温度过高或过低都会抑制微生物的生长活动，直接影响杀菌效率。二是影响传质和反应速率。一般而言，较高温度对消毒过程有利。

(4) pH

pH决定了氯系消毒剂的存在形态，另外有些微生物的表面电荷特性也会随pH的变化而变化。表面电荷可能阻碍带电消毒剂的进入，从而影响消毒效果。如pH低时，中性次氯酸的数量较多，次氯酸可以扩散到带负电荷的细菌细胞表面，并渗入胞内，杀灭细菌。当废水的pH较高时，次氯酸根的浓度增加，由于次氯酸根带负电，难以靠近带负电的细菌，消毒效果减弱。

(5) 水中杂质

水中的悬浮物能掩蔽菌体，使之不受消毒剂的作用，导致消毒剂投加量增加，消毒效果减弱，因此在消毒前应尽量减少废水中的细小悬浮物。还原性物质和有机物会消耗氧化剂，并有可能生成多种有害的消毒副产物。

(6) 消毒剂与微生物的混合接触状况

混合接触的状况对消毒过程有较大影响。混合效果越好，杀菌率越高。快速的起始混合是废水氯化消毒的一个主要因素，应实验研究确定加氯点的最佳紊动程度。加药点应能高度紊动，快速完成混合。

(7) 处理工艺

物化处理出水含有较高浓度的有机物与悬浮胶体，此类物质对消毒剂的竞争反应以及对所附着微生物的保护作用降低了杀菌效率，因此物化处理出水的消毒难度高于生化处理及深度处理出水的消毒难度。

思 考 题

1. 化学和物理后续处理的对象主要是水中的哪些杂质？
2. 化学混凝法的原理和适用条件是什么？城镇污水的处理是否可用化学混凝法？为什么？

3. 化学混凝剂在投加时为什么必须立即与水充分混合、剧烈搅拌？

4. 化学沉淀法处理的主要对象是哪些污染物？它与重力沉降法相比有什么特点？

5. 化学沉淀法与化学混凝法在原理上有何不同？使用的药剂有何不同？

6. 氧化和还原法有何特点？是否废水中的杂质必须是氧化剂或还原剂才能用此方法？

7. 用吸附法处理废水，可以达到出水极为洁净的程度。那么对处理要求高、出水要求高的废水，是否原则上都可以考虑采用吸附法？为什么？

8. 离子交换树脂的工作原理是什么？为什么工业废水处理多常用弱酸性阳离子交换剂？

9. 制革工业的含铬废水可以用氧化和还原法、化学沉淀法和离子交换法等加以处理，那么在什么条件下，用离子交换法进行处理比较合适？

10. 试述反渗透技术的适用条件、进水水质对反渗透系统运行的影响及对应的解决方案。

11. 从水中去除某些离子（例如脱盐）可以用离子交换法和膜分离法。当含盐浓度较高时，应当用什么方法？为什么？

12. 试述工业废水处理中常见的 4 种消毒剂的优缺点。

第 5 章　废水生物处理

废水生物处理法是利用自然界中广泛分布的个体微小、代谢营养类型多样、适应能力强的微生物的新陈代谢作用对废水进行净化的处理方法。生物处理法是建立在环境自净作用基础上的人工强化技术，创造出有利于微生物生长繁殖的良好环境，增强微生物的代谢功能，促进微生物的繁殖，使废水中呈溶解、胶体状态的有机污染物和无机营养物转化为稳定、无害的物质。

根据参与代谢活动的微生物对溶解氧的需求不同，废水生物处理技术分为好氧生物处理、缺氧生物处理和厌氧生物处理。好氧生物处理是在水中存在溶解氧（即水中存在分子氧）的条件下进行的生物处理过程；缺氧生物处理是在水中无分子氧存在，但存在如硝酸盐等化合态氧的条件下进行的生物处理过程；厌氧生物处理是在水中既无分子氧存在又无化合态氧存在的条件下进行的生物处理过程。高浓度有机废水处理常用到厌氧生物处理，低浓度有机废水常用到好氧生物处理，缺氧和好氧结合主要用于生物脱氮，厌氧和好氧结合则主要用于生物除磷。轻化工业废水处理可根据其废水的生物降解性能采用不同的生物处理方法。

根据微生物生长方式的不同，废水生物处理技术分为悬浮生长法（即活性污泥法）和附着生长法（即生物膜法）。前者是指通过适当的混合方法使微生物在生化池中保持悬浮状态，并与废水中的有机物充分接触，完成对有机物的降解。后者是指微生物附着在某种载体上生长并形成生物膜，废水流经生物膜时，微生物与废水中的有机物接触，完成对废水的净化。

5.1　废水生物处理基础理论

5.1.1　废水生物处理的基本原理

废水生物处理是微生物在酶的作用下，利用微生物的新陈代谢功能，对废水中的污染物质进行分解和转化的过程。微生物代谢由分解代谢（异化）和合成代谢（同化）两个过程组成，是物质在微生物细胞内发生的一系列复杂生化反应的总称。微生物可以利用废水中的大部分有机物和部分无机物作为营养源，这些可被微生物利用的物质通常称为底物或基质。

分解代谢是微生物在利用底物的过程中，一部分底物在分解酶的催化作用下降解并同时释放出能量的过程，也称为生物氧化。

合成代谢是微生物利用另一部分底物或分解代谢过程中产生的中间产物，在合成酶的作用下合成微生物细胞的过程，合成代谢所需的能量由分解代谢提供。

废水生物处理过程中有机物的生物降解实际上就是微生物将有机物作为底物进行分解代谢获取能量的过程。不同类型微生物进行分解代谢所利用的底物是不同的，异养微生物利用有机物，自养微生物则利用无机物。

5.1.1.1 好氧生物处理

好氧生物处理是在废水中有分子氧存在的条件下,利用好氧微生物(包括兼性微生物,但主要是好氧细菌)降解有机物,使其稳定、无害化的处理方法。微生物利用废水中存在的有机污染物(以溶解态和胶体态为主)为底物进行好氧代谢,这些高能位的有机物经过一系列的生化反应,逐级释放能量,最终以低能位的无机物形态稳定下来,达到无害化的要求,以便返回自然环境或进一步处置。好氧生物处理过程如图 5-1-1 所示,有机物被微生物摄取后,通过代谢活动,约有 1/3 被分解、稳定,并提供其生理活动所需的能量;约有 2/3 被转化,合成新的细胞物质,即进行微生物自身生长繁殖。后者就是废水生物处理中的活性污泥或生物膜的增长部分,通常称为剩余污泥或生物膜,又称生物污泥。在废水生物处理过程中,生物污泥经固液分离后,需进一步处理和处置。

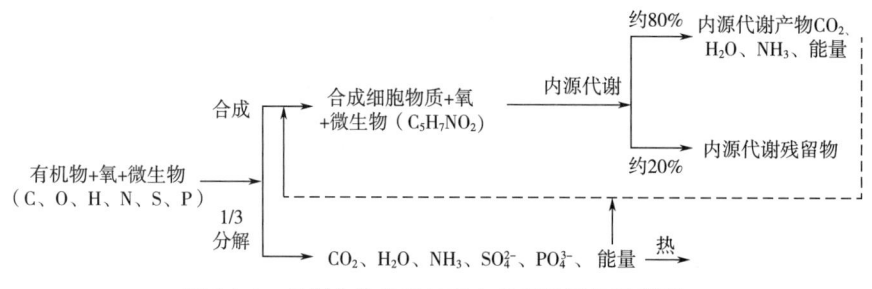

图 5-1-1 好氧生物处理过程中有机物转化示意图

好氧生物处理反应速率较快,所需的反应时间较短,故处理构筑物容积较小,且处理过程中散发的臭气较少。适用于处理中、低浓度或 BOD_5 小于 500mg/L 的有机废水。

5.1.1.2 厌氧生物处理

厌氧生物处理是在没有分子氧及化合态氧存在的条件下,利用兼性细菌与厌氧细菌降解和稳定有机物的生物处理方法。在厌氧生物处理过程中,复杂的有机化合物被降解、转化为简单的化合物,同时释放能量。在整个过程中,有机物的转化分为三部分:一部分转化为甲烷,作为可燃气体和回收利用;还有一部分被分解为二氧化碳、水、氨、硫化氢等无机物,并为细胞合成提供能量;少量有机物被转化、合成为新的细胞物质。由于仅少量有机物用于合成,故相对于好氧生物处理,厌氧生物处理的污泥增长率小得多。厌氧生物处理过程如图 5-1-2 所示,其优点是剩余污泥量少、可回收能量(甲烷)、运行费用低。缺点是反应速率较慢,反应时间较长,处理构筑物容积大。通过开发新型厌氧反应器,截

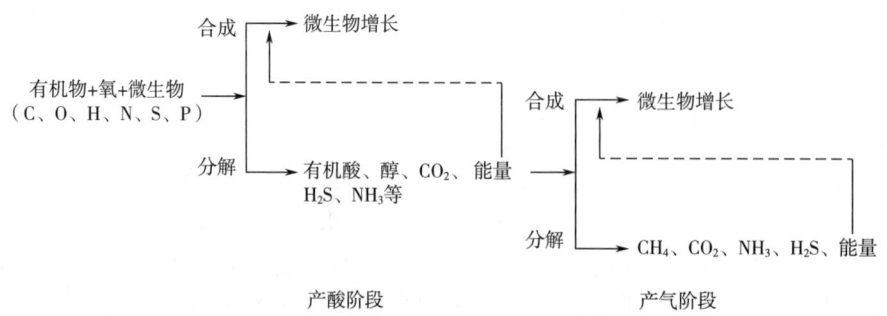

图 5-1-2 厌氧生物处理过程中有机物转化示意图

留高浓度厌氧污泥,或用高温厌氧技术,其容积可缩小,但相应能耗增加。

厌氧生物处理适用于处理有机污泥和中、高浓度的有机废水。

5.1.1.3 生物脱氮

废水生物脱氮处理工程中氮及其化合物的转化与分解,主要包括同化、氨化、硝化和反硝化作用,其中氨化可在好氧或厌氧条件下进行,硝化作用是在好氧条件下进行,反硝化作用是在缺氧条件下进行的。生物脱氮是指含氮化合物经过氨化、硝化和反硝化后,转变为 N_2 而被去除的过程。

(1) 氨化

微生物分解有机氮化合物产生氨的过程称为氨化反应。很多细菌、真菌和放线菌都能分解蛋白质及其含氮衍生物,其中分解能力强并释放出氨的微生物称为氨化微生物。在氨化菌的作用下,有机氮化合物可以在好氧或厌氧条件下分解、转化为氨态氮。

(2) 硝化

在亚硝化单胞菌和硝化杆菌的作用下,将氨态氮转化为亚硝酸盐(NO_2^-)和硝酸盐(NO_3^-)的过程称为硝化反应。硝化过程由自养微生物完成。氨氮首先在亚硝化单胞菌的作用下氧化为亚硝态氮,再由硝化杆菌氧化为硝态氮。

(3) 反硝化

缺氧条件下,亚硝酸盐(NO_2^-)和硝酸盐(NO_3^-)在反硝化细菌的作用下,被还原为分子态氮(N_2)或一氧化二氮(N_2O)的过程称为反硝化反应。在 pH 较低和氧浓度较高的环境中,一氧化二氮(N_2O)是主要产物;在 pH 为中性至弱碱性的厌氧环境和氧浓度较高的环境中,氮气(N_2)是主要产物。

大多数反硝化细菌是异养型碱性厌氧细菌,在废水和污泥中,很多细菌均能进行反硝化作用,其利用各种有机底物(包括糖类、有机酸类、醇类、烷烃类、苯酸类和其他苯衍生物)作为电子供体,NO_3^- 作为电子受体,逐步还原 NO_3^- 至 N_2。

(4) 同化

生物处理过程中,废水中的一部分氮(氨氮或有机氮)及有机物被微生物消化吸收后合成新的微生物细胞的过程称为同化作用。按细胞干重计算,微生物细胞中氮的含量大约为 12.5%。当进水氨氮浓度较低时,同化作用可能成为脱氮的主要途径。

5.1.1.4 生物除磷

废水生物处理系统中,磷及磷的化合物通常被微生物同化和吸收,以磷酸盐形式作为能量被生物贮备。生物除磷是在厌氧—好氧或厌氧—缺氧交替运行的系统中,利用聚磷菌具有厌氧释磷及好氧(或缺氧)超量吸磷的特性,使好氧或缺氧段中混合液磷的浓度大量降低,最终通过排放富磷污泥而达到从废水中除磷的目的。

5.1.2 微生物生长规律

活性污泥法曝气池中的物质包括微生物、有机物和溶解氧。微生物随着废水中有机物的降解而不断增殖,对溶解氧的需求也在发生变化。废水处理过程中微生物的增殖、有机物的降解、溶解氧的消耗变化如图 5-1-3 所示。

根据微生物的生长情况,微生物增殖可分为 4 个阶段,即适应期、对数增殖期、减速增殖期和内源呼吸期。

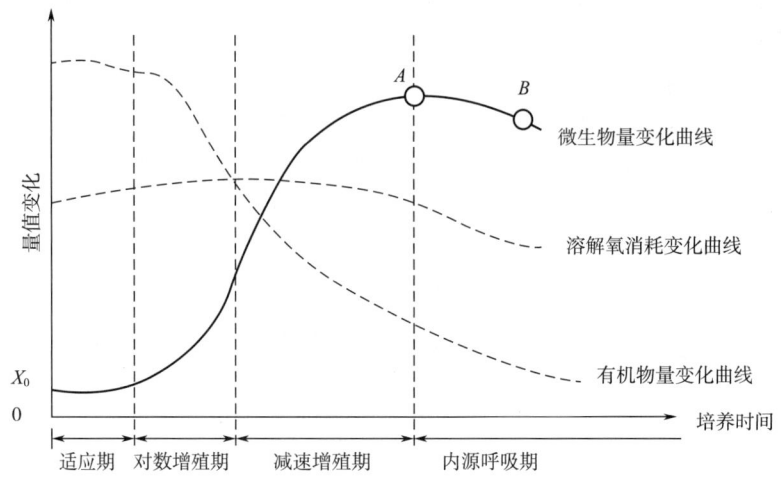

图 5-1-3　活性污泥中微生物、有机物及溶解氧变化曲线示意图

（1）适应期

适应期是微生物培养的初期，微生物生长的特点是：分裂迟缓、代谢活跃、一般数量不增加但细胞体积增殖较快；合成代谢活跃；易产生诱导酶。该阶段的时间长短与废水中的有机物的可生物降解性、微生物菌种的遗传性、活性污泥中微生物世代周期及接种前后微生物所处的环境条件差异等因素密切相关。

（2）对数增殖期

对数增殖期微生物细胞以最快速度进行分裂。微生物生长特点是：微生物代谢活性强，细胞分裂快，细胞以几何级数增加。该阶段微生物周围营养丰富，生长不受到有机底物的限制，生长速率最大，同时有机物降解速率也非常快，溶解氧的需求量大。与新增加微生物量相比，微生物死亡量小，可以忽略不计。

（3）减速增殖期

减速增殖期有机物已经被大量消耗，代谢产物积累过多，使得细胞的增殖速率逐渐减慢。该阶段微生物细胞繁殖速率与死亡速率相同，活的微生物总数趋近稳定，且达到最大量，生物存活时间与菌种的外界环境条件有关。大多数废水处理系统将曝气池的运行工况控制在减速增殖期。

（4）内源呼吸期

内源呼吸期有机物含量继续下降，并达到几乎耗尽的程度，微生物开始利用自身的贮藏物甚至菌体作为养料，维持生命。细菌在这个阶段往往产生芽孢，原生质中出现液泡与空泡，有些细菌细胞呈畸形或多形态性。该阶段只有少数细胞继续分裂，大多数细胞出现自溶和死亡，致使培养液中活的总微生物数量下降，同时溶解氧的需求量也下降。有些活性污泥工艺设置在内源呼吸期运行，如延时曝气法等。

5.1.3　轻化工程废水生物处理基本工艺流程

针对轻化工程行业排水特点，依据企业排水中有机物浓度高低及可生化性，生物基本处理工艺流程可分为 5 类。

(1) 低浓度易生物降解有机工业废水

含低浓度易生物降解有机组分的工业废水，常采用好氧生物处理法，工艺流程如图 5-1-4 所示。考虑到工业废水水质、水量受产品变更、生产设备检修、生产季节变换等因素影响，其水质水量变化幅度大，因此，处理流程中一般都设置调节池，以稳定生物处理单元的水质和水量。

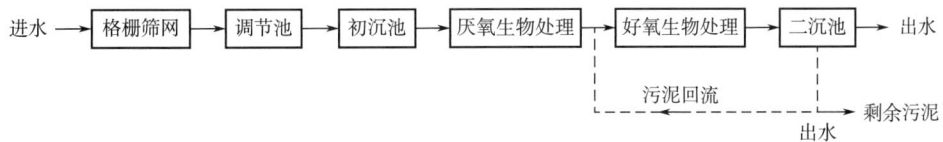

图 5-1-4　低浓度易生物降解有机组分的基本处理工艺流程示意图

若排水中还含有固态有机物和无机物，为减轻后续生物处理设施的有机负荷、降低运行费用和提高处理效率，或减少对后续处理设施的损害，在生物处理设施前需依据固态污染物的特性设置格栅、筛网或沉淀池等预处理设施，以除去大颗粒有机和无机悬浮物。工业废水处理应用较多的好氧生物处理工艺主要有 SBR 及其变形工艺。

(2) 高浓度易生物降解有机工业废水

高浓度易生物降解有机工业废水中的有机污染物易被微生物降解，可采用厌氧—好氧生物组合处理工艺。厌氧生物处理具有有机负荷高、运行费用较低、产生的甲烷气可以回收利用等优点，是处理不含有毒有害污染物的高浓度易降解有机工业废水的首选技术。但厌氧生物处理后出水的有机物浓度还比较高，需再经好氧生物处理才能确保出水水质达标。基本处理流程如图 5-1-5 所示。常用的厌氧处理工艺有普通厌氧消化、接触氧化和 UASB 技术。

图 5-1-5　高浓度易生物降解有机组分的基本处理工艺流程示意图

(3) 可生物降解有机工业废水

可生物降解有机工业废水含有较多的易降解有机物，可采用生物法处理。但是，由于水中还含有一定数量的难降解有机物，BOD_5/COD 比值较低。因此，在生物处理单元前需增加预处理步骤，以去除难降解有机组分，从而提高其可生物降解性。如生物处理仍不能达标排放，则需增加后处理设施，以降低生物处理单元出水中的难降解有机组分浓度。其基本处理流程如图 5-1-6 所示。

图 5-1-6　高浓度易生物降解有机组分的基本处理工艺流程示意图

预处理方法可用物理化学法（如混凝沉淀和气浮等）和生物法（如水解酸化等）。研究及实践表明，某些有机物（如杂环化合物、多环芳烃）在好氧条件下难以被微生物降解，但采用厌氧水解酸化法进行预处理，可使化学结构稳定的苯环开环，改善其生物降解性。

当某些废水经预处理和生物处理后其水质指标仍不能满足要求时，则在生物处理后还需要有后处理措施，以降低残留有机物浓度。后处理技术主要有混凝、沉淀或气浮、化学氧化、活性炭吸附和膜分离等。

（4）难生物降解有机工业废水

难生物降解污染物去除是工业水污染控制领域的行业难题，现有通用处理技术尚未实现低碳、经济的难生物降解废水高效处理。采用生物法处理难降解有机工业废水时，其基本处理工艺流程可参见图 5-1-6。工艺前段进行化学的、物理化学的或生物的预处理，以改变难降解有机物的分子结构或降低其中某些污染物质的浓度，降低其毒性，提高废水的 BOD_5/COD 比值，为后续生物处理与运行稳定性和高处理效率创造条件。预处理的选择与难降解有机物的性质和浓度有关，生物处理技术主要有 SBR、生物滤池、生物接触氧化和生物流化床等。

（5）含有毒有害污染物有机工业废水

对含有毒有害污染物有机工业废水采用生物处理工艺时，为降低有毒有害污染物对微生物的毒性作用，在生物处理前都应进行预处理。经过预处理后使有毒有害的浓度降低或改变有机污染物的化学结构，降低对微生物的毒性作用，使后续的生物处理能顺利进行。其基本处理工艺流程可参见图 5-1-6。

综上所述，针对轻化工程行业排水特点，目前采用较多的生物处理技术有 A/A/O 工艺、SBR 工艺、CASS 工艺、氧化沟工艺、生物滤池、生物接触氧化法、曝气生物滤池、MBR 工艺、厌氧消化、厌氧接触法、UASB 工艺、EGSB 工艺、IC 工艺等，后续章节将对上述代表性工艺进行介绍。

5.1.4 废水生物处理的主要微生物种类

参与废水生物处理的微生物种类很多，常见的主要有细菌类、原生动物、藻类和后生动物 4 种。

5.1.4.1 细菌类

在废水生物处理微生物菌落中，细菌是体形最微小的一种。它具有在好氧和厌氧条件下分解吸收各种有机物的能力。对废水生物处理起作用的菌种有菌胶团、球衣细菌、硝化菌、脱氮菌、聚磷菌等几种。

（1）菌胶团

在活性污泥法、生物膜法等几乎所有好氧生物处理中，菌胶团是形成生物絮体和生物膜的基本单元。

（2）球衣细菌

菌体排成一列呈丝状，通常为白色或灰色，是最常见的一种菌种。在活性污泥中大量繁殖会使活性污泥膨胀，给废水处理带来危害。球衣细菌为异养菌。

（3）硝化菌

在好氧条件下，将氨氮氧化为亚硝酸盐，将亚硝酸盐氧化为硝酸盐的细菌（包括氨氧化菌、亚硝酸氧化菌）。硝化菌为自养菌。

（4）脱氮菌

在缺氧条件下（无溶解氧），能利用硝酸盐中的氧（结合氧）来氧化分解有机物，将亚硝酸盐或硝酸盐还原为氮气。脱氮菌为异养菌。

（5）聚磷菌

在厌氧（无溶解氧、无硝酸盐和亚硝酸盐）和好氧交替条件下，对磷有过剩的摄取能力。聚磷菌为异养菌。

5.1.4.2 原生动物

原生动物具有吞食废水中的有机物、细菌，在体内迅速氧化分解的能力。在活性污泥法和生物膜法中，它除了能除去有机物、加快有机物的分解速度外，还能使生物膜的表面吸附能力获得再生。原生动物是单细胞的好氧性生物。

5.1.4.3 藻类

藻类属植物，含有叶绿素。当叶绿素吸收二氧化碳和水进行光合作用而生成碳水化合物时，将放出大量的氧气于水中。稳定塘就是利用这种溶解氧来氧化废水中的有机物的。

5.1.4.4 后生动物

细菌类、原生动物和藻类都是单细胞构成的生物体，而后生动物由多细胞构成，体内还有各种器官。参与废水处理的后生动物，包括从体形较小的轮虫到栖息于生物滤池的甲壳虫、昆虫幼虫等体形较大的类型。

5.2 活性污泥法

5.2.1 活性污泥法概述

活性污泥法是指在人工充氧条件下，对废水和微生物菌胶团进行连续混合培养，形成具有悬浮净化功能的活性污泥。利用活性污泥的生物凝聚、吸附和氧化作用，以分解去除废水中的有机污染物。然后使污泥与水分离，大部分污泥再回流到曝气池，多余部分则排出活性污泥系统。

活性污泥法是对城镇污水和有机工业废水最有效的生物处理法。由于受纳水体环境污染日益严重，对废水排放标准日趋严格，在对活性污泥法的生物反应和净化机理进行广泛深入研究的基础上，针对不同的处理目标和运行方式，活性污泥法已发展演变为多种处理工艺流程。

5.2.1.1 活性污泥法处理系统基本工艺流程

活性污泥法处理系统基本工艺流程如图 5-2-1 所示。主要由初沉池、曝气池、曝气系统、二沉池、污泥回流及剩余污泥排除系统等组成。废水经格栅、筛网及沉砂池预处理后流入初沉池，初沉池出水进入曝气池，曝气池中充满着由废水、微生物、胶体、可降解和不可降解的悬浮物以及惰性物质组成的混合液吸附固体——活性污泥混合液（MLSS），

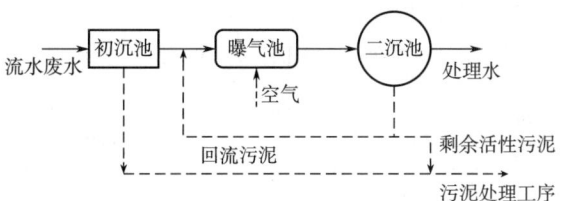

图 5-2-1 活性污泥法处理系统基本工艺流程示意图

经过足够时间的曝气反应后,混合液被送至二沉池,在其中进行活性污泥与水的分离,处理出水排出。二沉池的污泥,一部分回流到曝气池,以维持曝气池内微生物浓度,并与曝气池内的活性污泥混合、曝气,一部分作为剩余污泥排出。

活性污泥法是天然水体自净功能的人工强化。通过厌氧、缺氧区的设置可具备生物脱氮除磷效能。其净化机制包括吸附、代谢和固液分离。系统运行的基本要素是活性污泥、废水中的有机物、溶解氧。活性污泥除了有氧化和分解有机物的能力外,还要有良好的凝聚和沉淀性能,以使活性污泥能从混合液中分离出来,实现澄清的出水。

5.2.1.2 活性污泥分解有机物的过程

活性污泥微生物种类随废水中有机物降解的演替变化过程如图5-2-2所示。

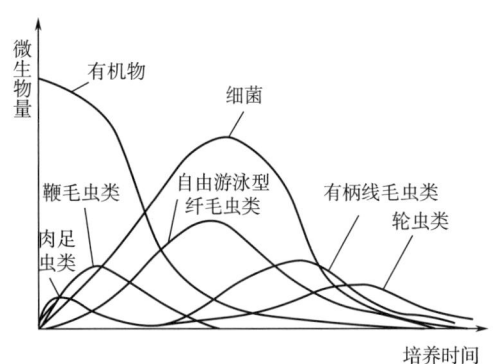

图5-2-2 有机物降解过程中
微生物演替变化过程示意图

活性污泥法去除有机物的实质就是活性污泥微生物将有机污染物作为营养物质进行摄取、代谢与利用的过程。活性污泥去除有机物的过程包括了物理、化学药剂生物化学等的净化工程,其净化过程可分为初期吸附去除有机物、微生物代谢去除和活性污泥的沉淀分离3个阶段。

(1) 初期吸附去除有机物阶段

活性污泥比表面积大,表面上富集着大量的微生物并覆盖多糖类的黏滞层。当其与废水接触时,废水中的悬浮物和胶体态的有机污染物即被活性污泥吸附和凝聚而得到去除。该阶段的反应过程能够在30min内完成,BOD去除率可到70%以上。

(2) 微生物代谢去除阶段

有机污染物被吸附在活性污泥表面后,仅仅是与微生物细胞表面接触,在透膜酶的作用下,小分子的有机物能直接透过细胞壁进入微生物细胞体内,大分子的有机物(如淀粉、蛋白质等)必须在细胞外酶(水解酶)的作用下被水解为小分子后再被微生物摄入细胞体内。被摄入细胞体内的有机污染物在各种胞内酶(如脱氢酶、氧化酶等)的催化作用下,被微生物代谢分解。

(3) 活性污泥的沉淀分离阶段

废水中有机物质在活性污泥的代谢作用下被生化后形成代谢产物(即剩余污泥),剩余污泥通过二沉池进行泥水分离。二沉池上清液被排放,池底剩余污泥被回流利用或外排。

5.2.1.3 活性污泥处理系统的主要影响因素

活性污泥处理系统的主要影响因素包括:营养物质、溶解氧、pH、温度、有毒物质等。

(1) 营养物质

活性污泥中的微生物必须不断地从废水中摄取生长所需的一定比例的营养物质。这些营养物质包括:碳源、氮源、无机盐类及某些生长素等。微生物对有机物与氮、磷的需求可以按 $BOD_5:N:P=100:5:1$ 控制。对含碳量低、氮磷含量高的工业废水,应按比例补充碳源。碳源可选用甲醇、淀粉以及可生化有机废水等。对含氮量低的工业废水，还应补充投加尿素、硫酸铵等。对缺少磷的工业废水，还需补充投加硫酸钾、磷酸钠、过磷酸钙以及磷酸等。

（2）溶解氧

曝气池的溶解氧浓度一般需保持在不低于2mg/L（以曝气池出口处为准）。

（3）pH

活性污泥微生物最适宜的pH为6.5～8.5。但活性污泥微生物经驯化后，对酸碱度的适应范围可进一步扩大。

（4）温度

活性污泥微生物多属嗜温菌，其适宜温度为10～40℃。通常将活性污泥处理系统的最高与最低的温度分别控制在35℃和15℃。对于水温过高的工业废水，在进入生物处理系统之前，应采取降温措施。

（5）有毒物质

对活性污泥微生物有毒害或抑制作用的物质很多，如重金属、氰化物、硫化氢等无机物质；酚、醇、醛、染料等有机化合物。含有毒物质的工业废水在进入生物处理系统前都应该进行必要的预处理。

5.2.1.4 活性污泥评价

活性污泥的性状和微生物的组成及其变化对于活性污泥的处理效果非常重要。活性污泥的评价内容包括污泥性状观察、生物相观察、混合液固悬浮体浓度、混合液挥发性悬浮固体浓度、污泥沉降比、污泥体积指数等。

（1）污泥性状观察

城镇生活污水处理系统中活性污泥一般呈黄褐色，新鲜的活性污泥略带土腥味。当曝气池内充氧不足时，污泥会发黑、发臭；当曝气池充氧过度或有机负荷过低时，污泥色泽会较淡。当污泥经过浓缩、贮存、调理、脱水后会变成黑色。污泥在处理过程中有明显的臭味。

工业废水处理系统中，各行业水质不同，活性污泥的颜色、气味有很大差别。轻化工程中造纸废水、制革废水、染整废水、发酵废水等处理系统中活性污泥呈现黑褐色，而且曝气池气味更加显著。

（2）生物相观察

利用光学显微镜或电子显微镜观察活性污泥生物相状态，对指导废水处理系统的正常运行十分重要。

当曝气池出现的原生动物主要是固着型纤毛虫，如钟虫、累枝虫、盖虫、聚缩虫等时，说明污泥凝聚沉淀性能较好，而且镜检时可发现轮虫等后生动物。

当曝气池出现大量游泳型纤毛虫类原生动物，如豆形虫、肾形虫、草履虫时，说明活性污泥的菌胶团尚未形成良好状态。

当曝气池混合液出现大量扭头虫时，说明池内已经形成厌氧状态。

当曝气池混合液各种变形虫和轮虫出现大量繁殖时，说明曝气过度，活性污泥沉淀性能变差。

当曝气池出现大量游仆虫、鞍甲轮虫、异尾轮虫等原生动物时，表示进水中有机物浓度较低。

当曝气池原生动物和后生动物都消失时，表示活性污泥状态极端恶化。

(3) 混合液固悬浮体浓度、混合液挥发性悬浮固体浓度

混合液固悬浮体浓度（mixed liquor suspended solids，MLSS）指曝气池中单位体积混合液中活性污泥悬浮固体的质量，也称为污泥浓度。混合液挥发性悬浮固体浓度（mixed liquor volatile suspended solids，MLVSS）是指混合液悬浮固体中有机物的质量。

MLSS 测定简便，工程上常用以作为评价活性污泥量的指标，同时 MLVSS 代表混合液悬浮固体中有机物的含量，比 MLSS 更接近活性微生物的浓度，测定也较为方便，且对某一特定法废水处理系统，MLVSS/MLSS 的比值相对稳定，因此可用 MLVSS 表示污泥浓度。一般城镇污水厂曝气池混合液 MLVSS/MLSS 在 0.6～0.7。

(4) 污泥沉降比

通常用污泥沉降比（settled volume，SV%）和污泥体积指数来表示活性污泥的沉降性能。

污泥沉降比是指曝气池混合液静置 30min 后沉淀污泥的体积分数，标准采用 1L 的量筒测定污泥沉降比。由于正常的活性污泥在静沉 30min 后可接近它的最大密度，故可反映污泥的沉降性能。污泥沉降比与所处理废水性质、污泥浓度、污泥絮体颗粒大小及污泥絮体性状等因素有关，混合污泥浓度在 3000mg/L 左右时，正常曝气池沉降比在 30% 左右。

(5) 污泥体积指数

污泥体积指数（settled volume index，SVI）是指曝气池混合液沉淀 30min 后，每单位质量干泥形成的湿污泥的体积，常用单位为 mL/g。SVI 测定步骤如下：

①在曝气池出口处取混合液样品；

②测定 MLSS；

③测定样品的 SV%，读取 1L 混合液沉淀污泥的体积（mL）；

④按下式计算 SVI：

$$SVI = \frac{沉淀污泥的体积(mL/L)}{MLSS(g/L)} \tag{5-2-1}$$

SVI 是判断污泥沉降浓缩性能的一个主要参数，因为沉淀性能相同的污泥，受污泥浓度的影响，SV% 会有差异，而 SVI 表示沉淀后单位干泥所占体积，比 SV% 更准确反映污泥的沉降性能。通常认为 SVI 为 100～150 时，污泥沉降性能良好；SVI＞200 时，污泥沉降性能差；SVI 过低，如小于 50 时，污泥絮体细小紧密，含无机物较多，污泥活性差。

5.2.2 A/A/O 废水处理工艺

5.2.2.1 A/A/O 工艺原理

A/A/O 废水处理工艺是厌氧—缺氧—好氧生物同步脱氮除磷工艺的简称。该工艺系统中主要的生化处理构筑物由厌氧池、缺氧池、好氧池、曝气系统、硝化液回流系统、污泥回流系统组成，如图 5-2-3 所示。

A 段厌氧池的主要功能是进行回流污泥中磷的释放，高分子有机物的酸化水解，有机氮的氨化。回流污泥离子二沉池的污泥回流比为 50%～100%。

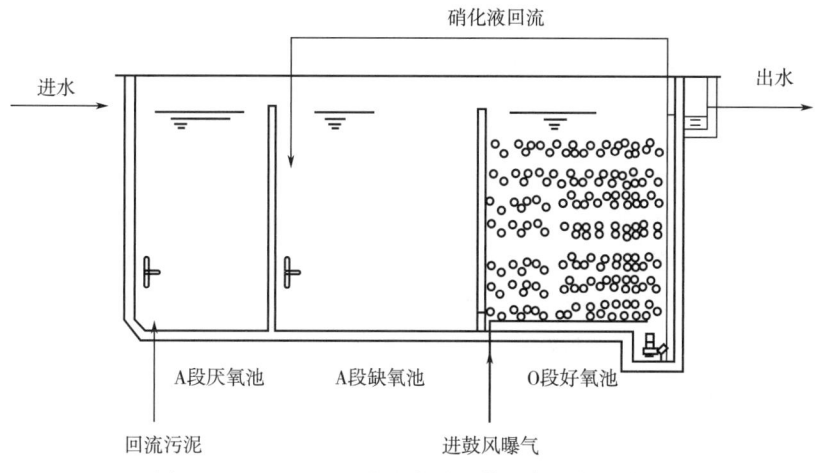

图 5-2-3　A/A/O 工艺生物处理构筑物结构示意图

A 段缺氧池的主要功能是进行反硝化脱氮。

O 段好氧池的主要功能是通过活性污泥降解有机物、硝化氨氮和过量摄磷，同时将硝化液回流至缺氧反应池进行反硝化脱氮。一般回流比为 200%～400%，出水流入二沉池进行泥水分离。

5.2.2.2　A/A/O 工艺特点

该工艺主要特点是：

①工艺流程简单，水力停留时间少于其他类型废水处理工艺。

②在生化去除有机污染物的同时，可同步实现脱氮除磷。

③工艺过程可实现厌氧、缺氧、好氧环境下的交替运行，有利于抑制丝状菌的膨胀，改善污泥沉淀性能。

④一般情况下不需要额外投加碳源，厌氧、缺氧池只进行缓慢搅拌，节省运行费用。

该工艺脱氮效果受混合液回流比大小影响较大，除磷效果受回流污泥夹带的溶解氧和硝态氮的影响较明显，因此脱氮除磷效率相对不高。沉淀池还需防止污泥发生厌氧、缺氧现象，以避免聚磷菌释放磷或反硝化产生氮气影响沉淀效果，从而导致出水水质变差。

A/A/O 废水处理工艺在轻化工程中主要用于降解废水中有机污染物，脱除废水中的氮磷物质。

5.2.2.3　主要设计和运行参数

A/A/O 废水处理工艺主要设计和运行参数包括溶解氧、有机负荷以及污泥龄。

（1）溶解氧（DO）

在 A/A/O 废水处理工艺系统中，正确控制厌氧池、缺氧池、好氧池中的溶解氧浓度是保证聚磷菌对磷的充分释放与吸收的重要条件，同时也是影响好氧池对氨氮进行硝化以及缺氧池进行反硝化的重要因素。通常，好氧段溶解氧应控制在 1.5～2.5mg/L，如果好氧区溶解氧下降，说明曝气不足；缺氧段溶解氧应控制在 0.5mg/L 以下，如果溶解氧较高，说明内回流比过大；厌氧段溶解氧应控制在 0.2mg/L 以下，当溶解氧过高，应检查外回流比控制是否合理或者是否搅拌强度过大导致空气中的氧进入水中。

（2）有机负荷（F/M）

系统调试初期，有机负荷不宜过高。当 BOD_5 负荷大于 $0.3kgBOD_5/(kgMLVSS \cdot d)$ 时，BOD_5 去除率较低，脱氮效果不足 30%；当 BOD_5 负荷逐渐接近或小于 $0.3kgBOD_5/(kgMLVSS \cdot d)$ 时，BOD_5 去除率可达 90%，硝化效率明显提高，脱氮效果可达到 70%。当工艺系统的污泥负荷继续降低到 $0.15kgBOD_5/(kgMLVSS \cdot d)$ 时，脱氮效率变化不大，这是有机物和氮的比值一定的缘故。当 BOD_5 负荷小于 $0.1kgBOD_5/(kgMLVSS \cdot d)$ 时，BOD_5 去除率及脱氮效率反而降低，这是因为进水有机物少，微生物处于饥饿衰老状态，活性污泥絮体解体，絮凝性变差，沉降性能降低，导致出水浑浊。因此，实际运行中 A/A/O 工艺 BOD_5 负荷一般应控制在 $0.08 \sim 0.30kgBOD_5/(kgMLVSS \cdot d)$ 范围内，BOD_5 去除率可达 90%，脱氮效率可达 70% 以上。

（3）污泥龄（SRT）

当 A/A/O 系统进水水质水量恒定时，需要合理控制剩余污泥的排放量以及合理调节好氧池污泥（MLSS）的浓度。为取得较好的运行效果，通常宜控制 MLSS 为 $2000 \sim 3500mg/L$，F/M 为 $0.1 \sim 0.18kgBOD_5/(kgMLVSS \cdot d)$，SRT 为 8d 以下。

5.2.3 SBR 工艺

5.2.3.1 SBR 工艺原理

序批式活性污泥法（sequencing batch reactor，SBR），又称为间歇式活性污泥法，其基本的工艺特征是在一个反应池内完成废水处理的生化反应、固液分离、排水、排泥全部过程，即 SBR 反应池集有机物降解、混合液沉淀、泥水分离于一体，不需要设置污泥回流设备和二沉池，曝气池容积小于连续式。每个 SBR 反应池的运行操作在时间上是按次序排列，间歇式运行。按照废水的处理过程，一个处理周期的运行次序可分为 5 个阶段，如图 5-2-4 所示。

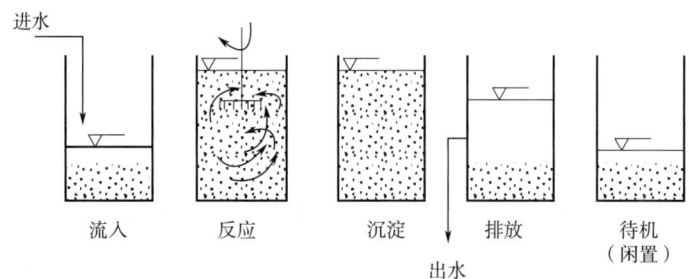

图 5-2-4 SBR 反应器运行操作工序示意图

（1）进水工序

将废水注入已经处于待机状态（或闲置状态）而且存留有高浓度的活性污泥的反应池中，注满后即可进入反应工序。由于反应池容积较大，对水质、水量的变动有一定的适应性，可同时对废水水质水量起到调节作用。在进水阶段，根据废水水质及其工艺要求，可在进水的同时不曝气，采取只搅拌或不搅拌的限制性曝气方式运行；也可采取边进水边曝气的非限制性曝气方式运行；还可以按进水阶段的后期开始曝气的半限制性曝气方式进行。

(2) 反应工序

在完成进水工序后可进行曝气，完成生物反应过程。为了达到不同的净化目的，可以通过不同的控制手段灵活运行。为了达到脱氮除磷的目的，可以通过曝气与搅拌时间的改变，实现好氧、缺氧与厌氧状态交替进行。为了轻化脱氮除磷效果，可以在好氧条件下，增大曝气量、反应时间与污泥龄，提高硝化反应与脱磷菌过量摄取磷的能力；也可以在缺氧条件下方便地投加原废水（或甲醛等碳源）或提高污泥浓度等方式，提供有机碳源促进反硝化过程；还可以在进水阶段通过搅拌维持厌氧状态，促进脱磷菌充分地释放磷。

(3) 沉淀工序

在完成生化反应之后，进入泥水分离工序。在此阶段，反应池停止曝气和搅拌，使混合液处于静止状态，活性污泥与水分离。由于本工序是静止沉淀，沉淀效果一般良好。

(4) 排放工序

经过沉淀后产生的上清液，可采用滗水器排放到最低水位。反应池底部沉降的活性污泥大部分作为下个处理周期的种泥使用，剩余污泥可根据需要适量排放。

(5) 闲置工序

该工序也称为待机工序。在完成净化水排放后，反应池处于停滞状态，等待下一个操作运行周期的开始阶段。反应池闲置时间通常根据现场情况而定。闲置时间过长，会导致污泥钝化，活性减低，为此应进行轻微曝气或间断曝气，使污泥保持良好的活性。

5.2.3.2 SBR 工艺特点

SBR 工艺主要特点是：

①工艺流程简单，占地面积少，基建与运行费用低。

②根据不同的进水水质，可以灵活地改变操作时序，满足处理要求。生化反应过程易于控制，反应速率快、效率高，出水水质好。

③污泥性质好，易于沉淀分离，不易产生污泥膨胀现象。

④通过对运行方式的调节，能够在单一的曝气池内进行脱碳的同时，同步脱氮、除磷。

⑤耐冲击负荷能力强，水质适应性强。

⑥通过电动阀、液位计、自动计时器及可编程序控制器等，能实现全部自动化操作。

SBR 废水处理工艺在轻化工程中主要用于降解废水中有机污染物，脱除废水中的氮磷物质。

5.2.3.3 主要设计和运行参数

SBR 工艺主要设计和运行参数包括排水比、排水方式、反应区溶解氧浓度以及排水方式。

(1) 排水比（或充水比）

在设定运行周期不变的情况下，当实际的进水量发生变化时，可用调整排水比（或充水比）的方法保证各反应池的配水均匀。

当每日处理的废水量随时间变化较大时，可以通过调节充水比，保证排水比的相对稳定，使反应池处于良好运行状态，保证出水水质。

(2) 排水方式

滗水器排水具有均匀性、灵活性和自动控制的可靠性。排水时通过调整滗水器的流量，控制清水区液面均匀下降，下降速率不宜大于30mm/min。滗水器因故障停运时可用临时事故排水管排水。

沉淀结束时污泥界面与清液面的距离不宜小于0.5m。

(3) 溶解氧

曝气工序结束时，主反应区的溶解氧浓度不宜小于2mg/L。

(4) 排泥方式

根据反应池污泥沉降比、混合污泥浓度、静置沉淀结束（或排水结束）时的污泥层高度适量排放剩余污泥。

5.2.4 CASS工艺

为了适应不同的废水处理要求，SBR工艺演变出许多不同的工艺类型，CASS工艺便是常见的SBR工艺形式之一。

5.2.4.1 CASS工艺原理

CASS（cyclic activated sludge system）工艺是一种循环式活性污泥法工艺的简称，是一种间歇式反应池，每个CASS反应池至少由2个区域组成，即生物选择区和主反应区，但也可以在主反应区前设置一个兼氧区。CASS工艺通常按照时间序列运行，运行过程一般包括进水、曝气、沉淀、排水和闲置等5个阶段，如图5-2-5所示。

①进水阶段，开始进水时池内为最低水位，进水的同时进行曝气和污泥回流。

②曝气阶段，进水至池内最高水位，进水、曝气与污泥回流，曝气结束。

③沉淀阶段，进水至池内最高水位后，停止进水、曝气与污泥回流，进入沉淀阶段。

④排水阶段，沉淀结束时，不进水、不曝气，滗水并排出处理水。

⑤闲置阶段，排水阶段结束时，池内为最低水位，闲置（待机）阶段视具体情况而定。

5.2.4.2 CASS工艺特点

CASS工艺主要特点是：

①反应器前端设置生物选择区，并将主反应区的污泥回流至生物选择区。生物选择区为絮状菌创造了合适的生长条件并且可以选择出性能更好的絮状细菌，具有防止活性污泥膨胀、增强系统运行稳定性的功能。

②在生物选择区内，污泥回流液中所含有的硝态氮液可在此得以反硝化；通过主反应区回流的污泥与进水混合，不但充分利用了活性污泥的快速吸附作用，加速去除溶解性污染物，而且也可使污泥中的磷在厌氧条件下达到有效释放，为后续主曝气区活性污泥过量摄取磷创造了条件。

③提高了系统对水质水量变化的适应性和操作的灵活性。沉淀后的剩余污泥浓度较高，通常可达10g/L左右。

④工艺流程简单，运行灵活，反应池结构紧凑，占地面积少，工程造价低，尤其适宜轻化工程高浓度有机废水处理。

⑤静置阶段，水力扰动小，泥水分离效果好。

⑥由于污泥回流比小（通常污泥回流比为20%，且无混合液内回流），无须设置搅拌装置，动力消耗少。

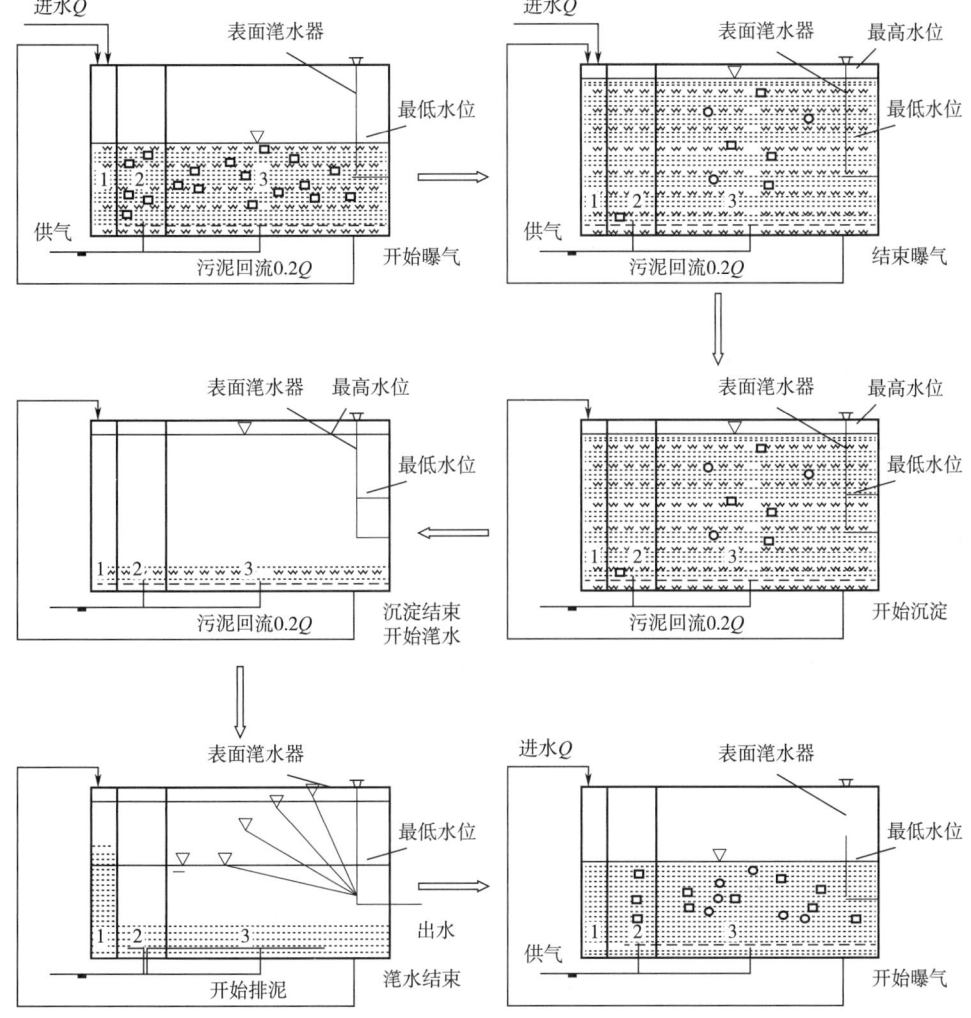

1—生物选择器；2—预反应区；3—主反应区。

图 5-2-5　CASS 工艺运行操作工序示意图

5.2.4.3　主要设计和运行参数

CASS 工艺主要设计和运行参数可参见 5.2.3.3 SBR 的主要设计和运行参数。

5.2.5　MBR 工艺

5.2.5.1　MBR 工艺原理

MBR（membrane bio-reactor）膜生物反应器处理工艺，是活性污泥处理技术与膜分离技术相结合，以膜分离替代二沉池的固液分离过程，从而缩短工艺流程，增加活性污泥浓度，提高反应效率，增强固液分离性能，提高出水净化效果的一种废水处理技术。MBR 工艺已被广泛应用于各种工业废水处理中。

MBR 废水处理工艺系统基本组成如图 5-2-6 所示。

（1）预处理系统

经过预处理使水质达到进入 MBR 系统的处理要求。预处理包括设置超细格栅去除机

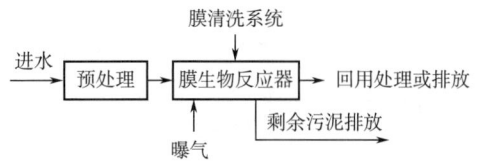

图 5-2-6 MBR 工艺系统组成示意图

械杂质防止膜损伤；设置毛发、纤维织物收集器；采用隔油装置保证进入系统的动植物油含量小于 50mg/L 以及矿物油小于 3mg/L；为满足处理高分子有机物或脱氮除磷要求，当进水中 BOD_5/COD 小于 0.3 时，宜采用水解酸化预处理，当进水 BOD_5 大于 1500mg/L 时，可设置厌氧池。

(2) 曝气系统

曝气量除满足微生物处理需氧量外，还必须满足过滤膜不被有机物或污泥堵塞所需要的最小擦洗空气量。通常气水比控制为 (20~25):1。

(3) 膜清洗系统

膜组件运行一段时间后，会被不同的物质阻塞，膜通量下降，为了恢复膜通量，保持系统稳定运行，必须采取膜清洗措施。膜清洗系统包括空气清洗、清水反洗、化学在线清洗、化学离线清洗等。

(4) 剩余污泥排放系统

膜分离会延长生物反应器的污泥停留时间，降低污泥产率，提高容积负荷。但是与普通活性污泥法相比，污泥中细菌活性会略有降低。污泥龄越长，细菌被循环次数越多，失活的可能性越大。因此，从维持生物活性的角度出发，膜生物反应器应定期适量排泥，以保持污泥活性。排泥宜从曝气池直接排放，经沉淀后再浓缩，以提高排泥效率，降低动力消耗。

(5) 后处理装置

经膜生物反应器处理后的出水，通常需进行灭菌消毒处理，或者为满足更高的水质要求进一步进行深度处理。对于深度处理可采用强氧化（芬顿氧化法、臭氧氧化法）以及活性炭吸附等处理工艺。

按照膜组件安放位置，MBR 处理工艺系统可以分为如图 5-2-7 所示的外置式和内置式两种。

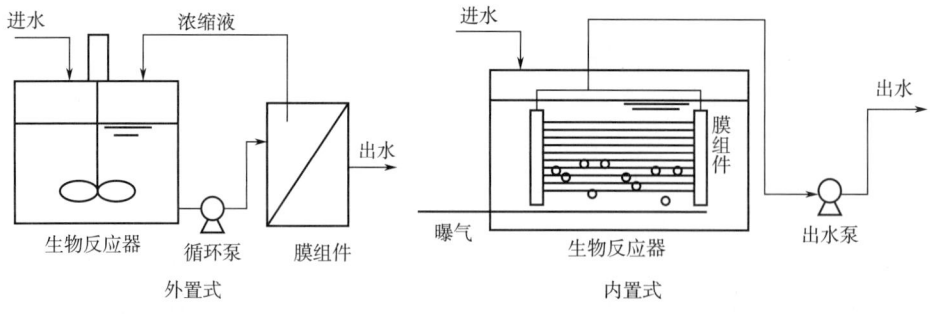

图 5-2-7 MBR 工艺类型示意图

外置式 MBR 是将膜组件和生物反应池分开设置，将生物反应池内的活性污泥混合液泵入膜组件进行固液分离，浓缩后的泥水混合物再回流到生物反应池中，从而形成污泥循环的工艺系统。外置式 MBR 的优点是运行稳定可靠；操作管理方便；易于膜清洗、更换。缺点是动力消耗大；系统运行费用高；单位体积处理水的能耗是传统活性污泥法的10～20倍。

内置式 MBR 是将膜组件浸没在生物反应池中，污染物在生物反应池中与活性污泥进行反应，通过负压产水或静水压力自流产水，利用膜直接进行固液分离的工艺系统。内置式 MBR 的优点是不需要循环泵，抽吸泵工作压力小；单位产水能耗低；结构紧凑、体积小。缺点是单位膜处理能力小；膜易受污染；膜通量较低；受污染的膜不易清洗。

5.2.5.2 MBR 工艺特点

MBR 工艺主要特点是：

（1）出水水质稳定

MBR 工艺采用超滤膜进行泥水分离，对悬浮物的分离效果远好于传统活性污泥法二沉池，处理后的出水清澈，悬浮物少，细菌和病毒被大幅度去除，可以回用于生产过程。此外，膜分离也可以将微生物全部截留在生物反应器内，使系统内可维持较高的微生物浓度，不但提高了反应池对污染物的去除效率，而且提高了系统的适应性、稳定性以及抗冲击负荷能力。

（2）剩余污泥量少

MBR 工艺可以在高容积负荷、低污泥负荷下运行，由于污泥浓度高、污泥龄长，部分污泥被消化降解，因此剩余污泥产量低，降低了污泥处理费用。

（3）占地面积小

MBR 反应池内因为能维持高浓度的微生物量，所以容积负荷高，工艺流程短，结构紧凑，占地面积小。

（4）可提高氨氮及难降解有机物的去除效率

由于微生物被完全截留在 MBR 生物反应池内，有利于增殖缓慢的微生物（如硝化细菌）的截留生长，提高系统的硝化速率，从而有利于氨氮的去除。与此同时，还可以将难降解的有机物截留在系统中进行长时间反复处理，提高了难降解有机物的去除效率。

（5）易于实现自动控制

MBR 工艺实现了水力停留时间（HRT）与污泥停留时间（SRT）的完全分离，运行控制更加灵活稳定，易于实现自动控制，便于操作管理。

MBR 工艺主要缺点是膜易受污染；系统设备多，操作复杂；膜寿命短，更换成本高；能耗高，为了加大膜通量、减轻膜污染，必须采用高的气水比增大流速，对膜表面进行擦洗，导致能耗较高。

5.2.5.3 主要设计和运行参数

MBR 工艺主要设计和运行参数包括温度、压力、溶解氧、膜面流速、污泥浓度以及 pH。

（1）温度

MBR 生物反应池宜在 15～35℃下运行。尽管随温度上升膜通量略有增大，但温度过高会影响微生物的生长，反而会使去除效果变差。

（2）压力

在控制活性污泥特性不变的情况下，膜通量随着压力的增加而增加；当压力达到一定限值时，即膜表面污泥浓度达到极限浓度时，继续增大压力几乎不能提高膜通量，反而使膜的污染堵塞加剧。内置式（浸没式）MBR的跨膜压差不宜超过0.05MPa。

（3）溶解氧

MBR反应器中溶解氧是影响有机物去除效果的重要因素。特别是在以脱氮除磷为目的的情况下，溶解氧的浓度控制尤为重要。在不同类型的膜生物反应器中，混合液在反应池内各区溶解氧控制范围为：厌氧段0.2mg/L以下，缺氧段在0.2～0.5mg/L，好氧段宜不大于2mg/L。

（4）膜面流速

MBR反应器的膜面流速与压力对膜通量的影响相互关联。当压力较低时，膜面流速对膜通量影响不大。当压力较高时，膜面流速对膜通量影响较大，随着膜面流速的增加，膜通量也会增加。因为高压，膜面流速的提高一方面可以增加水流的剪切力，减少污染物及污泥在膜表面的沉积；另一方面可以提高对流传质系数，减少边界层厚度，提高膜通量。另外，膜面流速对膜面沉积层的影响程度还与池中污泥浓度有关，污泥浓度较低时，膜渗透速率与膜面流速呈线性增加；当污泥浓度较高时，膜面流速增加到一定值后，对沉积层的影响减弱，膜通量增加速度较小。对于外置式MBR反应器，运行操作尽可能控制低压、高流速，膜面流速宜保持在3～5m/s，不仅有利于保持较高的膜通量，而且有利于膜的保养和维护，减少膜的清洗和更换。

（5）污泥浓度

在一定的膜面流速下，MBR反应器中污泥浓度过高时，污泥易在膜表面沉积形成厚的污泥层，导致过滤阻力增加，膜通量下降。污泥浓度太低时，污染物降解速率太慢，活性污泥对溶解性有机物的吸附和降解能力减弱，混合液上清液中溶解性有机物浓度将会增加，易被膜表面吸附，导致过滤阻力增加，膜通量下降。因此，应维持适中的污泥浓度。内置式MBR中好氧池污泥浓度宜控制在3～10g/L，外置式MBR中循环浓缩池污泥浓度宜控制在10～40g/L。

（6）pH

MBR反应器进水pH宜控制在6～9。

5.2.6 氧化沟工艺

5.2.6.1 氧化沟工艺原理

氧化沟废水处理是将生物反应池布置在封闭的无终端循环流的沟渠中，沟渠内配置充氧和推流设备的一种活性污泥处理工艺，已被广泛用于各种城镇污水和工业废水处理中。

氧化沟废水处理工艺系统通过充氧设备（转刷、转盘、鼓风曝气设备）供氧以及推流设备使废水和污泥混合，混合液在环状的沟渠内循环流动，从而使废水得到净化。典型氧化沟工艺流程如图5-2-8所示，进水经过格栅、沉砂池等预处理后，进入氧化沟与沟内混合液混合。混合液通过转刷推动与曝气后，溶解氧浓度提高，在渠内流动工程中溶解氧又逐渐降低，再次经过转刷，溶解氧浓度提高，周而复始循环流动，水力停留时间为10～24h、污泥龄为20～30d。最后经过二沉池进行泥水分离，上清液作为处理出水排出，沉淀污泥一部分回流，另一部分作为剩余污泥处理处置。

充氧装置（转刷、转盘、鼓风曝气设备）是氧化沟中最主要的机械设备，其功能一是

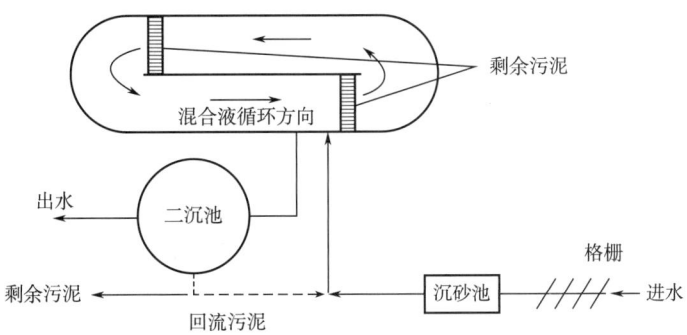

图 5-2-8 典型氧化沟工艺流程示意图

供给活性污泥生长必需的氧气；二是产生混合搅拌作用，使水、气和泥三者充分混合反应；三是产生推流作用，标准混合液以一定的流速（不低于 0.25m/s）沿池长方向循环流动。

5.2.6.2 氧化沟工艺特点

氧化沟工艺主要特点是：

（1）抗冲击负荷能力强

氧化沟工艺系统在短时间内呈现推流状态，而在长时间内则呈现完全混合状态，从而使废水进入氧化沟后，通过曝气设备快速、均匀地与沟中混合液进行混合，然后在封闭的沟渠中多次循环流动，减少了短流，使进水被数十倍甚至数百倍的循环液稀释，从而提高氧化沟的抗冲击负荷能力。

（2）有利于实现硝化和反硝化

氧化沟工艺系统的曝气装置一般是定位布置。在曝气装置附近或下游混合液溶解氧浓度较高，随着混合液沿沟长方向流动，溶解氧浓度会逐步下降（甚至降为 0mg/L），形成了明显的溶解氧梯度。这样在氧化沟渠中自然形成了好氧区、缺氧区、厌氧区反复交替出现的情况，恰好为硝化和反硝化过程创造有利条件。

（3）整体能耗低

氧化沟工艺系统在水流循环过程中仅需要克服沿程损失和局部损失就可顺畅流动。曝气设备只需集中布置在几处就可实现整体沟内的水流运动，比常规活性污泥法能耗降低 20%～30%。

（4）工艺过程简单

氧化沟工艺系统通常不设初沉池，不设专门分隔开的厌氧池、缺氧池、好氧池，从而提高了水处理构筑物布置的紧凑型，简化了工艺系统。由于系统污泥龄长，排出的剩余污泥已趋于稳定，剩余污泥产量相对较少。

5.2.6.3 氧化沟类型及主要设计和运行参数

氧化沟主要形式有 Carrousel 氧化沟、Orbal 氧化沟、一体化氧化沟和交替式氧化沟等。氧化沟系统运行过程中，应根据实际情况选择适宜的有机负荷（F/M）；调整最佳的污泥回流比，根据污泥沉降比、混合液污泥浓度和泥龄及时调整剩余污泥排放量；为保证氨氮、总氮及总磷的去除效果，应保持好氧区溶解氧大于 2mg/L，厌氧区溶解氧小于 0.2mg/L，缺氧区硝态氮小于 1mg/L。

(1) Carrousel 氧化沟

Carrousel 氧化沟是一种多沟串联的处理系统,其工艺结构如图 5-2-9 所示。进水与回流污泥混合后,共同沿水流方向在沟内不停地循环流动。沟内在池的一端安装立式表曝机,每组沟安装一个。曝气机均安装在氧化沟的同一端,因此形成了靠近喷气机下游的富氧区和曝气机上游的缺氧区。有效深度一般为 4.0～4.5m,沟中的流速为 0.3m/s。由于曝气机周围局部区域的能量强度比传统活性污泥法曝气池中的强度高得多,因此氧的转移效率也有所提高。

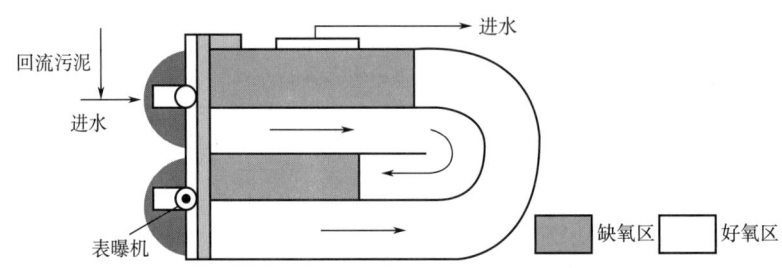

图 5-2-9 Carrousel 氧化沟工艺结构示意图

(2) Orbal 氧化沟

Orbal 氧化沟是由几条同心圆或椭圆形的沟渠组成,沟渠之间从隔墙分开,形成多条环形渠道,每条渠道相当于独立的反应器,其工艺结构如图 5-2-10 所示。Orbal 氧化沟设计深度一般在 4.0m 之内,采用转盘曝气,转盘浸没深度控制在 0.23～0.53m。沟中水平流速为 0.3～0.6m/s。运行时废水先进入氧化沟最外层的渠道,在其中不断循环的同时,依次进入下一个渠道,最后从中心渠道排出混合液,进入二沉池。

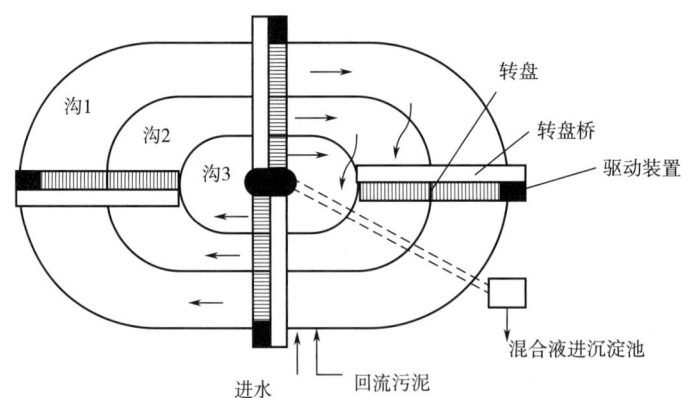

图 5-2-10 Orbal 氧化沟工艺结构示意图

Orbal 氧化沟可根据需要分设不同数量的沟渠。常用 3 条沟渠的形式,第一条沟渠体积约为总体积的 60%,第二条渠体积约为总体积的 20%～30%,第三条渠体积约为总体积的 10%。运行中保持 3 条沟渠的溶解氧浓度按 0,1.0,2.0mg/L 依次递增,以达到除碳、除氮、节能的目的。

由于有相对独立的沟渠,进水方式灵活,进水量或水质超出设计限值时,进水可以超越外沟渠直接进入中沟渠或内沟渠,由外沟渠保留大部分活性污泥,有利于系统的恢复,因此 Orbal 氧化沟具有很好的适用性。

(3) 一体化氧化沟

一体化氧化沟又称合建制氧化沟，集曝气、沉淀、泥水分离和污泥回流功能于一体，无须设置独立的二沉池。固液分离器是一体化氧化沟的关键处理单元，图 5-2-11 为船式一体化氧化沟及分离器的结构示意图。

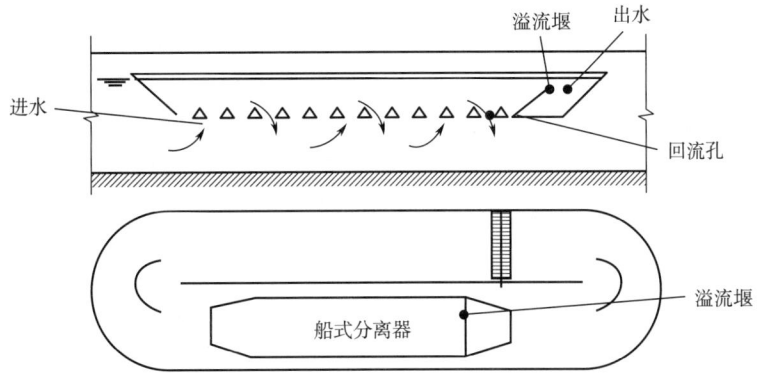

图 5-2-11　船式一体化氧化沟及分离器的结构示意图

(4) 交替式氧化沟

交替式氧化沟是 SBR 工艺与传统氧化沟工艺组合的产物。交替式氧化沟可以采用具有脱氮或具有脱氮除磷工艺等方式设计或运行。目前主要应用的两种交替式氧化沟是两沟（DE）型和三沟（T）型，其工艺结构如图 5-2-12 所示。

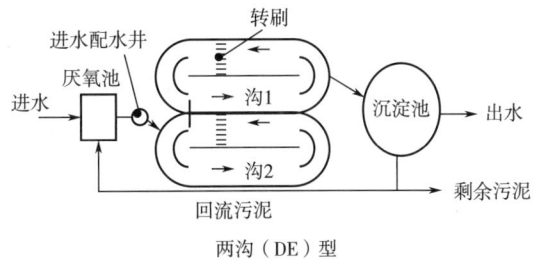

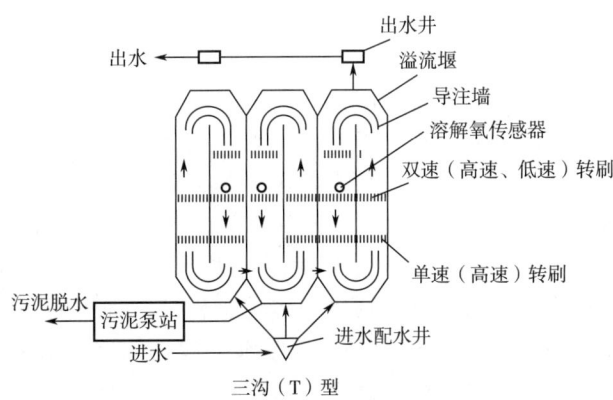

图 5-2-12　交替式氧化沟工艺结构示意图

两沟（DE）型氧化沟整个系统由两条相互连通的氧化沟与单独设立的二沉池组成。氧化沟仅进行生化反应，而固液分离过程在沉淀池中完成，这样提高了设备和构筑物的利用率。为了提高除磷效果，可在交替式氧化沟之前设厌氧池，可以抑制污泥膨胀作用。

三沟（T）型氧化沟是以3条相互连接的氧化沟作为一个整体，每条沟都装有用于曝气和推动循环的转刷。在三沟式氧化沟运行时，废水由进水配水井进行3条沟的进水配水切换，进水在氧化沟内，根据已设定的程序进行工艺反应。常用的布置形式是3条沟并排布置，利用沟壁上的连通孔相互连接，为并排布置的T型氧化沟系统组成。在T型氧化沟系统中，3条沟交替变换工作方式，其中2条沟用于生化反应，1条沟用于固液分离。

交替式氧化沟时间上是单个氧化沟的不同组合。运行中，根据使用情况还可以进行更多的组合，这是交替式氧化沟系统的突出优点。

5.3 生 物 膜 法

5.3.1 生物膜法概述

生物膜法是指微生物附着生长在滤料或填料表面上，形成生物膜，废水与生物膜接触后，污染物被微生物吸附转化，废水得到净化的过程。生物膜法多数是好氧工艺，少数是厌氧的。与活性污泥法相比，生物膜法的主要优点是适应沉积负荷变化能力强；反应器内微生物浓度高；剩余污泥产量低；同时存在硝化和反硝化过程；操作管理简单，运行费用较低。主要缺点是调整运行的灵活性较差；有机物去除率较低。

因生物膜法对废水水质水量变化引起的冲击负荷适应能力较强，即使短时间内中断进水或工艺遭到破坏，反应器的性能也不会受到致命的影响，恢复起来较快，因此适用于处理高浓度难降解的工业废水。此外，生物膜法还可以将 BOD_5 为 50～60mg/L 的进水处理至出水 BOD_5 为 5～10mg/L，这是活性污泥法无法做到的。

生物膜法单位容积反应器内的微生物量可以高达活性污泥法的 5～20 倍，故处理能力强，一般不建污泥回流系统，也不会出现活性污泥法经常发生的污泥膨胀现象，能保证出水悬浮物含量较低，因此运行管理较方便。

5.3.1.1 生物膜法的净化机理

生物膜是附着在惰性载体表面生长的，以微生物为主，由微生物及其产生的胞外多聚物和吸附在微生物表面的无机及有机物等组成，其结构具有较强的吸附和生物降解性能。通过微生物附着生长的惰性载体称为滤料或填料。生物膜在载体表面分布的均匀性以及生物膜的厚度随着废水中营养底物的浓度、时间和空间的改变而发生变化。

好氧生物膜由流动水层、附着水层、好氧层、厌氧层组成，其构造如图 5-3-1 所示。在生物膜内、外与水层之间进行着多种物质的传递过程。空气中的氧溶解于流动水层中，通过附着水层传递给生物膜，供微生物呼吸；废水中污染物则由流动水层传递给附着水层，然后进入生物膜，并通过细菌的代谢活动而被降解，从而使废水在流动过程中逐步得到净化。微生物的代谢产物通过附着水层进入流动水层并随之排走，而 CO_2 和厌氧层分解的产生物（如 H_2S、NH_3 以及 CH_4 等）从水层逸出进入空气中。

当厌氧层不厚时,会与好氧层保持一定的平衡与稳定关系。好氧层能够维持正常的净化功能。但当厌氧层逐渐加厚并达到一定程度后,其代谢产物也逐渐增多,这些产物向外侧逸出,必然要透过好氧层,使好氧层的生态系统的稳定状态遭到破坏,从而打破两膜层之间的平衡关系,又因气态代谢产物的不断逸出,减弱了生物膜在惰性载体上的固着力,处于这种状态的生物膜即为老化生物膜,其净化功能较差而且易于脱落。生物膜从载体表面脱落后又会生成新的生物膜,新生的生物膜经过一段时间后可充分发挥其净化功能。新生生物膜在净化废水的同时,还会逐渐老化,然后再脱落,再生长,以此周而复始地对废水进行净化处理。脱落的生物膜经固液分离后排出系统之外。

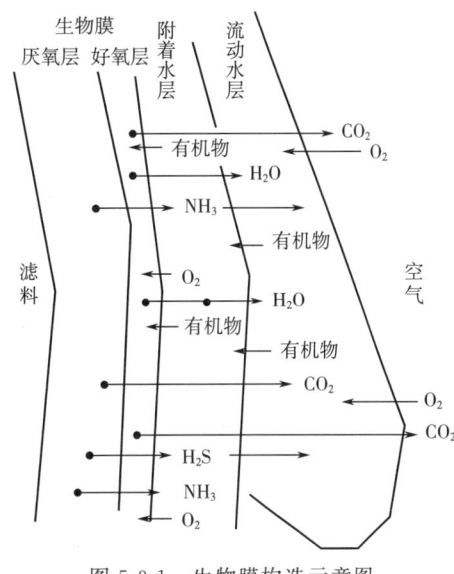

图 5-3-1　生物膜构造示意图

5.3.1.2　生物膜的组成及微生物特征

(1) 生物膜的组成

生物膜一般由细菌(好氧、厌氧、兼性)、真菌、原生动物、后生动物、藻类以及一些肉眼可见的蠕虫、昆虫的幼虫等组成。

① 细菌与真菌。细菌对有机物的氧化分解起主要作用。除细菌外,真菌在生物膜中也较为常见,其可利用的有机物范围很广。有些真菌可降解木质素等难降解的有机物,对某些合成的难降解有机物也有一定的降解能力。丝状菌也易在生物膜中滋长,具有很强的降解有机物的能力,在生物滤池内丝状菌的增长繁殖有利于提高污染物的去除效果。

② 原生动物与后生动物。原生动物与后生动物栖息在生物膜的好氧表层内。原生动物以吞食细菌为生(特别是游离细菌),在生物滤池中,对改善出水水质起着重要作用。运行初期,原生动物多为豆形虫一类的游泳型纤毛虫。在运行正常处理效果良好时,原生动物多为钟虫等附着型纤毛虫,后生动物重要是轮虫、线虫等。

与活性污泥法一样,原生动物和后生动物可以作为指示生物,来检查和判断工艺运行情况及废水处理效果。当后生动物出现在生物膜中时,表明水中有机物含量很低并已稳定,废水处理效果良好。

③ 滤池蝇。在生物滤池中,还栖息着以滤池蝇为代表的昆虫。滤池蝇及其幼虫以微生物及生物膜为食物,可抑制生物膜的过度增长,具有使生物膜疏松、促使其脱落的作用,从而使生物膜保持活性,同时在一定程度上防止滤床的堵塞。但是,由于滤池蝇繁殖能力很强,大量产生后飞散在滤池周围,对环境造成不良影响。

④ 藻类。生物膜受阳光照射的区域表面会滋生水藻。一些藻类如海藻是肉眼可见的,但大多数只能在显微镜下观察。由于藻类的出现仅限于生物膜反应器表层的很小部分,对污水净化所起作用不大。

(2) 生物膜的微生物特征

① 微生物多元化。生物膜上除生长着大量细菌外,还可能出现大量丝状菌、线虫类、

轮虫类以及寡毛虫类的微型动物，不会发生污泥膨胀。由于生物膜中的生物停留时间较长，因此其中还能够生长出世代周期长、比增殖速率慢的微生物（如硝化菌等）。

②生物食物链长。在生物膜上生长繁殖的微生物中，动物性营养类所占比例较大，微型动物的存活率较高。在生物膜上能够栖息高层次营养水平的生物，在捕食性纤毛虫、轮虫类、线虫类之上还栖息着寡毛虫和昆虫，形成的食物链比活性污泥中的食物链长，因此生物膜处理系统内产生的污泥量也少于活性污泥处理系统。一般生物膜法产生的污泥量较活性污泥法少 1/4 左右。

③可分段运行。生物膜法可设置为多段处理模式。在正常运行条件下，每段都繁衍着与进入本段废水水质相适应的微生物群落，并形成优势菌属。这种现象非常有利于微生物新陈代谢功能的充分发挥和有机污染物的降解，可以实现废水多级渐进深度处理。

5.3.1.3 生物膜法的主要影响因素

在生物膜法中，废水中有机污染物的降解主要是依靠附着生长的微生物的生物氧化作用。因此，凡是影响微生物生长代谢活动的因素都会影响到生物膜法处理的净化效果。生物膜法的主要影响因素包括温度、pH、水力负荷、溶解氧、填料类型及特征、生物膜量及活性、有毒物质以及营养物质。

(1) 温度

任何一种微生物都有一个最佳生长温度。在一定的温度范围内，大多数微生物的新陈代谢活动都会随着温度的升高而增强，随着温度的下降而减弱。好氧微生物的适宜温度是 $10 \sim 35℃$。升温会使饱和溶解氧降低，造成溶解氧不足，污泥缺氧腐化而影响处理效果；超过最高温度时，会导致细菌死亡。因此，对温度高的工业废水，如印染废水，应予以降温预处理。

(2) pH

微生物的生长、繁殖与 pH 有着密切关系。好氧微生物适宜的 pH 为 $6.5 \sim 8.5$。微生物经驯化后对 pH 的适应范围可进一步提高。废水中一般含有碳酸、碳酸盐类、铵盐及磷酸盐类物质，使废水具有一定的缓冲 pH 能力，在一定范围内，对酸或碱的加入能起到缓冲作用，不至于引起 pH 大的变化。细菌对 pH 改变的适应性比对温度改变的适应过程要缓慢得多，因此应尽量避免废水 pH 突然变化。

(3) 水力负荷

水力负荷大小直接影响到生物膜法的净化效果。水力负荷越小，废水与生物膜接触时间越长，处理效果越好。水力负荷越大，其紊流剪切作用对膜厚度的控制以及对传质的改善有利。但水力负荷应控制在一定限度内，以免因水力冲刷过强，造成生物膜的流失。

(4) 溶解氧

从活性污泥和生物膜的生物相观察可知，若微生物生长发育正常，溶解氧应保持一定的水平，一般以 $4mg/L$ 左右为宜。在此情况下，微生物菌落结构正常，沉淀、絮凝性能良好，溶解氧的低值应控制在 $2mg/L$，低值应只是发生在反应器的局部地方，如反应器的进口部分、有机物相对集中及较多的地方。供氧过多，则会因代谢活动增强、营养供应不上而使污泥或生物膜本身产生氧化，促使污泥老化。

(5) 填料类型及特征

生物载体对处理效果的影响主要反映在载体的表面性质上，包括载体的比表面积、表面亲水性及表面电荷、表面粗糙度，载体的密度、堆积密度、孔隙率、强度等。微生物表面带有负电荷，若载体表面带正电荷，可使微生物在载体表面附着、固定过程更易进行。载体表面的粗糙度有利于细菌在其表面附着、固定，增加细菌与载体间的有效接触面积。比表面积形成的孔洞、裂缝等对已附着的细菌起到屏蔽保护作用，使其免受水力剪切的冲刷作用。

(6) 营养物质

废水处理中的营养物质是指能被微生物氧化、分解、利用的物质，包括组成细胞的各种元素和产生能量的物质。微生物细胞主要是由碳、氢、氧、氮、磷、硫组成，另外还含有钠、钙、钾、铁以及锰、铜、钴、镍、钼等。废水好氧生物处理所需的营养物质比例为 $BOD_5：N：P=100：5：1$。生活污水中的营养物质因比例适当，一般不需要额外投加；而工业废水成分单一，能被微生物利用的营养物质比例失调，应根据实际情况按比例投加营养物质。

(7) 有毒物质

一般在工业废水中，存在着对微生物具有抑制和杀害作用的化学物质，称为有毒物质，如重金属、酚、氰等。有毒物质对微生物的毒害作用主要表现在细胞的正常结构遭到破坏引起菌体内的酶变质，从而失去活性，如重金属离子能与细胞内的蛋白质结合，使酶失去活性。有毒物质只有达到一定浓度时，其对微生物的毒害和抑制作用才显现出来。只要在允许的浓度内，微生物还是可以承受的。废水中有毒物质允许浓度应通过实验确定。

5.3.2 生物接触氧化

5.3.2.1 生物接触氧化工艺原理

生物接触氧化又称为"浸没式生物滤池"，实质是在反应池内设置填料，填料淹没在废水中，填料上长满生物膜，废水与生物膜接触过程中，水中的有机物被微生物吸附、氧化分解和转化为新的生物膜。从填料上脱落的生物膜随水流到二沉池后被去除，废水得到净化。空气通过设在池底的布气装置进入水流，随气泡上升时向微生物提供氧气。

生物接触氧化池工艺构造如图 5-3-2 所示，由池体、填料、支架及曝气装置、进出水装置以及排泥管道等部件所构成。

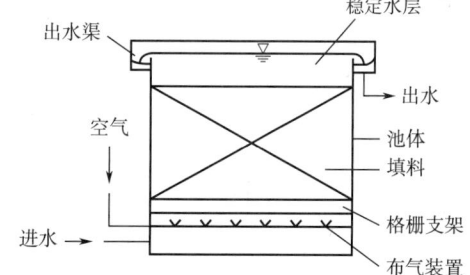

图 5-3-2 生物接触氧化池工艺构造示意图

5.3.2.2 生物接触氧化工艺特点

生物接触氧化是一种介于活性污泥法与生物滤池之间的生物处理技术，兼具活性污泥法和生物膜法两者的优点，在废水处理中被广泛应用。生物接触氧化工艺主要特点是：

①由于填料的比表面积大，池内的充氧条件良好。生物接触氧化池内单位容积的生物固体量高于活性污泥法曝气池及生物滤池，因此其具有较高的容积负荷。

②不需要污泥回流，不存在污泥膨胀问题，运行管理简便。

③由于生物固体量多，池内废水属于完全混合型，因此生物接触氧化池对水质水量的

骤变有较强的适应能力。

④生物接触氧化池有机容积负荷较高时，其F/M保持在较低水平，污泥产率较低。

生物接触氧化法的主要缺点是滤料间水流缓慢，水力冲刷力小；生物膜只能自行脱落，剩余污泥不易排走，滞留在滤料中易引起水质变差，影响处理效果。

5.3.2.3 生物接触氧化废水处理工艺流程

生物接触氧化池应根据进水水质和处理程度确定采用单级式、两级式或多级式处理工艺流程。

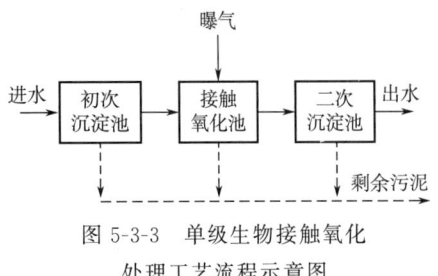

图 5-3-3 单级生物接触氧化处理工艺流程示意图

①单级生物接触氧化处理工艺流程如图 5-3-3 所示。原废水经预处理（主要是初沉池）后加入接触氧化池，出水经过二沉池分离脱落的生物膜，实现泥水分离。

②两级生物接触氧化处理工艺流程如图 5-3-4 所示。两级接触氧化池串联运行，必要时可设中间沉淀池（简称中沉池）。

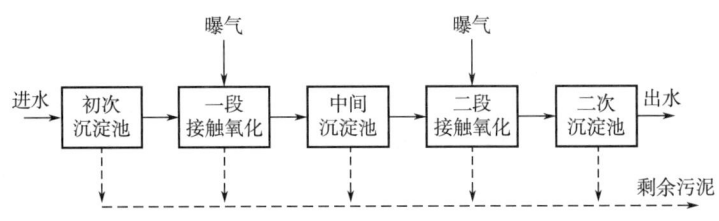

图 5-3-4 两级生物接触氧化处理工艺流程示意图

③多级生物接触氧化处理工艺流程如图 5-3-5 所示。串联三座或三座以上的接触氧化池，第一级接触氧化池内的微生物处于对数增长期和减速增长期的前段，生物膜增长较快，有机负荷较高，有机物降解速率也较大；后续的接触氧化池内微生物处在生长曲线的减速增长期后或生物膜稳定期，生物膜增长缓慢，处理水水质逐步提高。

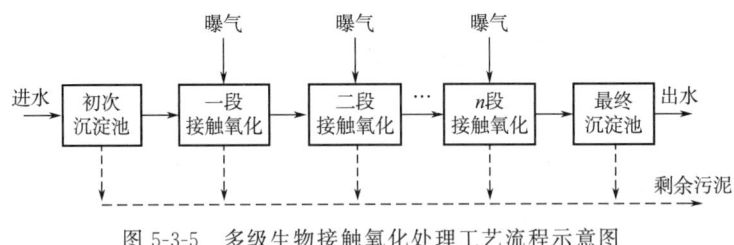

图 5-3-5 多级生物接触氧化处理工艺流程示意图

5.3.2.4 主要设计和运行参数

生物接触氧化池工艺构造如图 5-3-2 所示。主要包括池体、进水装置、填料、曝气装置、出水装置以及排泥装置，相关设计和运行参数如下：

（1）池体

生物接触氧化池平面形状一般为矩形，沿水流方向池长不宜大于10m，长宽比宜采用 $1:2 \sim 1:1$，有效面积不宜大于 $25m^2$。由下至上分为曝气区、填料层、稳定水层和超高层。

(2) 进水装置

进水装置用于生物接触氧化池进水布水。要求配水均匀，防止短流。进水端设导流槽，其宽度不宜小于 0.8m。导流槽与生物接触氧化池应采用导流墙分隔。导流墙下缘至填料底面的距离一般为 0.3～0.5m，至池底的距离宜不小于 0.4m。

(3) 填料

填料作为生物载体。采用悬挂式填料时，其中，曝气区高宜采用 0.6～1.2m，如果考虑检修通行，曝气区高宜采用 1.0～1.5m，填料层高为 2.5～3.5m。

(4) 曝气装置

曝气装置给废水供氧。通常最小气水比宜控制为 (2～3)∶1，最大气水比宜控制为 (15～20)∶1。

(5) 出水装置

出水装置用于排出净化水。通常采用堰式出水，过堰负荷宜控制为 2.0～3.0L/(s·m)。

(6) 排泥管道

排泥管道用于生物接触氧化池排泥或放空。通常安装在反应池底部。

5.3.3　曝气生物滤池

5.3.3.1　曝气生物滤池工艺原理

曝气生物滤池处理工艺是生物接触氧化工艺和过滤工艺有机结合的一体化工艺。填料不仅作为生物的附着体，还作为滤料进行固液分离，集生物降解、固液分离于一体，通过反冲洗再生实现滤池的周期运行，可以保持接触氧化的高效性，同时可以获得良好的出水水质。当出水悬浮物能满足后续处理或排放标准要求时，也可不再设置沉淀或过滤装置。

曝气生物滤池工艺构造如图 5-3-6 所示，由布水系统、布气系统、生物填料层、承托层、反冲洗系统、出水系统等组成。

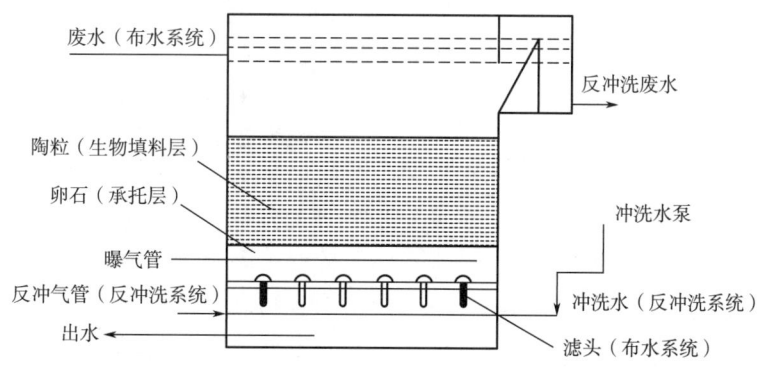

图 5-3-6　曝气生物滤池工艺构造示意图

5.3.3.2　曝气生物滤池工艺特点

曝气生物滤池与普通活性污泥法相比，其主要特点有以下几方面。

(1) 占地面积小，基建投资省

曝气生物滤池之后不设二沉池，可省去二沉池的占地和投资。此外，由于采用的滤料粒径较小，比表面积大，生物量高，再加上反冲洗可有效更新生物膜，保持生物膜的高活性，可在短时间内对废水进行快速净化。曝气生物滤池水力负荷、容积负荷大大高于传统废水处理工艺，停留时间短，占地小，投资省。

（2）出水水质优良

由于填料本身截留及表面生物膜的生物絮凝作用，出水 SS 很低，一般不超过 10mg/L。因周期性的反冲洗，生物膜得以有效更新，表现为生物膜较薄，活性很高。高活性的生物膜可吸附、截留一些难降解的物质。采用单级碳氧化工艺或碳氧化＋硝化工艺，出水可达到 GB 8798—1996《污水综合排放标准》一级标准；若采用碳氧化＋硝化或前置反硝化＋硝化两级工艺，出水可达到 GB/T 18920—2020《城市污水再生利用　城市杂用水水质》标准；采用碳氧化、硝化和反硝化等组合工艺，可实现同步脱氮除磷。

（3）氧的传输效率很高，曝气量小，供氧动力消耗低

氧的利用效率可达 20%～30%，曝气量明显低于一般生物处理法。

（4）抗冲击负荷能力强，耐低温

曝气生物滤池可在正常负荷 2～3 倍的短期冲击负荷下运行，而其出水水质变化很小。曝气生物滤池一旦挂膜成功，可在 6～10℃ 水温下运行，并保持良好的运行效果。

（5）易挂膜，启动快

曝气生物滤池在暂时不用的情况下可关闭运行，此时滤料表面的生物膜并未死亡，而是以孢子的形式存在，一旦通水曝气，可在很短的时间内恢复正常。

曝气生物滤池主要缺点是对进水的 SS 要求高，一般要求 SS 小于 60mg/L；水头损失较大；在反冲洗操作中，短时间内水力负荷较大，反冲洗出水直接回流入初沉池会对初沉池造成较大的冲击负荷；设计或运行管理不当，还会造成滤料随水流失等问题。

5.3.3.3 曝气生物滤池废水处理工艺流程

曝气生物滤池废水处理工艺中，根据进水水质条件，曝气生物滤池前设置沉砂池、初沉池或混凝沉淀池、除油池、厌氧水解池等预处理措施，使进水悬浮物浓度控制在 60mg/L 以下。根据处理水质不同，曝气生物滤池可分为碳氧化、氨氮硝化、后置反硝化或前置反硝化等处理单元，构成不同的废水处理工艺流程。

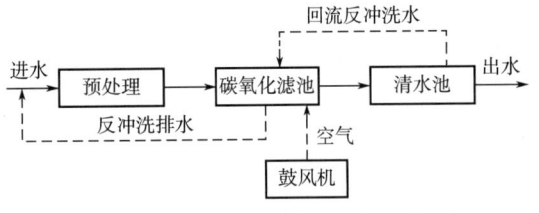

图 5-3-7　单级碳氧化曝气生物滤池处理工艺流程示意图

①单级碳氧化曝气生物滤池处理工艺流程如图 5-3-7 所示。这种工艺的主要目的是去除废水中的有机物。经过预处理单元对进水中的有机物、SS 等初步去除后，废水进入碳氧化滤池，废水中的有机物进一步降解，产生的净化水进入清水池。碳氧化滤池的反冲洗水来自清水池，反冲洗排水进入前端预处理系统与进水混合后一并处理。碳氧化滤池出水中的溶解氧浓度通常控制在 3～4mg/L。

②碳氧化曝气生物滤池＋硝化曝气生物滤池两级串联工艺流程如图 5-3-8 所示。这种工艺的主要作用是在去除废水中有机物的同时去除废水中的氨氮。废水经过预处理单元对进水中的有机物、SS 等初步去除后，进入碳氧化滤池，使废水中的有机物、SS 进一步降解后再进入硝化滤池。在硝化滤池中通过硝化作用使废水中的氨氮转化为硝态氮，最后净

化水进入清水池。碳氧化滤池、硝化滤池的反冲洗水全部来自清水池，反冲洗排水进入前端预处理系统与进水混合后一并处理。碳氧化滤池和硝化滤池出水中的溶解氧浓度通常控制在3～4mg/L。

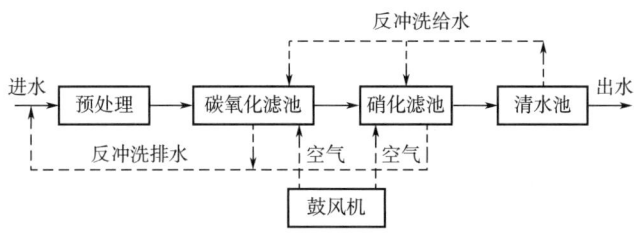

图5-3-8 碳氧化曝气生物滤池＋硝化曝气生物滤池两级串联工艺流程示意图

③前置反硝化曝气生物滤池＋硝化曝气生物滤池两级组合工艺流程如图5-3-9所示。这个工艺的作用是在去除废水中有机物的同时去除废水中的氨氮和硝态氮，使废水中的总氮得到去除。废水经过预处理单元对进水中的有机物、SS等初步去除后，进入反硝化滤池，利用进水中碳源使回流硝化液中的硝酸盐经过反硝化反应生成氮气，从而从废水中去除。处理后的废水再进入硝化滤池，通过硝化作用使废水中氨氮转化为硝态氮，最后净化水进入清水池。然后部分再回流到反硝化滤池中进行反硝化。反硝化滤池、硝化滤池的反冲洗水全部来自清水池，反冲洗排水进入前端预处理系统与进水混合后一并处理。硝化滤池出水中的溶解氧浓度通常控制在3～4mg/L。

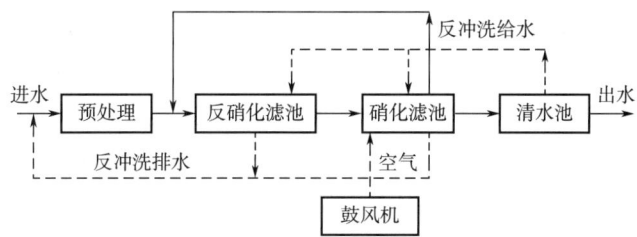

图5-3-9 前置反硝化曝气生物滤池＋硝化曝气生物滤池两级组合工艺流程示意图

5.3.3.4 主要设计和运行参数

曝气生物滤池工艺构造如图5-3-6所示。主要包括布水系统、布气系统、生物填料层、承托层、反冲洗系统以及出水系统，相关设计和运行参数如下。

(1) 布水系统

布水系统包括进水布水系统和反冲洗布水系统。根据进水方向，上进水时可采用穿孔管布水，反冲洗通过滤池最下部的配水室和滤板上的配水滤头布水。下进水时，进水和反冲洗水都是通过滤池最下部的配水室和滤板上的配水滤头布水。

(2) 布气系统

布气系统包括曝气充氧系统和进行气水联合反冲洗时的布气系统两部分。常用曝气装置为穿孔曝气管，产生大、中型气泡，氧利用率低，仅为3%～4%，优点是不易堵塞，造价低。

(3) 生物填料层

填料作为生物载体兼有截留悬浮物的功能。常用的滤料有多孔陶粒、无机烟煤、石英砂、膨胀页岩、轻质塑料、膨胀硅铝酸盐、塑料模块等。

(4) 承托层

承托层主要用于支撑生物填料，防止生物填料流失和堵塞滤头，同时保证反冲洗的稳定进行。承托层常用材料为卵石，或破碎的石块、磁铁矿等。

(5) 反冲洗系统

反冲洗系统用于短暂的反冲洗时间内，使滤料达到适当的清洗，恢复其截污功能。该系统是保证曝气生物滤池正常运行的关键。通常采用气水联合反冲洗的方式进行生物滤池反洗，操作顺序为：先单独用气反冲洗，再用气水联合反冲洗，最后用清水反冲洗。在反冲洗过程中必须掌握好冲洗强度和冲洗时间。反冲洗产生的泥水可以排入滤池前的沉淀池处理或排入污泥处理系统合并处理。

(6) 出水系统

出水系统用于排出净化水，通常采用周边出水或单侧堰出水的方式。

5.3.4 MBBR工艺

5.3.4.1 MBBR工艺原理

MBBR全称为移动床生物膜反应器（moving-bed biofilm reactor，MBBR），是通过向反应器中投加一定数量的悬浮载体，提高反应器中的生物量及生物种类，从而提高反应器的处理效率。因为填料密度接近于水，所以在曝气时，移动性的生物填料会有水完全混合悬浮在废水中。MBBR的微生物生长环境为气、液、固三相。载体在水中的碰撞和剪切作用使空气气泡更加细小，增加了氧气的利用率。另外，每个载体内外均具有不同的生物种类，内部生长一些厌氧菌或兼氧菌，外部为好氧菌，这样每个载体都为一个微型反应器，使硝化反应和反硝化反应同时存在，从而提高了处理效果。

MBBR反应器工艺原理如图5-3-10所示。生物填料依靠曝气池内的曝气和水流的提升作用使载体处于流化状态，进而形成悬浮生长的活性污泥和附着生长的生物膜，这就使得MBBR生物膜使用了整个反应器空间，充分发挥附着相和悬浮相生物两者的优越性，硝化补充。这种悬浮填料与固定式的生物填料不同的是它能与废水频繁多次接触，因而被称为"移动的生物膜"。

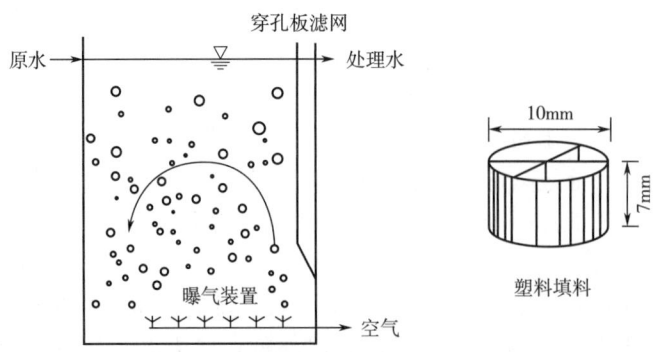

图5-3-10 MBBR反应器工艺原理示意图

5.3.4.2 MBBR工艺特点

MBBR已被广泛用于各种工业废水处理中，主要作用是降解废水中的有机物，脱除废水中的氮磷物质。MBBR 的主要工艺特点是：

①应用灵活，结构紧凑，能耗低。MBBR 反应器形式多种多样，占地面积小，在填料填充率为 15% 和相同的污染负荷条件下，MBBR 反应器约占常规生物反应器 20%～40% 的池容，且水头损失小，能耗低，运行简单，便于操作管理。

②不需要污泥回流或循环反冲洗。微生物附着在载体上随水流流动，不需要污泥回流或循环反冲洗。生物膜自然脱落，不会引起堵塞。

③兼具传统生物膜法和活性污泥法的优点。MBBR 反应器既具有传统生物膜法耐冲击负荷、泥龄长、剩余污泥少、无污泥膨胀现象发生的特点，又具有活性污泥法的高效性和运行灵活性。当温度、废水水质发生变化或废水毒性增加时，MBBR 反应器的耐受力很强。

5.3.4.3 主要设计和运行参数

MBBR 反应器主要设计和运行参数与活性污泥法和生物接触氧化法类似，可参照选择。

5.4 厌氧生物处理

5.4.1 厌氧生物法概述

5.4.1.1 厌氧微生物处理净化机理

废水厌氧生物处理是指在无分子氧条件下，通过厌氧微生物（包括兼氧微生物）的作用，将废水中的各种复杂有机物分解转化成甲烷和二氧化碳的过程，也叫厌氧消化。与好氧过程的根本区别在于不以分子态的氧作为受氢体，而以化合态的氧、碳、硫、氢等为受氢体。

废水的厌氧生物处理是一个复杂的微生物化学过程，它是依靠三大主要类型的细菌：水解产酸菌、产氢产乙酸菌和产甲烷菌的联合作用完成的，厌氧消化过程从机理上依此可分为水解酸化、产氢产乙酸和产甲烷等 3 个阶段。

(1) 水解酸化阶段

水解酸化阶段主要产生高级脂肪酸。复杂的大分子、不溶性有机物先在细胞外酶的作用下水解为小分子、溶解性有机物，然后渗入细胞体内，分解产生挥发性有机酸、醇类等。

由于简单碳水化合物的分解产酸作用要比含氢有机物的分解产氨作用迅速，故蛋白质的分解在碳水化合物分解之后完成。

含氨有机物分解产生的 NH_3 除了提供合成细胞物质的氮源外，在水中部分电离，形成 NH_4NO_3，具有缓冲消化液 pH 的作用，故有时也把继碳水化合物分解后的蛋白质分解产氨过程称为酸性减退期。

(2) 产氢产乙酸阶段

在产氢产乙酸的作用下，水解酸化阶段产生的各种有机酸被分解转化成乙酸和 H_2。在降解碳链中碳数为奇数的有机酸时，除了产氢产乙酸外还产生 CO_2。

(3) 产甲烷阶段

产甲烷菌将乙酸、乙酸盐、CO_2 和 H_2 等转化为甲烷。此过程由两组生理上不同的产甲烷菌完成，一组把氢和二氧化碳转化成甲烷，另一组从乙酸或乙酸盐脱羧产生甲烷。前者约占总量的 1/3，后者约占 2/3。

上述 3 个阶段的反应速度因废水的性质而异。在以纤维素、半纤维素、果胶和脂类等污染物为主的废水中，水解易成为反应速度的限制步骤；简单的糖类、淀粉、氨基酸和一般的蛋白质均能被微生物迅速分解，对以这类有机物为主的废水，则产甲烷易成为反应速度的限制步骤。

5.4.1.2 废水生物处理过程的主要影响因素

在厌氧反应器中，水解酸化、产氢产乙酸和产甲烷 3 个阶段是同时进行的，并保持某种程度的动态平衡。这种动态平衡一旦被温度、pH、有机负荷等外加因素所破坏，则首先将使产甲烷阶段受到抑制，最后会导致低级脂肪酸的积存和厌氧进程的异常变化，甚至会导致整个厌氧消化过程停滞。影响厌氧处理过程的主要因素包括温度、有机负荷、碳氮比、营养物质、pH、氧化还原电位以及有毒物质。

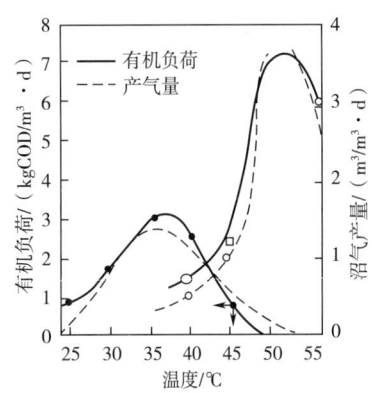

图 5-4-1 温度对消化的影响示意图

(1) 温度

厌氧生物处理可分为常温、中温和高温消化。常温消化最佳温度在 20～30℃；中温消化最佳温度在 35～40℃；高温消化最佳温度为 35～55℃。温度对消化的影响如图 5-4-1 所示，可见各种甲烷菌适宜的温度区域是不一致的，高温消化对温度的变化更为敏感，消化过程中必须保持一个相对稳定的硝化温度。

(2) 有机负荷

常规厌氧消化工艺中，中温消化控制有机负荷为 $2\sim3kgCOD/(m^3\cdot d)$，高温消化控制有机负荷为 $4\sim6kgCOD/(m^3\cdot d)$。对于 UASB、EGSB、IC、ABR 等高效厌氧消化工艺，中温消化控制有机负荷为 $5\sim15kgCOD/(m^3\cdot d)$，特殊情况下也可高达 $30kgCOD/(m^3\cdot d)$。

(3) 碳氮比

厌氧消化适宜的碳氮（BOD/TN）比值在 (20～30):1 为宜。

(4) 营养物质

厌氧微生物生长过程需要的常规营养物质包括氮、磷、硫、钾、钠、钙、镁以及微量营养物质如铁、铜、锌、钴等。一般这些营养物质都会存在于废水和带厌氧消化的污泥中。对于某些工业废水，需要添加营养物质才能确保厌氧微生物的正常代谢。

(5) pH

厌氧反应器中 pH 宜控制在 6.8～7.2，以保证产甲烷菌的活性。如 pH 低于 6 或高于 8，将明显影响产甲烷菌的生长繁殖。产酸菌对酸碱度不及甲烷菌敏感，其 pH 范围较广，适宜的 pH 为 4.5～8.0。在厌氧消化过程中，有机物的酸性发酵和碱性发酵在同一构筑物内进行，故为了维持产生的酸和形成的碱之间的平衡，避免产生过多的酸，应维持厌氧反应器内 pH 为 6.5～7.5（最好在 6.8～7.2）。在实际运行中，挥发酸的控制在高 pH 更为重要，因当酸量积至足以降低 pH 时，厌氧处理的效果已显著下降。在正常运行的消化池中，挥发酸（以醋酸计）一般为 200～800mg/L，如超出 2000mg/L，产气率将迅速下降，甚至停止产气。挥发酸本身不毒害甲烷菌，但 pH 的下降会抑制甲烷菌的生长。如 pH 低可加石灰或碳酸钠，一般加石灰，但不应加得太多，以免产生 $CaCO_3$ 沉淀。

（6）氧化还原电位

为保证产甲烷菌的活性，氧化还原电位应控制在 −400～−100mV。培养产甲烷菌的初期，氧化还原电位不能高于 −300mV。在厌氧消化全过程中，在产甲烷阶段，氧化还原电位应控制在 −400～−100mV。非产甲烷阶段，氧化还原电位应控制在 −100～+100mV。

（7）有毒物质

对厌氧消化具有抑制性的物质为硫化物、氨氮、重金属、氰化物以及某些人工合成的有机物。金属离子对产甲烷菌的影响按铬、铜、锌、镍等顺序减小。氨是厌氧消化过程中的营养物和缓冲剂，高浓度时也会产生抑制作用。硫化物是硫酸盐在硫酸还原菌作用下的还原产物，应控制在 100mg/L 以下，消化过程中的硫酸根浓度不应超过 5000mg/L。表 5-4-1 为工业废水中有害物质的最大允许浓度。

表 5-4-1　　　　　　　　　工业废水中有害物质的最大允许浓度

有害物质	最大允许浓度/(mg/L)	有害物质	最大允许浓度/(mg/L)
硫酸铝	5	苯	200
铜	25	甲苯	200
镍	500	戊酸	100
铝	50	甲醇	5000
三价铬	25	丙酮	800
六价铬	3	硫化物	150
三硝基甲苯	60	氨	1000
合成洗涤剂	100～200	硫酸根	5000

5.4.1.3　厌氧生物处理的特点

废水的厌氧生物处理主要适用于城市污水处理厂的污泥、有机废料以及高浓度有机废水的处理，也可用于处理中、低浓度的有机废水。与好氧生物法相比，厌氧生物处理法具有以下优点：

①应用范围广。好氧生物法仅适合于中、低浓度的有机废水，另外不适用于难降解的有机废水；厌氧生物法适合于高、中、低浓度的有机废水，并且某些难降解的有机废水采用厌氧生物法是可降解的。

②能耗低。好氧生物法需要充氧，故要消耗一定的能源。厌氧生物法不需要充氧，而且产生的沼气可作为能源。一般厌氧生物法的动力消耗约为好氧生物法的 1/10。

③负荷高。通常好氧生物法的有机容积负荷为 2～4kgBOD_5/(m^3·d)，厌氧生物法的有机容积负荷为 2～10kgBOD_5/(m^3·d)。

④剩余污泥量少。好氧生物法去除 1kgCOD 将产生 0.4～0.6kg 污泥量；而厌氧生物

法去除1kgCOD只产生0.02～0.10kg污泥量,且污泥的浓缩性和脱水性较好。

⑤氮、磷营养需要量较少。好氧生物法一般要求BOD:N:P=100:5:1,而厌氧生物法要求BOD:N:P=200:5:1。

⑥杀菌效果好。厌氧生物法处理废水有一定的杀菌作用,可以杀死废水中的寄生虫卵和病毒等。

厌氧生物法的主要缺点是:

①启动和处理时间长。厌氧微生物增长缓慢,厌氧反应器启动和处理的时间比好氧法长。

②出水难以达标排放。厌氧出水往往很难达到排放标准,需经进一步处理,故在厌氧处理后需串联好氧处理。

③操作管理复杂。厌氧法微生物对环境条件的要求比好氧法严格,因此厌氧处理系统操作控制较为复杂。

5.4.2 厌氧接触法

5.4.2.1 厌氧接触法工艺原理

普通厌氧消化池借助池内的厌氧活性污泥净化有机组分,其工作原理如图5-4-2所示。原水从池子上部或顶部投入池内,经与池中原有的厌氧活性污泥混合后,通过厌氧微生物的吸附、吸收和生物降解作用,使水中的有机污染物转化为以CH_4和CO_2为主的气体。泥经沉淀分层后从液面下排出。

厌氧接触法是在厌氧消化池之外加一个沉淀池来收集污泥,并使污泥回流至消化池。其结果是减少了待处理水在消化池内的停留时间。厌氧接触工艺流程如图5-4-3所示。由消化池排出的混合液首先在沉淀池中进行固液分离。处理水由沉淀池上部排出,所沉污泥回流至消化池。这样既能使污泥不流失而稳定工艺,又可提高消化池内的污泥浓度,从而在一定程度上提高了设备的有机负荷和处理效率。

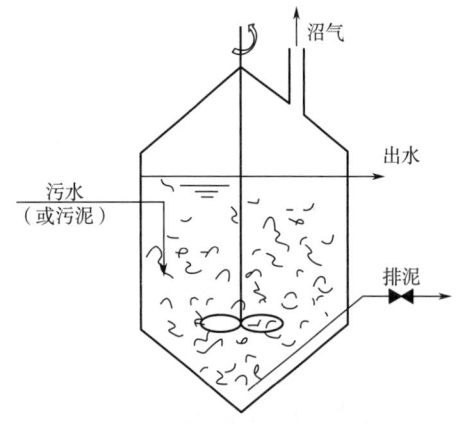

图5-4-2 普通厌氧消化池工作原理示意图

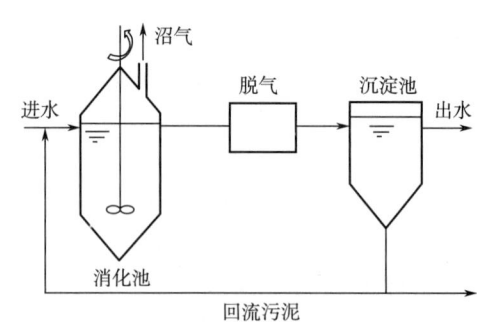

图5-4-3 厌氧接触工艺流程示意图

厌氧消化池多应用于处理含有机组分较多的工业废水。

5.4.2.2 厌氧接触法工艺特点

普通厌氧消化池的特点是在一个池内实现厌氧发酵反应和液体与污泥的分离。与普通厌氧消化法相比，厌氧接触法具有以下工艺特点：

①消化池污泥浓度高，一般为 5～10gMLVSS/L，耐冲击能力强。

②消化池有机容积负荷较高。中温消化时，COD 容积负荷一般为 1～5kgCOD/(m³·d)，COD 去除率为 70%～80%；BOD_5 容积负荷为 0.5～2.5kgBOD_5/(m³·d)，BOD_5 去除率为 80%～90%。不仅缩短了水力停留时间，也使占地面积减少。

③增设沉淀池、污泥回流系统和真空脱气设备，流程较复杂。

④适合于处理悬浮物浓度、有机物浓度均高的水，进水 COD 浓度一般不低于 3000mg/L，悬浮物浓度可达到 50000mg/L。

5.4.2.3 主要设计和运行参数

厌氧接触法在中温条件下（25℃）的容积负荷不高于 4～5kgCOD/(m³·d)，HRT 约在 10～20d。实践中，低负荷或中负荷条件下，厌氧接触工艺允许来水中含有较多的吸附固体，具有较大的缓冲能力，操作相对简单。

厌氧接触工艺仅是普通消化池的一种简单改进，消化池和沉淀池的构造均为定型设计，主要设计和运行参数包括容积负荷、投配比、回流比、停留时间和温度。

(1) 容积负荷

有机容积负荷是厌氧接触法的主要设计参数，一般为 2～6kgCOD/(m³·d)，污泥负荷不超过 0.25kgCOD/(kgMLSS·d)，池内的 MLVSS 一般为 3～6g/L，SVI 为 60～150mg/L。表 5-4-2 列出了某些工艺废水的有机容积负荷。

表 5-4-2　　　　厌氧接触法处理某些工业废水的有机负荷

废水性质	消化温度/℃	有机负荷/[kgCOD/(m³·d)]	水力停留时间/d	COD 去除率/%
工业淀粉废水	23	1.8	3.3	88
乳品加工混合废水	中温	2.5	1.9	83
果汁、果胶生产废水	中温	1.13	0.85	83
麦芽威士忌废水	中温	1.03	32.7	84
糖果生产废水	中温	2.2	4.62	95
煮棉废水	中温	1.2	1.3	67
啤酒废水	中温	2.0	2.3	96
肉类加工废水	中温	3.2	0.5	95
制浆和造纸混合废水	中温	5.0	3.0	48.7
淀粉加工废水	中温	1.0	3.8	80
葡萄酒废水	中温	11.7	2.0	85
酵母废液	中温	6.0	2.0	65
糖蜜废液	中温	8.8	8	69

(2) 投配比

最佳的投配比（F/M）为 0.3～0.55kgCOD/(kgMLSS·d)，过高或过低都会使污泥的沉降性能恶化。

(3) 回流比

污泥回流比可通过实验确定，一般取 2～4。

(4) 停留时间

沉淀池的停留时间比一般沉淀池长，一般取 4h，表面水力负荷不超过 $1m^3/(m^2 \cdot h)$。

(5) 温度

消化温度不应低于 20℃。

5.4.3 UASB 反应器

5.4.3.1 UASB 工艺原理及工艺流程

UASB（up-flow anaerobic sludge bed）反应器即升流式厌氧污泥床反应器，主要由布水装置、三相分离器、出水收集装置及加热或保温装置等组成，其结构如图 5-4-4 所示。通过布水装置依次将废水由底部布水器分配至污泥层，并上升流至中上部污泥悬浮区，使废水与其中的厌氧微生物充分接触反应，在通过上部的三相分离器对反应产生的气、液、固进行分离，分离后的污泥回落到污泥悬浮区，分离后的水排出反应系统，产生的沼气由上部排出回收利用。

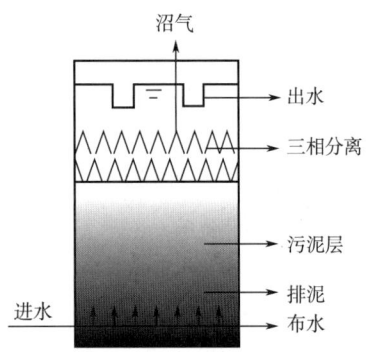

图 5-4-4　UASB 反应器结构示意图

布水装置的主要作用是均匀布水，防止进液通过污泥层时形成沟流和死角。一般采用从底部均匀分布进水口（布水点）的进液方式。当处理含有大量悬浮物的废水时，有可能发生喷嘴堵塞的问题，形成布水的不均匀，应当进行预处理或及时清洗。

三相分离器是进行固、液、气三相分离的装置。主要作用是从反应器中分离和排放生物反应过程产生的气体和固体物质，使污泥通过斜板返回反应器的反应区，尽可能有效地防止厌氧污泥流失。当污泥层向上膨胀时，防止过量污泥进入沉淀区，提高出水净化效果。三相分离器基本构造如图 5-4-5 所示。

UASB 工艺系统由预处理、UASB 反应器、后续处理单元、沼气净化系统、沼气利用系统以及污泥处理系统组成，UASB 工艺流程如图 5-4-6 所示。

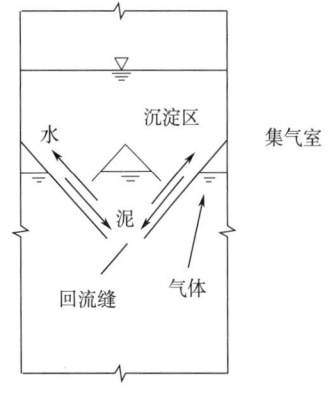

图 5-4-5　三相分离器基本构造示意图

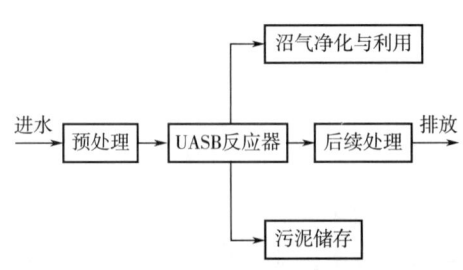

图 5-4-6　UASB 工艺流程示意图

(1) 预处理系统

预处理系统通常可采用格栅、沉砂池、沉淀池、调节池、酸化水解池及加热装置等单元组成。调节池除均质和均量外，兼具混合、加药和中和等功能，加药和中和常用的碱性物质有 Na_2CO_3、$NaHCO_3$、$NaOH$ 等，酸性物质主要是盐酸等。加热装置是为维持反应器内微生物反应所需要的热量，保证厌氧反应的温度条件而设置的供热装置。

(2) 沼气净化系统

沼气净化系统主要是沼气脱硫装置。厌氧过程常伴有臭气产生，特别是会有相当多的 H_2S 形成。为了避免臭气污染操作环境，设置脱硫装置去除厌氧过程产生的 H_2S 气体。

(3) 后续处理单元

后续处理单元包括出水收集装置以及辅助设备。出水装置用于收集经过三相分离器分离后的上清液。辅助设备包括生化反应所需监测、控制及数据记录设备，包括流量计、温度计、电位计和 pH 计等。

(4) 污泥处理系统

污泥处理系统包括排泥装置，用于排出反应器内多余的厌氧污泥。

5.4.3.2　UASB 工艺特点

UASB 反应器主要适用于酒精、啤酒、制糖、淀粉加工、皮革、饮料、牛奶与乳制品、豆制品、肉类加工、造纸、制药、畜禽养殖等的中、高浓度有机废水处理。UASB 反应器主要工艺特点是：

(1) 可形成颗粒化污泥

UASB 反应器利用微生物细胞固定化特性，可形成颗粒化污泥，实现水力停留时间和污泥停留时间的分离，从而延长污泥龄，保持污泥高浓度。颗粒厌氧污泥具有良好的沉降性能和产甲烷特性，可依靠产生的气体实现污泥与基质的充分接触，节省搅拌和回流污泥的设备及能耗，无需附设沉淀分离装置，提高溶解利用率，具有能耗低、成本低的特点。

(2) 可形成自然搅拌作用

在 UASB 反应器中，由产气和进水形成的上升液流和向上的气泡对反应区的污泥颗粒产生重要的分级作用和搅动作用，自然形成的搅拌作用实现了污泥与基质的充分接触。

(3) 三相分离器有效实现气、水、固的分离

三相分离器可收集反应区产生的沼气，使上升液体中的悬浮物沉淀下来与水分离，并使污泥保留在反应器内。三相分离器集沉淀、脱气及污泥回流为一体，简化了工艺，节约了投资和运行费用。

(4) 容积负荷高

UASB 反应器处理中高浓度有机废水，容积负荷可达 $20kgCOD/(m^3 \cdot d)$，COD 去除率可稳定在 80% 左右。

(5) 污泥产量低

UASB 反应器污泥产率为 $0.05 \sim 0.10 kgVSS/kgCOD$，仅为好氧活性污泥法产泥量的 1/5 左右。

(6) 可回收沼气

UASB 反应器系统产生的沼气可以根据实际情况进行利用，大型 UASB 反应器系统产生的沼气可进行发电利用，并替代或补偿废水处理设施的电力消耗。

5.4.3.3　主要设计和运行参数

UASB 反应器系统主要设计和运行参数包括 pH、温度、COD：N：P、进水浓度、

有毒物质、污泥菌种、有机负荷以及挥发性脂肪酸等。

(1) pH

pH 宜控制为 6.0~8.0。

(2) 温度

常温厌氧温度宜控制为 20~25℃；中温厌氧温度宜控制为 35~40℃；高温厌氧温度宜控制为 50~55℃。

(3) COD∶N∶P

COD∶N∶P 宜控制为（100~500）∶5∶1。BOD_5/COD 比值宜控制大于 0.3。

(4) 进水浓度

进水浓度宜控制 COD 大于 1500mg/L，SS 小于 1500mg/L，氨氮小于 2000mg/L，硫酸盐小于 1000mg/L。

(5) 有毒物质

严格控制重金属、氰化物、酚类等物质进入厌氧反应器的浓度。重金属浓度过高能使厌氧消化过程失效，表现为产气量降低和挥发酸的积累。

(6) 污泥菌种

接种启动时，絮状接种污泥浓度宜控制为 20~30kgVSS/m^3，颗粒接种污泥浓度宜控制为 10~20kgVSS/m^3；有机负荷应小于 1kgCOD/(m^3·d)；进水 COD 大于 1000mg/L，当进水 COD 大于 5000mg/L 或处理有毒废水时，应采取出水循环或稀释进水的措施。

(7) 有机负荷

UASB 反应器正常运行时，有机负荷可提升至 3kgCOD/(m^3·d)，参见表 5-4-3。碱度（以 $CaCO_3$ 计）宜控制为 2000mg/L，挥发性脂肪酸（VFA）宜控制小于 200mg/L。氧化还原电位（ORP）宜控制在 -400~+100mg/L。

表 5-4-3　　　　　　　　　　UASB 反应器运行的容积负荷

废水 COD/(mg/L)	35℃的容积负荷/[kgCOD/(m^3·d)]	
	颗粒污泥	絮状污泥
2000~6000	4~6	3~5
6000~9000	5~8	4~6
>9000	6~10	5~8

注：高温厌氧情况下反应器负荷宜在本表的基础上适当提高。

5.4.4　IC 反应器

5.4.4.1　IC 工艺原理

IC（Internal Circulation）反应器即厌氧内循环反应器，由两个上下重叠的 UASB 反应器串联组成，其工艺结构如图 5-4-7 所示。下面的 UASB 反应器出水的沼气作为提升的内动力，使升流管与回流管的混合液产生密度差，实现下部混合液的内循环，使废水获得强化预处理。上面的 UASB 反应器对废水进行再处理，使出水达到预期的处理要求。

废水进入第一反应室，与反应室内的厌氧颗粒污泥很好地混合，废水中的大部分有机物被转化为沼气，由第一反应室集气罩收集，进入沼气提升管，同时把混合液提升到气液分离室，气体被分离而液体沿回流管回到第一反应室，实现了回流混合。其稀释了的混合液进入第二反应室继续反应，达到了比 UASB 反应器更高的有机负荷和更好的处理效果。

5.4.4.2 IC 工艺特点

IC 反应器适用于淀粉废水、酿酒废水、酒精废水、食品加工废水等行业产生的高浓度有机废水的处理。IC 反应器主要工艺特点：

（1）容积负荷高

处理高浓度有机废水时，有机容积负荷可高达 $30 \sim 50 \mathrm{kgCOD}/(\mathrm{m}^3 \cdot \mathrm{d})$。IC 反应器内污泥浓度高，微生物量大。在内循环的作用下，提高了传质效果，可使进水有机负荷达到普通厌氧反应器的 3 倍以上。

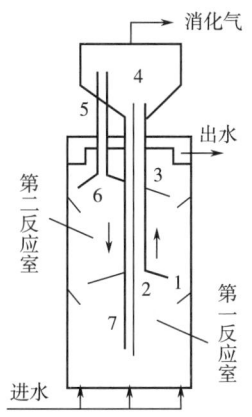

1—第一反应集气罩；2—沼气提升管；3—沉淀区；
4—气液分离室；5—集气管；6—第二反应集气罩；
7—回流管。

图 5-4-7　IC 反应器的工艺结构示意图

（2）占地面积小

IC 反应器体积仅为 UASB 反应器的 1/4～1/3，而且 IC 反应器高径比很大（一般可达 4～8），反应器的高度可达 16～25m，所以占地面积小，投资费用少。

（3）抗冲击负荷能力强

处理低浓度废水（COD 为 2000～3000kg/L）时，反应器内循环流量可达进水量的 2～3 倍；处理高浓度废水（COD 为 10000～15000kg/L）时，反应器内循环流量可达进水量的 10～20 倍。IC 反应器布水系统可使进水与 IC 反应器上部的回流液、底部的污泥充分混合，对进水出水稀释、均质作用，因此具有很好的抗冲击负荷能力。

（4）抗低温能力强

IC 反应器中含有大量的微生物，温度对厌氧消化的影响不再显著，即使在常温条件下（20～25℃）也可以进行厌氧消化。

（5）具有缓冲 pH 的能力

内循环量相当于第一厌氧区出水的内回流，可利用 COD 转化的碱度，对 pH 起缓冲作用，使反应器内保持最佳 pH 状态，同时还可减少进水的投碱量。

（6）混合液自动内循环

普通厌氧反应器的回流是通过外加动力实现，IC 反应器以自身产生的沼气作为提升的动力来实现混合液内循环，不必设置强制循环泵，节省了动力消耗。循环流的量随着进液量的增大而增大，具有自我调节作用。在高负荷条件下，产生更多气体，从而也产生更多的循环水量，导致更大程度的进水稀释，对稳定运行发挥作用。

（7）出水稳定性好

废水进入第二反应室后，由于在此污泥负荷较低、水力停留时间相对较长，废水中的残留污染物被进一步降解，使出水水质稳定。由于第二反应室产气量很小，不足以产生很大的紊流，流体上升流速小，使污泥能很好地保留在反应器内，防止了污泥流失。

(8) 启动周期短

IC 反应器内污泥活性高，生物繁殖快，为反应器快速启动提供了有利条件。IC 反应器启动周期一般为 1~2 个月，而普通 UASB 启动周期长达 4~6 个月。

(9) 沼气甲烷含量高

IC 反应器产生的沼气中，CH_4 可高达 70%~80%，可直接作为燃料利用。

5.4.4.3 主要设计和运行参数

IC 反应器主要设计和运行参数包括 pH、温度、容积负荷、污泥菌种、上升流速以及有毒物质等。

(1) pH

IC 反应器 pH 宜控制在 6.5~7.5。pH 的过高或过低，将会影响菌体及酶系统的生物功能和活性，影响废水的氧化还原电位，影响基质的活性。

(2) 温度

IC 反应器适宜的温度宜控制在 25~35℃。温度太高（>40℃）或太低（<15℃），会使处理效率下降。

(3) 容积负荷

IC 反应器进水容积负荷通常控制为 15~25kgCOD/(m^3·d)。进水负荷在短时间内过低或过高都会对处理效率产生不良影响。

(4) 污泥菌种

IC 反应器污泥中有机组分应占 70% 左右。污泥外部细菌主要为丝状菌，内部细菌主要为杆菌、球菌。保持这些细菌的优势，是 IC 反应器稳定运行的重要条件。

(5) 上升流速

当进水中的 COD 浓度较低时，可以通过适当提高进水流量增加 COD 负荷。较高的上升流速有助于颗粒污泥与有机物之间的传质，避免混合不均匀对处理效率的影响。

(6) 有毒物质

有毒物质会对厌氧颗粒污泥产生抑制性作用。常见的有毒物质主要是 H_2S 和亚硝酸盐。H_2S 和亚硝酸盐允许浓度低于 150mg/L，否则可能导致产甲烷菌活性降低，因此严格控制 H_2S 和亚硝酸盐的含量对 IC 反应器稳定运行非常重要。

5.4.5 EGSB 反应器

5.4.5.1 EGSB 工艺原理

EGSB (expanded granular sludge bed) 反应器即膨胀颗粒污泥床反应器，是一种改进型的 UASB 反应器。EGSB 反应器的工艺结构如图 5-4-8 所示，主要由布水装置、三相分离器、出水收集装置、循环装置、排泥装置及气液分离装置组成。

EGSB 反应器升流速度较高，可使颗粒污泥处于膨胀状态，不仅能使颗粒污泥与进水充分接触提高传质效率，而且有利于废水中有机物和代谢产物在颗粒污泥内外的扩散，保证了反应器具有更高的容积负荷。

EGSB 工艺系统由预处理、EGSB 反应器、后续处理单元、沼气净化系统以及污泥处理系统组成，EGSB 工艺流程如图 5-4-9 所示。

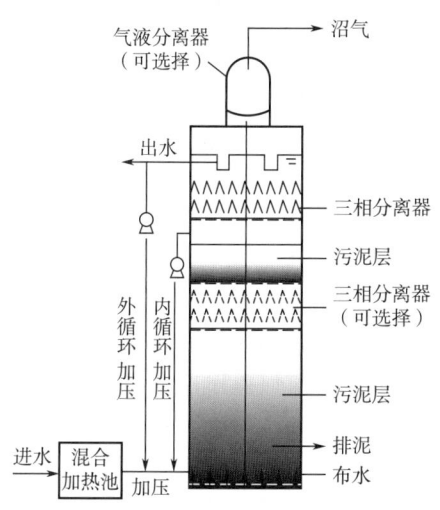

图 5-4-8 EGSB 反应器的工艺结构示意图

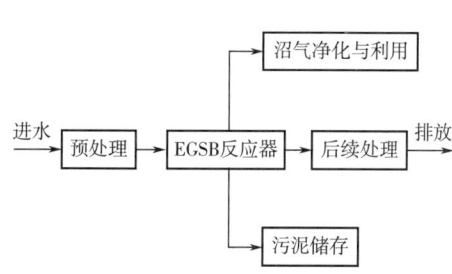

图 5-4-9 EGSB 工艺流程示意图

(1) 预处理系统

通常可采用格栅、沉砂池、沉淀池、调节池、酸化水解池及加热装置等单元组成。调节池除均质和均量外，兼具混合、加药和中和等功能，加药和中和常用的碱性物质有 Na_2CO_3、$NaHCO_3$、$NaOH$ 等，酸性物质主要是盐酸等。加热装置是为维持反应器内微生物反应所需要的热量，保证厌氧反应的温度条件而设置的供热装置。

(2) 沼气净化系统

主要是沼气脱水和脱硫装置。厌氧过程常伴有臭气产生，特别是会有相当多的 H_2S 形成。为了避免臭气污染操作环境，设置脱硫装置去除厌氧过程产生的 H_2S 气体。沼气利用需要经过脱水和脱硫处理之后方可进入后续利用装置。

(3) 后续处理单元

包括出水收集装置、循环装置以及辅助设备。出水装置用于收集经过三相分离器分离后的上清液，当处理的废水中含有蛋白质、脂肪或大量悬浮固体时，出水收集装置前宜设置消泡装置。EGSB 反应器外循环和内循环均由水泵加压实现，回流比根据所需的上升流速调整确定。辅助设备包括生化反应所需监测、控制及数据记录设备，包括流量计、温度计、电位计和 pH 计等。

(4) 污泥处理系统

包括排泥装置和污泥储存设施，用于排出反应器内多余的厌氧颗粒污泥。EGSB 厌氧颗粒污泥粒径为 0.5~3.0mm，颗粒沉速为 20~100m/h，具有较高的机械强度。EGSB 反应器一般采用重力多点排泥，排泥点宜设在污泥区的底部。排泥管径应大于 150mm，底部排泥管也可兼作放空管。EGSB 反应器应设置污泥储存设施，污泥经过沉淀静置泥水分离后可作为接种污泥。

EGSB 反应器适合处理常温低浓度及高浓度的有机废水处理，如酿酒废水、制糖废水、造纸废水、饮料加工废水、食品加工废水、农产品加工废水、屠宰废水等。此外，对硫酸盐废水、有毒性废水、难降解废水等也有很好的处理效果。

5.4.5.2 EGSB 工艺特点

(1) 容积负荷高

EGSB 反应器启动时间短，COD 有机负荷高。能在高负荷下取得高处理效率，容积负荷可以达到 $10\sim30 kgCOD/(m^3 \cdot d)$。

(2) 上升流速高

EGSB 反应器内能维持较高的上升流速。UASB 反应器中最大上升流速不宜超过 $2m/h$，EGSB 反应器可高达 $3\sim7m/h$。

(3) 出水回流

设置出水回流系统，工业混合状态好，更适合于处理含有悬浮性固体和有毒物质的废水。对于常温和低负荷有机废水，回流可增加反应器的水力负荷，保证处理效果；对于超高浓度或含有毒物质的废水，回流可以稀释进入反应器内的基质浓度和有毒物质浓度，降低其对微生物的抑制和毒害。

(4) 占地面积小

高径比可达 $3\sim8$，占地面积小。

(5) 布水系统要求低

布水系统要求宽松，污泥层处于膨胀状态，不易产生沟流和死角。高水力负荷使反应器内搅拌强度加大，在保证颗粒污泥与废水充分接触的同时，有效地解决了 UASB 常见的短流、死角和堵塞问题。

(6) 三相分离器工作稳定

高水力负荷和生物气浮力的搅拌容易造成污泥流失，因此三相分离器优劣成为 EGSB 反应器高效稳定运行的关键。

5.4.5.3 主要设计和运行参数

EGSB 反应器主要设计和运行参数包括 pH、温度、COD：N：P、进水浓度、有毒物质、容积负荷、污泥菌种以及污泥浓度等。

(1) pH

EGSB 反应器启动和运行时，pH 均应控制在 $6.0\sim8.0$。碱度（以 $CaCO_3$ 计）应高于 $2000mg/L$，挥发性脂肪酸（VFA）宜控制小于 $200mg/L$。

(2) 温度

EGSB 反应器常温厌氧处理温度宜控制在 $20\sim25℃$；中温厌氧处理温度宜控制在 $35\sim40℃$；高温厌氧处理温度宜控制在 $50\sim55℃$。

(3) COD：N：P

COD：N：P 宜控制为 $(100\sim500):5:1$。

(4) 进水浓度

进水浓度宜控制 COD 大于 $1000mg/L$，SS 小于 $2000mg/L$，氨氮小于 $2000mg/L$，硫酸盐小于 $1000mg/L$，COD/SO_4^{2-} 比值应大于 10。

(5) 有毒物质

严格控制重金属、氰化物、酚类等物质进入厌氧反应器的浓度。重金属浓度过高能使厌氧消化过程失效，表现为产气量降低和挥发酸的积累。

(6) 容积负荷

EGSB 反应器启动负荷应小于 2kgCOD/(m³·d)，上升流速小于 0.5m/h。EGSB 反应器稳定运行的负荷可达 10～30kgCOD/(m³·d)，上升流速 3～7m/h。

(7) 污泥菌种

EGSB 反应器启动应采用颗粒污泥接种，接种量宜为 10～20kgVSS/m³。

(8) 污泥

EGSB 反应区污泥浓度不宜低于 30kgVSS/m³。污泥层界面在三相分离器下 0.5～1.0m 处，污泥过多时应及时排泥。

5.4.6 水解酸化反应器

5.4.6.1 水解酸化工艺原理

水解酸化反应器是利用厌氧或兼性菌在水解和酸化阶段的作用，将废水中悬浮性有机固体和难生物降解的大分子物质（包括碳水化合物、脂肪和脂类等）分解成溶解性有机物和易生物降解的小分子物质，小分子有机物再在酸化菌作用下转化成挥发性脂肪酸的废水处理装置。

水解酸化法通常用于废水的预处理，可起到拦截悬浮物、降解有机物、提高废水可生化性等作用。当原水中悬浮物浓度较高或可生化性差时，可用水解酸化以降低后续处理的负荷和难度。如图 5-4-10 所示，水解酸化工艺流程包括固液分离、沉砂、水质水量调节等。水解酸化反应器前应根据实际情况设粗、细格栅或设筛网，工业废水处理宜设置调节池。

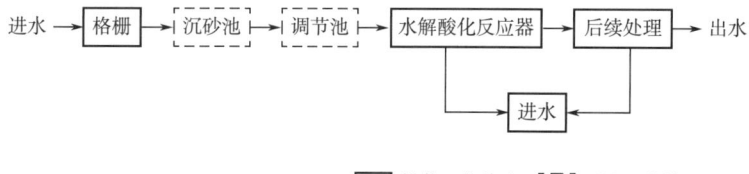

图 5-4-10 水解酸化工艺流程示意图

水解酸化法广泛适用于各行业的废水处理，如制药废水、造纸制浆废水、纺织废水、染整废水、酒精废水、饮料废水、乳制品废水、制糖废水、啤酒废水、淀粉废水、食品加工废水、肉类加工废水以及聚醚类、聚苯烯类、醇类、炼油等化工废水。

5.4.6.2 水解酸化工艺特点

水解酸化反应器主要包括升流式水解酸化反应器、复合式水解酸化反应器及完全混合式水解酸化反应器。

(1) 升流式水解酸化反应器

如图 5-4-11 所示，反应器由池体、布水装置、出水收集装置、排泥装置组成。废水自反应器底部的布水装置均匀地自下而上通过污泥层（平均污泥浓度为 15～25g/L），上升至反应器顶部的过程中，实现水解酸化、去除悬浮物等。

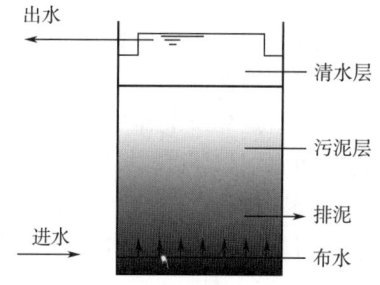

图 5-4-11 升流式水解酸化反应器结构示意图

(2) 复合式水解酸化反应器

如图 5-4-12 所示，在升流式水解酸化反应器的污泥层内增设填料层，形成复合式的水解酸化反应器。反应器上部为填料层、下部为污泥层，中间留出一定的空间以便悬浮状态的絮状污泥和颗粒污泥停留，增加了反应器的生物量，延长微生物与废水的接触时间。

(3) 完全混合式水解酸化反应器

如图 5-4-13 所示，在反应器内设置搅拌装置使废水与污泥完全混合实现水解酸化。完全混合式水解酸化反应器一般后接沉淀池进行泥水分离，污泥再回流至水解酸化反应器中。

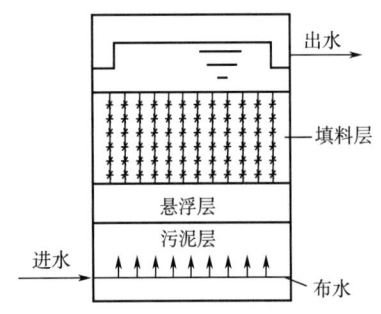

图 5-4-12 复合式水解酸化
反应器结构示意图

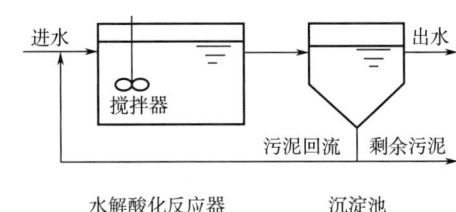

图 5-4-13 完全混合式水解酸化
反应器结构示意图

5.4.6.3 主要设计和运行参数

水解酸化反应器主要设计和运行参数包括 pH、COD：N：P、进水浓度、溶解氧、污泥液面以及排泥。

(1) pH

水解酸化反应器运行时，pH 应控制在 5.0～9.0。pH 太低或太高都对生化不利。

(2) COD：N：P

COD：N：P 宜控制为 (100～500)：5：1。

(3) 进水浓度

当废水可生化性较好时，水解酸化反应易进入厌氧产甲烷阶段，COD 浓度宜控制小于 1500mg/L；当废水可生化性较差时，COD 浓度对水解酸化反应器影响不大，利用水解酸化可提高废水可生化性，COD 浓度可适当放宽。

(4) 溶解氧

通过调整水解酸化反应器进水中的溶解氧，控制反应器内氧化还原点位低于 0mV。

(5) 污泥液面

尽量避免反应器中完全充满污泥或泥面太低缺泥。升流式水解酸化反应器污泥层应维持在出水堰以下 1.0～1.5m。

(6) 排泥

应定期 (3～6d) 排泥，避免污泥在厌氧状态下产甲烷，每次排泥量约为池容的 1/10～1/5。

思 考 题

1. 简述好氧和厌氧生物处理废水的原理和适用条件。
2. 试述微生物生长的规律及废水生物处理主要的生物种类及特点。
3. 什么是活性污泥法？简述其基本工艺流程。
4. 说明污泥龄在废水处理设计和运行管理中的作用。
5. 简述生物脱氮、除磷的环境条件和工艺特点。
6. 简述 CASS 工艺系统反应器的组成、作用及工艺优缺点。
7. 什么是生物膜法？比较生物膜法和活性污泥法的优缺点。
8. 与活性污泥法相比，MBR 工艺有哪些优缺点？
9. 厌氧发酵分为几个阶段？影响厌氧生物处理的主要因素有哪些？
10. 废水厌氧处理有哪些优势及不足？
11. 简述 EGSB 反应器的工作原理及其特点。

第6章 污泥处理与处置

6.1 污泥的特性与处置

6.1.1 污泥的来源及分类

废水处理过程中会产生大量的固体悬浮物质，这些物质统称为污泥。污泥包括各种自然沉淀中截留的悬浮物质，以及生物处理和化学处理过程中由溶解性物质和胶体物质转化而成的悬浮物质。

污泥按照来源和成分的不同，可分为初沉污泥、剩余活性污泥与腐殖污泥、消化污泥、化学污泥、有机污泥、无机污泥等。

①初沉污泥。来自初沉池，其性质因废水的成分而异。

②剩余活性污泥与腐殖污泥。来自活性污泥法和生物膜法后的二沉池。前者称为剩余活性污泥，后者称为腐殖污泥。

③消化污泥。初沉污泥、剩余活性污泥与腐殖污泥等经过消化稳定处理后的污泥称为消化污泥。

④化学污泥。用混凝、化学沉淀等化学法处理废水所产生的污泥称为化学污泥。

⑤有机污泥。主要含有有机物，典型的有机污泥是剩余生物污泥，如活性污泥和生物膜、厌氧消化处理后的消化污泥等，此外还有油泥及废水固相有机污染物沉淀后形成的污泥。

⑥无机污泥。以无机物为主要成分，也称泥渣，如废水利用石灰中和沉淀、混凝沉淀和化学沉淀的沉淀物等。

6.1.2 污泥的性能指标

污泥性能指标对选择污泥的处理处置方法具有重要作用。污泥性能指标主要包括含水率、污泥比重、污泥比阻、毛细吸水时间、挥发性固体和灰分、污泥的可消化程度、污泥的肥分、污泥的卫生学指标。

(1) 含水率

含水率指单位质量污泥中所含水分的百分数。污泥含水率的大小，对污泥的运输、提升、处理和利用都有很大影响。

污泥中水分的存在方式有3种：游离水、毛细水以及内部水。

①游离水存在于污泥颗粒间隙中，也称为间隙水，占污泥水分的70%左右。这部分水一般借助外力可以与泥粒分离。

②毛细水存在于污泥颗粒间的毛细管中，约占污泥水分的20%。毛细水也有可能用物理方法分离出来。

③内部水包括黏附于污泥颗粒表面的附着水和存在于其内部（包括生物细胞内）的内部水，约占污泥中水分的 10%。内部水只有干化才能分离，但也不完全。

污泥的处理方法常取决于污泥的含水率和最终的处置方式。例如，对于含水率为 98% 的污泥，一般要考虑浓缩，使含水率降至 96% 左右，以减少污泥体积，有利于后续处理。为了污泥处理期间运输便利，污泥要脱水，使含水率降至 80% 以下，失去流态。通常若污泥进行填埋，其含水率要在 60% 以下。

(2) 污泥比重

污泥比重指污泥质量与同体积水质量之比。由于污泥含水率很高，污泥比重往往接近于 1。

(3) 污泥比阻

污泥比阻指单位过滤面积上，单位质量干污泥所受到的过滤阻力。比阻的大小与污泥中的有机物含量及其成分有关。

(4) 毛细吸水时间

毛细吸水时间指污泥中的水在吸水纸上渗透距离为 1cm 所需要的时间。比阻与毛细吸水时间之间存在一定的对应关系，通常比阻越大，毛细吸水时间越长。

(5) 挥发性固体和灰分

挥发性固体（VSS）表示污泥中的有机物含量，又称为灼烧减重；灰分（NVSS）则表示污泥中的无机物含量，也称为灼烧残渣。

(6) 污泥的可消化程度

污泥中的有机物是硝化处理的对象。一部分是可以被消化降解的；另一部分是不易或不能被降解的，如脂肪和纤维素等。用可消化程度表示污泥中可被消化降解有机物的比例。

(7) 污泥的肥分

污泥的肥分主要指氮、磷、钾、有机质、微量元素等的含量。肥分指标直接决定污泥是否适合作为肥料进行综合利用。

(8) 污泥的卫生学指标

从废水生物处理系统排出的污泥含有大量的微生物，包括病原体和寄生虫卵。未经卫生处理的污泥直接排放到环境或施用于农田是不安全的。卫生学指标指污泥中微生物的数量，尤其是病原微生物的数量。

6.1.3 污泥的处理目标

污泥内部含有微生物、细胞细菌等质软的物质，缺乏骨料物，导致污泥胶体柔软，在强大的压力下容易形成致密的泥饼，堵塞滤饼层通道，影响脱水效果。污泥的处理是对污泥进行减量化、稳定化、无害化和资源化的过程。

(1) 减量化

污泥减量化是通过物理、化学、生物等手段，使整个废水处理系统对外排放的生物污泥体量达到最少，污泥的含水率达到最低。

(2) 稳定化

对污泥进行消化处理后，可以杀死大部分蛔虫卵、病原菌和病毒，提高污泥的污水指标。而且经消化处理后，已腐败的部分有机物被分解转化，恶臭大大降低且不易腐败，方便运输及处理。

（3）无害化

对稳定化后的污泥中部分有机物进一步降解，彻底进行无害化处置，便于污泥的安全填埋及资源化利用。

（4）资源化

污泥可通过多种方式进行资源化利用。如污泥厌氧消化可以回收沼气，污泥干化后作为建筑材料，还可以从污泥中提取有用的生物蛋白等。

6.1.4 污泥的处理处置工艺流程

一个完整的污泥处理处置系统通常包括由不同的处理单元组成的工艺流程，如浓缩、消化、调理、干化、焚烧以及资源化利用等处理单元的组成。污泥处理处置典型的工艺流程如图 6-1-1 所示。

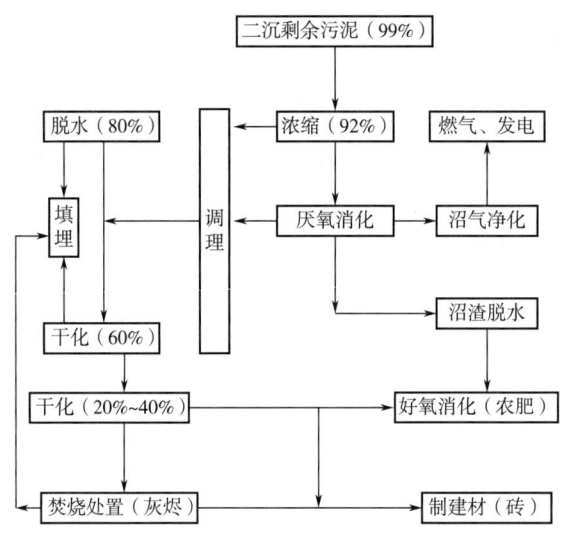

图 6-1-1　污泥处理处置工艺流程示意图

污泥浓缩的主要目的是初步减少污泥体积，浓缩时排出大部分上清液，这样可以降低设备容量，缩小后续处理构筑物的容积。

污泥消化的主要目的是分解污泥中的有机物，减少污泥的体积并杀死污泥中的病原微生物和寄生虫卵。主要分为厌氧消化和好氧消化两大类。

污泥脱水的主要目的是进一步减少体积，脱水后的污泥由液态变成固态，方便运输和消纳，脱水采用机械脱水方式。

污泥调理的主要目的是破坏污泥细胞水化膜，达到良好的污泥消化和污泥脱水的处理效果。

污泥处置与利用的主要目的是防止污泥可能造成的各种环境污染，或是将污泥进行有效的资源化利用，主要有焚烧、堆肥和制建材。

6.2 污泥浓缩

污泥浓缩的主要目的是降低污泥体积、减少污泥量。污泥浓缩的脱水对象是污泥的间隙水。例如,剩余活性污泥的含水率高达 99%,若含水率减小为 98%,则相应的污泥体积降为原体积的一半,如果后续处理为厌氧消化,则消化池容积可大大缩小;如果进行湿式氧化,不仅进入所需的热量可以大大减小,而且提高了污泥自身的比热。污泥浓缩的技术限值大致为:活性污泥含水率可降至 97%~98%,初沉池污泥可降至 90%~92%。

污泥浓缩的方法主要有重力沉降浓缩、气浮浓缩和机械强制浓缩 3 种。重力沉降浓缩法是污泥处理中广泛采用的一种方法,但浓缩效果一般;气浮浓缩法固液分离效果好,应用越来越广泛。机械强制浓缩占地面积小,造价低,但运行费用与机械维修费用较高。

6.2.1 重力沉降浓缩

6.2.1.1 重力浓缩工艺原理

重力浓缩是指利用重力将污泥中的固体与水分离,使污泥的含水率降低的方法。重力浓缩适用于浓缩比重较大的污泥和沉渣,可以用于浓缩来自初沉池的污泥,或来自初沉池污泥和活性污泥法二沉池的剩余污泥的混合污泥,或来自初沉池污泥和生物膜法二沉池污泥的混合污泥,也可以直接浓缩来自曝气池的剩余污泥。污泥重力浓缩的构筑物称为污泥浓缩池。

6.2.1.2 浓缩池的运行方式

污泥重力沉降浓缩的运行方式有间歇运行和连续运行两种。连续运行的浓缩池按流动状态可分为竖流式和辐流式两类。

(1) 间歇运行

间歇式污泥浓缩池工艺结构如图 6-2-1 所示。首先将待浓缩的稀污泥排入,沉降一段时间后,分层排出上清液,然后通过排泥管排放污泥。间歇式重力浓缩的主要影响因素是浓缩时间,若浓缩时间太短,会导致污泥浓缩效果不好,若浓缩时间太长,不仅将增加浓缩池容积,而且会使污泥进入厌氧状态,释放气体,进而破坏浓缩过程。

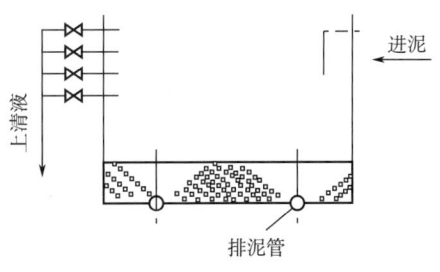

图 6-2-1 间歇式污泥浓缩池工艺结构示意图

(2) 连续运行

连续运行的重力浓缩池的构造与沉淀池基本相同,其工作状况如图 6-2-2 所示。被浓缩的污泥由中心筒进入浓缩池,浓缩后的污泥由池底(底流)排出,澄清水由溢流堰溢出。浓缩池沿高程可大致分为 3 个区域:顶部为澄清区,中部为进泥区,底部为压缩区。进泥区的污泥固体浓度与被浓缩污泥的固体浓度大致相同;压缩区的浓度则愈往下愈浓,在排泥口达到要求的浓度。澄清区与进泥区之间有一污泥面(即浑液面),其高度由排泥量控制,通过调节底流流量可改变浑液面的高度和污泥的压缩程度。

6.2.1.3 主要设计和运行参数

间歇式重力浓缩的主要影响因素是浓缩时间。连续式重力浓缩的主要影响因素是固体

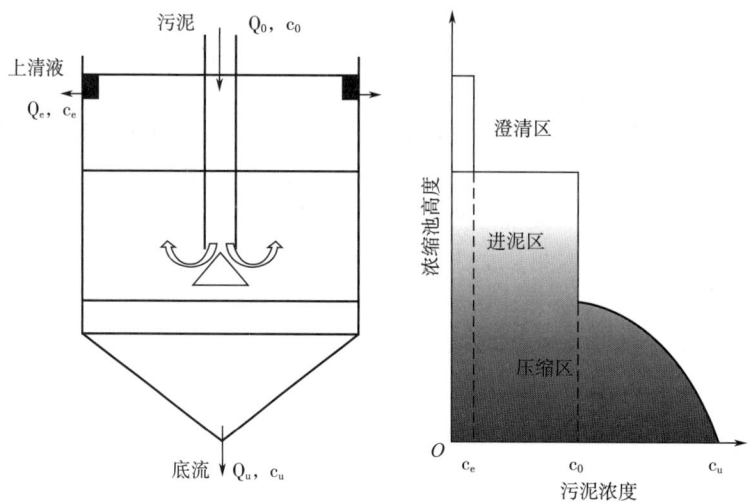

图 6-2-2 连续运行的重力浓缩池工作状况示意图

负荷、浓缩时间、污泥含水率、有效水深和刮泥机外缘线速度。

①固体负荷宜采用 30~60kg/(m^2·d)。

②浓缩时间不宜小于 12h。

③进入污泥浓缩池的污泥含水率为 99.2%~99.6% 时,浓缩后污泥含水率降至 97%~98%。

④有效水深宜为 4m。

⑤采用刮泥机排泥时,其外缘线速度一般宜为 1~2m/min,池底坡向泥斗的坡度不宜小于 0.05,且在刮泥机上应设置栅条。

6.2.2 气浮浓缩

6.2.2.1 气浮浓缩工艺原理

气浮浓缩与重力浓缩相反,是依靠大量微小气泡附着在污泥颗粒的周围,减小颗粒的比重而强制上浮。因此气浮法对于比重接近于 1 的污泥尤其适用。气浮浓缩操作简便,运行中同样有一定臭味,动力费用高,对污泥沉降性能(SVI)敏感。适用于剩余污泥产量不大的活性污泥法处理系统,尤其是生物除磷系统的剩余污泥。

污泥气浮浓缩法常用出水部分回流加压溶气气浮,工艺流程如图 6-2-3 所示。该工艺采用出水回流加压溶气,因此可减少对絮状污泥的剪切作用,避免加压泵、压力容器、减压阀的阻塞。可将污泥浓缩到含水率为 94%~96%,但如不用化学絮凝剂,只靠重力浓缩,只能和重力浓缩后污泥含水率为 97%~98% 的浓缩效果一致。

6.2.2.2 气浮浓缩工艺特点

气浮浓缩主要工艺特点:

①能够同时对二沉池和初沉池产生的污泥和浮渣进行浓缩。

②气浮浓缩可以对初沉池和二沉池混合污泥进行沉砂分离。

③能够产生性质均匀的混合浓缩污泥。

④允许浮渣和污泥以最大流量进入浓缩池。

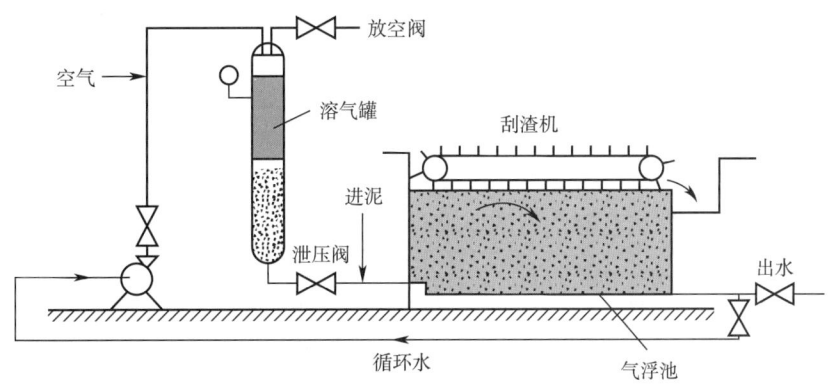

图 6-2-3　加压气浮浓缩工艺流程示意图

⑤可以显著降低浓缩后上清液中可溶性有机物含量。

6.2.2.3　主要设计和运行参数

气浮浓缩的工艺控制与技术参数主要包括：进泥量、水力负荷、混凝剂投加量与停留时间、回流比、溶气罐压力、回流水加压泵出口压力、加压水量、进气量、循环水池、刮泥作业。

(1) 进泥量

如果进泥量太大，超过气浮浓缩系统的浓缩能力，则排泥浓度下降；反之，如果进泥量太小，则造成浓缩能力的浪费。气浮池的固体表面负荷一般在 50~120kg/(m^2·d) 范围内，污泥进料浓度不应超过 5g/L。

(2) 水力负荷

确定了进泥量、空气量及加水量之后，还应对气浮池进行水力表面负荷的核算。对活性污泥，水力表面负荷一般应控制在 120m^3/(m^2·d) 以内，如果太高，会使澄清液的固体浓度明显升高，降低污泥浓缩的效果。

(3) 混凝剂投加量与停留时间

混凝剂投加量与停留时间应根据实验确定。一般情况下，混凝剂投加量为干污泥重的 2%~3%，反应时间为 5~10min，气浮池水力停留时间为 2h。

(4) 回流比

回流比指加压溶气所用的水量与需要浓缩的污泥量之比，按照体积百分比计，一般为 25%~35%。

(5) 溶气罐压力

水在加压溶气罐内停留时间一般为 1~3min，绝对压力为 0.3~0.5MPa。溶气罐高径比为 2:4。

(6) 回流水加压泵出口压力

加压泵的出口压力不应低于溶气罐压力，一般控制在 0.3~0.5MPa，否则可能会导致回流水压不进溶气罐，使得罐内液位下降，影响污泥浓缩运行。

(7) 加压水量

加压水量应控制在合适的范围内。水量太少，溶不进气体，不能起到气浮效果；水量太大，不仅能耗升高，也可能影响细微气泡的形成。溶气效率及加压水的饱和度与压力有关，在 0.3～0.5MPa 下，一般为 50%～80%。

(8) 进气量

进气量的控制将直接影响排泥浓度的高低。一般来说，溶入的气量越大，排泥浓度也越高，但能耗也相应增高。气浮浓缩的气固比（A/S）是指单位质量的干污泥量在气浮浓缩过程中所需要的空气质量。表 6-2-1 为不同的 A/S 值对应的排泥浓度。可根据实验或运行实际，并针对后续处理工艺对浓缩的要求，确定适合实际情况的 A/S 值。

表 6-2-1　　　　不同气固比（A/S）值对应的排泥浓度（SVI＝100）[12]

气固比(A/S)	0.010	0.015	0.020	0.025	0.030	0.040
排泥浓度/%	1.5	2.0	2.8	3.3	3.8	4.5

(9) 循环水池运行

循环水池用以接受由气浮池流出的分离液，供加压溶气水循环使用，池容可按加压溶气水量在池中停留 20min 计算。

(10) 刮泥作业

气浮池液面污泥层厚度与刮泥周期有关，刮泥周期越长（即刮泥次数越少），泥层越厚，污泥的含固量也越高。泥层厚度通常在 0.2～0.6m，越往上层，含固量越高，平均含固量在 4% 以上。一般情况下，泥层厚度增至 0.4m 时，即应开始刮泥。刮泥机的刮泥速度一般控制在 0.5m/min 以下。每次刮泥深度不宜太深，可浅层多次刮除，否则会使泥层底部的污泥带着水分翻至表面，从而影响浓缩效果。

入流污泥中的固体并不会全部上浮至表面，约有近 1/3 的泥继续沉降至气浮池底部，这部分主要是无机成分，包括沉砂池未去除的一些细小沉砂。因此，气浮池底部一般也必须设置刮泥机，将沉下的污泥及时刮除。

6.2.3　机械强制浓缩

机械强制浓缩是采用机械装置，通过压榨、真空、离心、挤压等机械外力，对污泥颗粒进行强制过滤的工业分离并实现污泥浓缩的过程。机械强制浓缩采用的设备成为污泥浓缩机。常用的污泥浓缩机有带式浓缩机、转鼓式浓缩机、离心式浓缩机和叠螺式浓缩机。

6.2.3.1　带式污泥浓缩机

滤带压榨重力浓缩法是利用滤带，依靠重力浓缩污泥的一种机械浓缩方法。如图 6-2-4 所示，带式污泥浓缩机的工作原理是在重力作用下通过滤带滤除污泥中的自由水。在对污泥进行化学絮凝调理后，污泥颗粒被凝结成较为紧密的大絮团，原来聚集在污泥颗粒之间的自由水得到充分释放，然后依靠重力通过带式浓缩机的滤带滤除这些自由水，从而达到污泥浓缩的目的。带式浓缩机可连续运行，经过化学絮凝调理的污泥通过机械进料分配器均匀地分布在循环运动的滤带上，污泥与化学药剂的絮凝作用促使污泥水分在重力作用下不断释放出来。

带式浓缩机因其工艺流程简单，可连续运行，控制操作简便，具有投资及运行费用适中、浓度效果好、对各种性能的污泥适应性强等特点，被广泛应用于污泥浓缩处理中。但实际运行中会受到污泥中化学絮凝剂的高分子浓度的影响，运行时湿度和黏度较大，因而需要仔细操作。

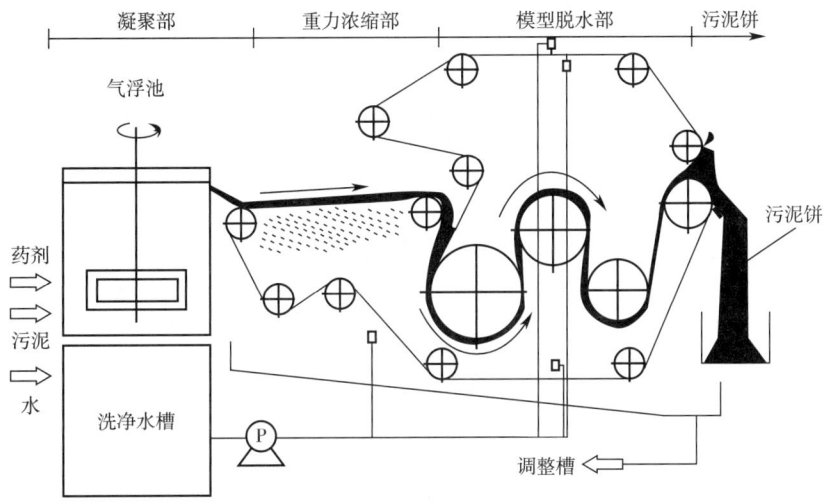

图 6-2-4　带式污泥浓缩机工作原理示意图

带式污泥浓缩机也可加装真空装置，由于施加负压环境，也被称为带式真空污泥浓缩机。

6.2.3.2　离心式污泥浓缩机

离心式污泥浓缩机工作原理是污泥中固、液比重不同，在高速旋转的机械中具有不同的离心力，再由不同的通道导出机外实现固液分离。离心机借其强大的离心力，在活性污泥含水率为99.5%左右时离心浓缩，可以将含水率降低至94%左右。

（1）转碟式离心浓缩机

转碟式污泥浓缩机工作原理如图6-2-5所示，其构件包括多层叠的锥形碟片，每个转碟相当于一个独立的低能力离心机，污泥则在转碟间进行分离，澄清液沿着中心轴向上流动，从顶部排出，固体则集中在离心机转筒底边缘，经排放口排出。

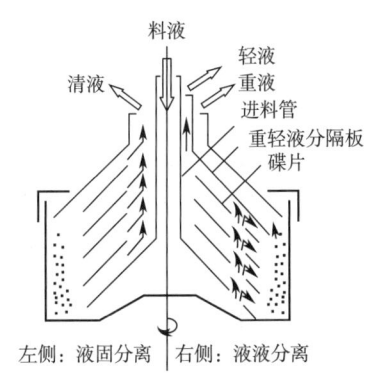

图 6-2-5　转碟式离心浓缩机工作原理示意图

（2）卧螺式离心浓缩机（卧式螺旋离心浓缩机）

卧螺式污泥浓缩机工作原理如图6-2-6所示，其由一长转筒和一同心螺旋轴构成，一般转筒水平安装，一端逐渐缩小，污泥被连续引入装置，固体向周围离心浓缩，由于旋转速率的差异，浓缩污泥被逐渐移向碟片的渐缩端，进一步浓缩，脱水和分离液分别从前后端排出。卧螺式离心浓缩机应用较普遍。

6.2.3.3　叠螺式污泥浓缩机

叠螺式污泥浓缩机原理如图6-2-7所示，是由一组固定环和活动环相互层叠，螺旋轴贯穿其中形成的浓缩过滤叠螺体。污泥经絮凝调质自流进入浓缩过滤叠螺体中，随着螺旋轴的转动持续往前移动，叠螺体的腔体积不断减小，滤液从叠片间隙中滤出，叠螺体内的污泥被逐渐压缩，导致污泥含固量逐渐升高，从而实现污泥快速浓缩。由于螺旋轴旋转过程中会带动活动环和固定环之间形成错位移动，因此能实现连续自动清洗过程，避免传统

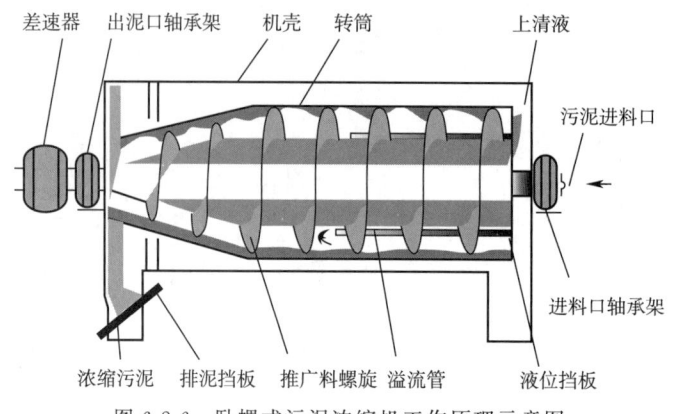

图 6-2-6　卧螺式污泥浓缩机工作原理示意图

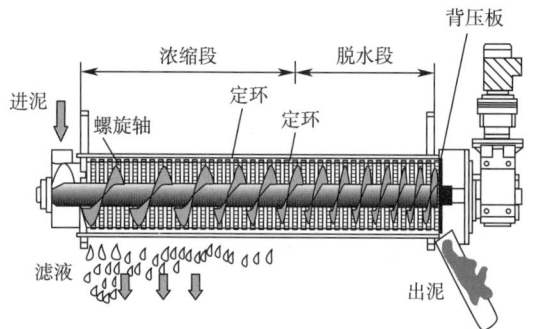

图 6-2-7　叠螺式污泥浓缩机工作原理示意图

设备存在的堵塞问题。

叠螺式污泥浓缩机可作为污泥脱水和深度脱水的预处理设备，适用于含水率为95%～99.8%的污泥浓缩。浓缩后污泥含水率在90%～96%范围内稳定可调。浓缩效率高，占地面积小；无滤布，自清洗；无堵塞，无需高压反冲洗水；低速运转，低能耗，运行成本低；无振动，无噪声；封闭式作业，减少臭气产生；易损部件少，维修成本低，使用寿命长；全自动控制，连续运行，维护管理简单。

6.2.3.4　污泥浓缩机性能比较

几种类型的污泥浓缩机的运行参数见表 6-2-2。由表中性能和能耗的运行参数数据分析比较可知，高分子絮凝剂投加量方面，叠螺式污泥浓缩机过高；能耗方面，离心式污泥浓缩机过高，叠螺式污泥浓缩机最低；处理能力方面，带式污泥浓缩机最高；污泥浓缩效果方面，带式污泥浓缩机最好。可见，带式污泥浓缩机综合性能最好且价格适中，因此应用广泛；离心式污泥浓缩机尽管能耗较高，价格昂贵，但具有药耗少、设备便于操作的特点，也获得厂家青睐。

表 6-2-2　　　　　　　　　几种污泥浓缩机运行效果的比较[12]

项目	叠螺式浓缩机	离心式浓缩机	带式浓缩机
絮凝剂消耗量（按 DS 计）/(kg/t)	7.9	2.9	3.0
处理量/(m³/h)	43.4	39.2	51.9
进泥含固率/%	0.57	0.57	0.54
污泥干固量/(kg/h)	248	223	282
出泥含固率/%	4.7	4.1	6.6
滤液固体浓度/(kg/m³)	0.2	0.21	0.17
固体回收率/%	96.7	97.1	97.5
能耗（按 DS 计）/(kW·h/kg)	0.014	0.130	0.025

6.3 污泥消化

污泥消化利用了微生物的代谢作用，使污泥中的有机物质稳定化，减少污泥体积，降低污泥中病原体数量。当污泥中的挥发固体（VSS）含量降低到 40% 以下时，即任务已达到稳定化。污泥消化稳定可分为厌氧消化和好氧消化两类，其中厌氧消化最为常用，6.3 节只介绍污泥厌氧消化。

6.3.1 污泥厌氧消化原理

厌氧消化是利用兼性菌和厌氧菌兼性厌氧生化反应分解污泥中有机物质的一种污泥处理工艺，工艺原理与废水厌氧消化相同。

消化后的污泥称为熟污泥或消化污泥，这种污泥易于脱水，所含有机固体物数量减少，不会腐化，氨氮浓度增高，污泥中的致病菌和寄生虫卵大为减少。一般消化后的污泥体积可减少 60%～70%。在污泥消化过程中，将产生大量高热值的沼气，可作为能源利用，使污泥资源化。另外，污泥经消化后，其中的部分有机氮转化成了氨氮，提高了污泥的肥效。

6.3.2 污泥厌氧消化法分类

污泥厌氧消化法常用有 3 种：低负荷消化法、高负荷消化法以及两相消化法。常用消化温度为 30～37℃。

(1) 低负荷消化法

低负荷消化池结构如图 6-3-1 所示，池内不加热，不设搅拌装置，间歇投加污泥和排出污泥。污泥进入后进行快速消化并产气后，气泡的上升所起的搅动作用是唯一的搅拌作用。池内形成 3 个区，上部浮渣区，中间为上清液，最下层为污泥区。经消化的污泥在池底浓缩并定期排出，上清液回到水处理流程的前端进行处理。产生的沼气从池顶收集和导出。污泥消化、浓缩和形成上清液在消化池内同时完成。一般负荷率为 0.4～1.6kg (VSS)/m³·d。低负荷消化池存在池内分层、温度不均匀、有效容积小等问题，使其消化时间长达 30～60d，仅适合于小型污水厂的污泥处理。

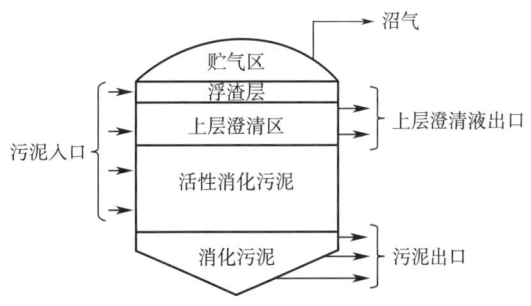

图 6-3-1 低负荷消化池结构示意图

(2) 高负荷消化法

高负荷消化池结构如图 6-3-2 所示，池内设有搅拌设备，其搅拌、污泥投配及

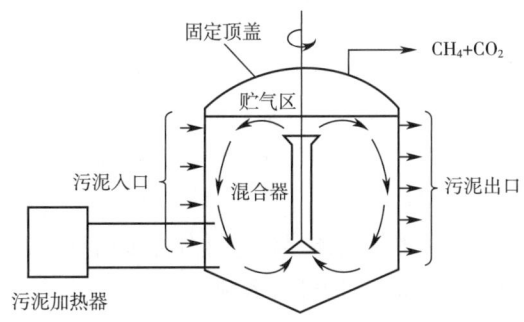

图 6-3-2 高负荷消化池结构示意图

熟污泥排出等工序为连续进行，不存在分层现象。消化时间仅为低负荷消化池的1/3左右（10~15d），固体负荷约提高4~6倍。

(3) 两相消化法

根据厌氧消化原理，污泥消化分为水解酸化和产甲烷两个阶段。在这两个阶段中，有不同的微生物参与不同的反应过程，因此代谢环境也有差异，两相消化法就是将产酸和产甲烷两个阶段分别在两个单独的反应池中完成，可为各大类微生物提供最佳的繁殖条件，得到最好的消化效果。

两相消化系统如图6-3-3所示，将污泥消化和污泥浓缩分成两段进行，第一级消化池进行加热、搅拌、产气和除渣，第二级消化池不加热，不搅拌，只是利用第一级消化预热，将反应温度控制在一定范围，继续消化、浓缩、排出上清液。第二阶段不搅拌、不加热，所以动力消耗较少，且消化更加彻底。

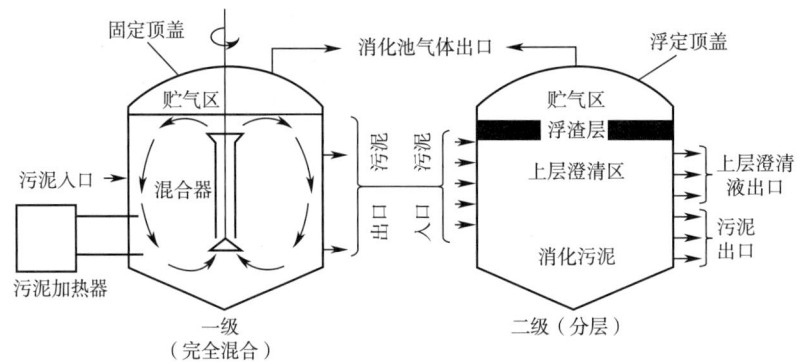

图 6-3-3 两相消化系统示意图

两相消化产气量比单级消化大约增加10%~15%，其中第一级消化产气占总产气的90%。两相消化的总池容与单级消化池相同。但因消化池的数量增加一倍，基建投资和占地面积较大。

6.3.3 污泥厌氧消化系统组成

污泥厌氧消化系统由消化池、进排泥系统、搅拌系统、加热系统和集气系统等5部分组成。

6.3.3.1 消化池

厌氧消化池按其容积是否可变，分为固定盖式和移动盖式两类。固定盖式消化池容积在运行过程中不会发生改变，这种消化池需要附设可变容的湿式气柜，用以调节沼气产量的变化，管内大多数采用固定盖式。移动盖式消化池的顶盖可以上下移动，因此消化池的气相容积可以随着气体量的变化而变化，一般不再需要设置气柜，多应用在小型污水处理厂的污泥消化中。

消化池按池体形状，可分为细高形、粗矮形和卵形3种，如图6-3-4所示。

6.3.3.2 进排泥系统

消化池进泥与排泥形式多样，有上进下直排泥、上进下溢流排泥、下进上溢流排泥等不同方式，如图6-3-5所示。一般认为，上部进泥下部溢流排泥方式最佳。上进下直排泥方式需要严格控制进、排泥量，一旦失去平衡，便会引起池内液位偏差，若进泥量小于排泥量，液位下降，池内气相存在产生真空的危险；如果进泥量大于排泥量，液位上升，气体体积缩小甚至导致污泥从溢流管流出。下进上溢流排泥时，原本消化成熟的污泥在搅拌停止时会沉淀到底部，未经消化的污泥浮在上部被溢流带走，降低消化效果。

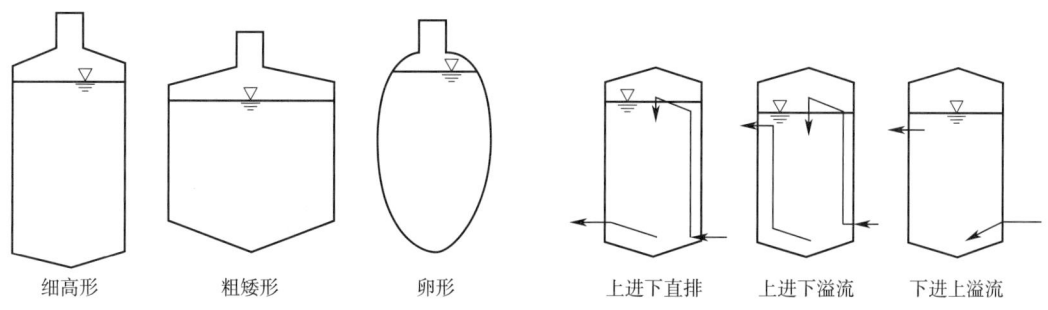

图 6-3-4　消化池形状示意图　　　　图 6-3-5　进排泥系统示意图

6.3.3.3 搅拌系统

消化池内的搅拌可以使污泥颗粒与厌氧微生物均匀混合，厌氧菌有充足的食物，污泥浓度、pH 和温度等参数保持均匀，避免了分层现象，减少了池底泥沙沉积与池面浮渣的形成。遇到较大负荷冲击时，搅拌可以起到一定快速稀释的作用，将外部冲击带来的不利影响降至最低，常见的搅拌方式有机械搅拌、水力循环搅拌和沼气搅拌，如图 6-3-6 所示。

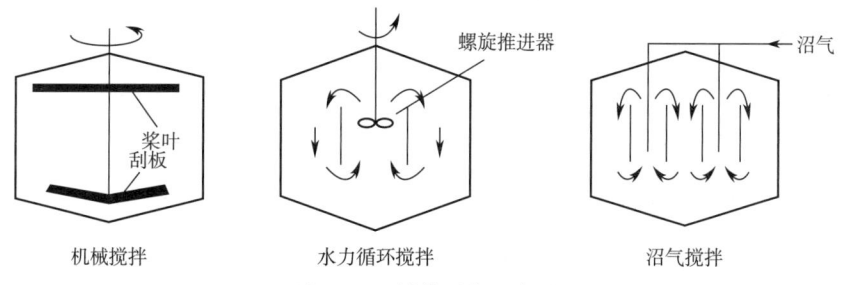

图 6-3-6　搅拌系统示意图

(1) 机械搅拌

机械搅拌需在消化池内加装搅拌桨。机械搅拌装置简单，但搅拌力较弱，当污泥投入时容易发生短路或者纤维物等缠绕桨叶等情况，影响搅拌强度。此外驱动轴从空中贯通到池内部，会产生漏气问题。

(2) 水力循环搅拌

水力搅拌需在消化池内加装导流筒，筒内安装螺旋推进器实现循环。由于池内没有机械转动装置，因此维修管理方便、简单，泵设置在池壁或者污泥泵房。水力搅拌常作为辅助措施配合机械搅拌使用，具有不能打碎浮渣、能耗较大的缺点。

(3) 沼气搅拌

沼气搅拌是将消化池内气相部分的沼气抽出经压缩后再送回池内进行气体搅拌。沼气搅拌在池内液位有变动的情况下也能维持恒定搅拌力，池内无传动部分，故障少，搅拌力稳定。但难以掌握适当的搅拌用气量。

6.3.3.4 加热系统

要使消化液保持在所要求的温度,就必须对消化池进行加热。加热方法分为池内加热和池外加热两种方法。

(1) 池内加热

池内加热就是采用热水或热蒸汽,在消化池内直接对污泥进行加热,如图6-3-7所示。热水池内加热,热效率低,循环热水管外层易结垢而降低传热效率;热蒸汽的换热效率高,但是增加了污泥含水率,增大污泥量。

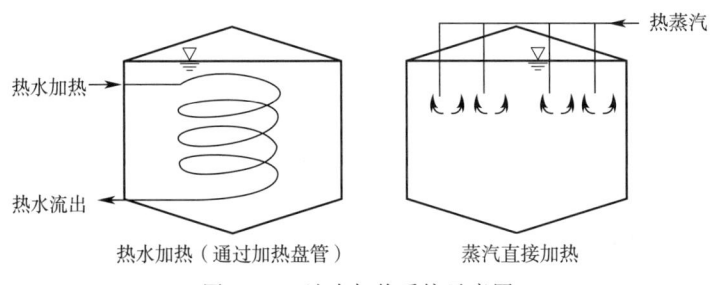

图6-3-7 池内加热系统示意图

(2) 池外加热

池外加热是将污泥在池外进行加热,有预加热和循环加热两种方式,如图6-3-8所示。预加热为将生物泥在预热池内加热到所要求的温度,再进入消化池;循环加热为将池内污泥抽出,加热至要求的温度或再打回池内。循环加热方法可采用套管式换热器、管壳式换热器以及螺旋板式换热器。

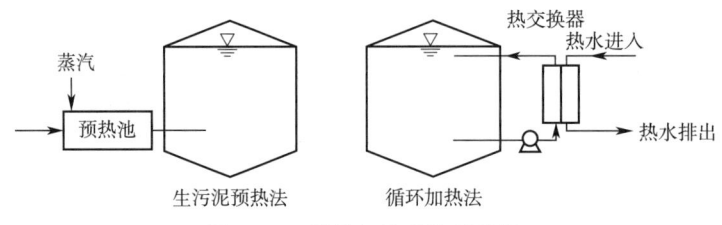

图6-3-8 池外加热系统示意图

6.3.3.5 集气系统

集气系统包括气柜和管路。气柜容量一般要容纳消化池6～10h的产气量,管路系统应设置压力控制装置、安全保障装置和通气报警装置,还要设置取样口和湿度仪、压力表以及除湿、脱硫和阻火等装置。

6.3.4 污泥厌氧消化池工艺设计和运行参数

厌氧消化是一个非常复杂的生化过程,各个阶段的微生物相互依存、相互影响,微生物的多样性也使厌氧消化受到多种因素影响。

(1) 温度

厌氧消化池内温度对各反应物质的物理化学特性、微生物代谢速率、微生物的多样性均会产生较大影响。污泥厌氧消化广泛采用中温消化(30～38℃)。

(2) 污泥的投加比

污泥投加比是消化池运行管理的重要指标,也是影响厌氧消化的重要参数。新鲜的污泥单独消化时需要很长的时间,因此,实际生产中要经常定量向消化池内投加新鲜污泥,与池内腐熟污泥混合,加快消化池内的物质传递和转化过程,甲烷菌可以快速利用消化液的缓冲能力及时获取足够养分,可以在最佳条件下发挥其分解功能,增加产气量并降低消化时间,减少消化池容积。

污泥投加比有两种计量方式:

① 每日新加的污泥体积占消化池总体积的百分比。例如投加比为10%,就意味着新加入的污泥在消化池内平均停留时间为10d,投加比与消化时间互为倒数,这种方式应用较为普遍。

② 单位消化池有效容积每日接纳的有机物质量,单位为 $kg/(m^3 \cdot d)$。投加比例过高,消化池内新鲜污泥较多,池内有机酸可能会积累,从而导致pH下降,产气率低;投加比例过低,消化池的消化反应较为完全,产气率也较高,但是消化池的利用率降低,成本增加。不同处理设施的污泥投加比是不同的,中温消化的投加比一般控制在5%左右,实际生产中要根据运行经验确定合适的投加比。

(3) 搅拌

消化池的正常运行依赖适度的搅拌,这样可以使池内污泥浓度分布均匀,有利于微生物生长繁殖,并提高其生物活性。污泥的有效混合具有以下优点:

① 进料污泥得以充分混合,与微生物充分接触;
② 减少浮渣积累,减少可沉降物质在消化池底部的积累;
③ 稀释了冲击性物质,如进料中的有毒物、不适宜的pH和温度;
④ 防止热分层,促进气体与消化液分离。

(4) 营养元素

污泥中的有机物,特别是有机物的碳氮比对消化过程有很大影响。碳、氮、磷、硫和其他微量元素是微生物生长必不可少的营养元素。若氮含量过低,微生物生长所需氮量不足,消化液的pH将下降;氮含量过高,胺盐积累,pH会升高。pH一旦超过微生物生长适宜的pH范围,将抑制微生物的生长。

(5) pH

pH及酸碱度直接影响微生物的生存环境,产甲烷菌对pH的变化非常敏感,其适宜的pH范围较窄,通常仅在6.5~7.5;而水解发酵菌和产酸菌适宜的pH范围较宽,为5.0~8.5。污泥在厌氧消化阶段,会产生多种有机酸,在消化池运行过程中经常会出现pH下降的现象,当有机酸大量积累时,产甲烷菌的生长将受到抑制,可能会导致整个厌氧消化无法正常进行;然而产甲烷菌在代谢时也会消耗消化池内的有机酸,使pH升高,并起到缓冲作用,阻止厌氧消化系统的酸化现象。因此维持污泥消化系统的pH平衡是系统稳定运行的基本保证。

(6) 抑制因子

由于消化过程非常复杂,影响污泥消化的抑制性因素也有很多,比如,污泥中的重金属含量超标、钠离子和钾离子浓度过高、中间产物浓度较高等。重金属易于富集,在达到一定浓度时,容易与微生物中的酶结合,从而使酶失去活性,因此重金属对污泥的厌氧消化过程具有毒害作用。有机物的降解或者pH值的调节会使得消化池内积累钠、钾离子，当达到一定浓度时，会抑制微生物活性，影响其新陈代谢。由于系统温度的波动、有机负荷过高或者有毒物质冲击等会引发产甲烷菌不能快速消耗系统中的氢和有机酸，从而导致酸的积累，间接地降低废水系统的pH，影响消化过程的正常运行。

(7) 消化污泥的性状特征

消化污泥具有以下性状特征：

①呈深灰色或者黑色，没有臭味，有橡胶或者焦油气味。

②pH应控制在7.0~7.5，呈中性或弱碱性。

③有机物分解较稳定，消化污泥中有机物占55%以下。

④污泥的脱水性能较好。

6.3.5 沼气的组成及利用

6.3.5.1 沼气的组成

沼气的成分比较复杂，其中最主要的成分是甲烷和二氧化碳，甲烷的体积分数约为55%~60%，二氧化碳的体积分数约为30%，甲烷和二氧化碳约占沼气总量的90%。此外，沼气中还含有少量其他气体，如氢气、氮气、氧气、硫化氢以及甲烷以外的其他碳氢化合物。

沼气的热值约为$21~25MJ/m^3$（$5000~6000kcal/m^3$），高于煤制气的热值，低于天然气的热值，具体取决于其甲烷的含量。

污泥消化产生的沼气中H_2S是值得注意的一种气体。其来源之一是蛋白质水解后发生脱硫反应，生成H_2S；其二是污泥中的硫酸盐SO_4^{2-}发生还原反应，生成H_2S。污泥消化产生的沼气中，其含量约为0.005%~0.08%。由于少量的H_2S存在，沼气略有臭味并具有毒性。H_2S易与气态水结合，冷凝后形成硫酸，加速对管道、阀门的腐蚀，缩短消化系统组件的使用寿命。

沼气中的水分将在管道中冷凝。若不及时清除，可能会在管道低洼处存水并阻塞气体流通。若在燃烧前不去除水分，将会降低加热系统的热量。

硅氧烷是一种含硅元素的挥发性有机物，这些物质在厌氧消化过程中以气体形式释放出来，在消化气设备中被氧化成细小、粗糙的二氧化硅砂砾，会加速设备磨损并且降低热效率。

6.3.5.2 沼气的净化处理

消化气需要脱除含有杂质，如泡沫、沉淀物、硫化氢和硅氧烷，在操作温度下，消化气中的杂质也包含水分在内。沼气利用前必须消除杂质，否则将损害以沼气为燃料的设备，降低其使用寿命。

(1) 泡沫与沉淀物的去除

为了净化消化气，许多消化系统装有泡沫分离器和颗粒物捕集气，这些设备使气体管道局部扩大以降低气体速度，从而收集气体中的泡沫和颗粒物，并排出聚集的冷凝物。

(2) 硫化氢气体的去除

去除硫化氢的方法很多，其中海绵铁处理法最为常用，就是使消化气通过海绵铁渗透层，发生放热反应，使硫化氢转变成硫化铁和水。同时也可以通过在工艺中投加铁盐，与硫反应生成不溶性硫化铁而减少消化气中硫化氢的含量，例如在初沉池、消化池的污泥循环泵抽吸口、机械搅拌器进口等。

(3) 水分的脱除

由于冷凝水的存在，一般在气体管路中设置一定的坡度，以便收集冷凝水。存水弯应位于管道最低点，不论气体在哪里冷却，冷却水皆在此被收集；也可通过冷冻式干燥机在冷却温度4℃条件下予以去除。

(4) 二氧化碳气体的去除

可以通过水洗或者化学洗涤、碳分子筛或者膜渗透等方法予以去除，但较为昂贵。

(5) 硅氧烷的去除

硅氧烷以气体形式存在，当燃烧时气态硅氧烷转化成细小的二氧化硅颗粒，这些颗粒很难被普通洗涤器、燃烧设备或者燃烧室捕集，为了保护设备，消化气在进行燃烧时需要通过气体干燥器或者活性炭洗涤器以去除其中的硅氧烷。

6.3.5.3 沼气系统的组成

沼气系统的组成包括集气室、输配系统、净化单元、储气柜、阻火器和用气设备。

集气室位于厌氧消化池的顶部，沼气由顶部的管道引出；集气室内保持一定的容积，具有良好的气密性，防止沼气外逸和空气的渗入。集气室能维持沼气压力相对稳定，也能防止沼渣及消化液进入沼气排放管。

输配系统包括输气管和配气管，其中集气室到储气柜间的沼气管称为输气管，储气柜至用户之间称为配气管。消化池气相的沼气通常处于水分饱和状态，使沼气中含有大量的水分。

净化单元包括脱硫和过滤两个部分，脱硫装置能将沼气中的硫化氢去除，防止硫化氢对设备和管道的腐蚀；同时也可降低大气污染，防止硫化氢燃烧转化成二氧化硫。脱硫方法分为干法和湿法两种。干法脱硫是在脱硫塔内装填多层吸收材料，将硫化氢吸收并去除，吸收材料多常用氧化铁，并定期更换。干法脱硫占地小，维护简单，但是脱硫效率一般较低。湿法脱硫一般采用液体吸收剂，常用的液体吸收剂是碳酸钠溶液或者氢氧化钠溶液。在脱硫塔内，吸收液从塔顶向下喷淋，沼气从塔底向上升，经过逆向接触使沼气中的硫化氢与吸收液的碱性物质发生中和反应，从而吸收沼气中的硫化氢。湿法脱硫的脱硫效率高，但运行管理较复杂，占地面积比干法大。

储气柜有低压和中压两种，低压储气压力为 0.01~0.03MPa，中压储气压力为 0.4~0.6MPa。气柜的容量一般要求容纳厌氧消化系统 6~8h 的沼气产量。

阻火器有湿式和干式两种。沼气与空气以一定比例混合后，遇到明火达到燃点温度即可燃烧。如果沼气系统存在负压，使部分空气进入沼气系统，混合气体一旦在沼气管道内产生回火，将破坏管道和设备，严重时会导致沼气泄漏而爆炸。因此，在锅炉、发动机和燃烧器之前的管路需要设置阻火装置。

沼气主要作为动力燃料，用在锅炉燃烧或驱动燃气轮机等用气设备。

6.3.5.4 沼气的利用途径

沼气利用的主要途径是沼气发动机和沼气锅炉。另外，为避免剩余的沼气直排造成空气污染或产生爆炸危险，一般还设置废气燃烧器，将剩余沼气烧掉。

沼气发动机有两种具体的利用形式，一种是驱动发电机发电，另一种是直接驱动鼓风机或污水提升泵，以节省能源。

沼气锅炉主要用途是为消化污泥加热，可采用热水锅炉，也可采用蒸汽锅炉，主要取决于消化池的加热方式。沼气锅炉的热效率较高，一般在90%以上，即能把沼气中能量的90%转化为热水或蒸汽对污泥进行加热。

废气燃烧器的燃气量一般应为消化系统的最大产气量，即保证在不利用沼气时，应将产生的所有沼气燃烧掉。废气燃烧器种类有多种，常用自动点火混合式燃烧器。

6.4 污泥脱水

污泥经浓缩、消化后，尚有95%～96%的含水率，体积仍然很大。为了综合利用和进一步处置，必须对污泥进行脱水处理，将污泥的含水率降低到80%以下。对于生化处理系统产生的有机污泥，必须通过污泥调理，改善污泥脱水性能，才能进行机械脱水，使脱水污泥含水率进一步降低到50%～60%。

6.4.1 污泥调理

6.4.1.1 污泥调理

污泥的机械脱水必须进行预处理，改善污泥脱水性能，提高机械脱水设备的能力。污泥调理的实质是要克服污泥颗粒的水合作用和电性排斥作用，使污泥颗粒脱稳，颗粒凝聚增大，易于脱水；此外还要改善污泥颗粒间的结构，减少过滤阻力，使污泥颗粒不致堵塞过滤介质（如滤布）。

初沉污泥、腐殖污泥、活性污泥及消化污泥等均由带有亲水性负电荷的颗粒组成，颗粒大小不一，且挥发性固体含量高，脱水性能较差。厌氧消化污泥由于有机物消化分解，易于脱水和干化，但是搅拌过度会破坏絮体，使厌氧消化后的污泥比阻升高，脱水性能恶化。要改善这种情况，需要投加混凝剂进行化学调理。

向污泥中投加化学药剂（如混凝剂、助凝剂）使污泥凝聚，提高脱水性能，是目前污泥调节常用的主要方法。化学药剂的投加量可用占污泥干固体重量的百分比计算，无机混凝剂为7%～20%，高分子聚合电解质投量在1%以下。具体投加量可以通过实验确定。

6.4.1.2 污泥调理常用化学药剂

（1）高分子絮凝剂

聚丙烯酰胺（PAM）为有机高分子聚合物，水溶性较好，具有阴离子型（APAM）、阳离子型（CPAM）和两性型衍生物，通过降低液体之间的摩擦阻力而具有较好的絮凝性。具有除浊、脱色、吸附、黏合等功能。

（2）大分子混凝剂

聚合氯化铝（PAC）也称碱式氯化铝，是一种水溶性无机大分子聚合物。PAC稳定性差，但具有良好的吸附、凝聚、沉淀等功能。作为常用的广谱无机絮凝剂，PAC主要是对水中具有相反电荷的胶体起中和、压缩双电层作用，从而使胶体脱稳凝聚，实现固液分离，但投加量大，效果有时不佳。在用于污泥脱水处理中，常将无机絮凝剂与有机絮凝剂联合使用，效果会更好。

(3) 无机盐类

$FeCl_3$ 及 $FeSO_4$ 是两种常见的无机混凝剂,具有强烈吸水性,极易溶于水,其溶解度随温度上升而增加。形成的矾花沉淀性能好,处理低温水或低浊水效果比铝盐好,而且形成的絮凝体比铝盐絮凝体密实,沉降速度更快,适用的pH范围较宽,投加量比PAC小。

在污泥调理中使用铁盐时,铁盐和石灰联合应用能在活性污泥絮体表面形成一层外壳,可以防止絮体解体,有利于水分子顺利通过,改善活性污泥的脱水性能。

$FeCl_3$ 固体产品极易吸收潮解,不易保管,腐蚀性较强,对金属、混凝土、塑料等均有腐蚀性,处理后水中色度比铝盐高,最佳投加的pH范围较窄,不易控制。因此,工程上一般不单独使用铁盐进行污泥调理。

(4) 石灰

生石灰的主要成分是氧化钙,在空气中容易吸收水和二氧化碳,遇水会生成氢氧化钙并释放大量的热。如果石灰与无机盐混合,可以提高混凝液的pH,还可促进金属盐的水解,加强絮凝作用。石灰与有机高分子聚合物,如PAM混合絮凝,可以减少药剂的用量,降低药剂费。石灰潮解后剩余微溶的强碱,较高的pH会杀灭污泥中的微生物,破坏胶体,可促使细胞水释放。

6.4.2 带式压榨过滤污泥脱水机

6.4.2.1 工作原理

带式压榨过滤污泥脱水机主要由浓缩段和压滤段两部分组成,其工作原理如图6-4-1所示,脱水过程包括污泥絮凝、重力压缩、重力浓缩、楔形脱水、低压脱水和高压脱水。

(1) 污泥絮凝

污泥絮凝是指用高分子絮凝剂对悬浮污泥液进行预处理,使悬浮污泥液中的污泥颗粒黏结、颗粒相互凝聚,药剂投加在脱水机前的搅拌槽内,并反应20~30s。

(2) 重力压缩

重力压缩脱水区为一水平段,在此,重力浓缩脱水使污泥失去流动性,以免在

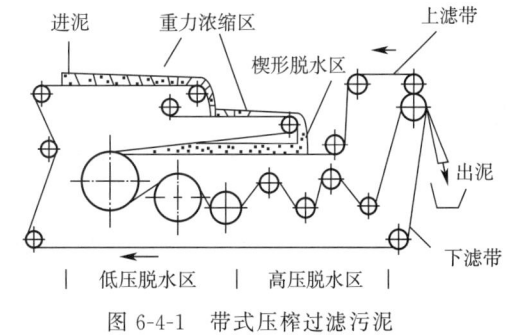

图6-4-1 带式压榨过滤污泥脱水机工艺结构示意图

压榨段被挤出滤布,浓缩段的停留时间为60~120s,然后进入压缩段。在滤带布置方面这一段应尽可能延长,但长度增加会使机器外形尺寸加大,浓缩段一般设有分料耙和分料辊,把污泥疏散并均匀地分布在滤布表面,使之在重力脱水区更好地脱去水分。

(3) 楔形脱水

两滤带在该区逐渐靠拢,污泥在两条滤带间逐步受到挤压,污泥含固量进一步提高,并且由半固态向固态转变,为进入压力脱水区作准备。

(4) 低压脱水

污泥经楔形区后,被夹在两条滤带之间,经辊筒作S形上下移动。施加到污泥层上的

压榨力取决于滤带张力和辊筒直径。张力一定时,辊筒直径越大,压挤力越小。压滤机前面3个辊,直径较大,施加到污泥层上的压力较小,因此称为低压区,污泥经低压区之后,含固量进一步提高,为进入高压脱水区作准备。

(5) 高压脱水

经低压区之后的污泥,进入高压区之后,受到的压榨力逐渐增大,其原因是辊筒直径变小,经高压区脱水后,含固率进一步提高。低压脱水和高压脱水统称为压榨脱水,脱水后的含水率约60%~80%。

6.4.2.2 工艺特点

带式压榨过滤污泥脱水机的主要特点是把压力施加在滤布上,利用滤布的压力和张力使污泥脱水,不需要真空或者加压设备,动力消耗少,并可连续生产。污泥性质与带式压榨过滤污泥脱水机运行参数见表6-4-1。

表6-4-1 各种污泥经过带式压滤脱水的参数[12]

污泥种类		进泥含固量/%	进泥固体负荷/[kg/(m²·h)]	聚丙烯酰胺投加量/(kg/t)	泥饼含固率/%
生物泥	初沉污泥	3~10	260~680	1~5	28~44
	活性污泥	0.5~4	45~230	1~10	20~35
	混合污泥	3~6	180~590	1~10	20~35
厌氧消化污泥	初沉污泥	3~10	360~590	1~5	25~36
	活性污泥	3~4	40~135	2~10	12~22
	混合污泥	3~9	180~680	2~8	18~44
好氧消化污泥	混合污泥	1~3	90~230	2~8	12~20

6.4.2.3 主要设计及运行工艺参数

(1) 絮凝剂种类和用量

化学调理预处理是带式压滤机脱水的关键。通常会采用高分子絮凝剂进行化学调节,使污泥充分絮凝。

(2) 滤带速度

对于不同的污泥应采取不同的最适宜的滤带运转速度,供泥速度应稳定,而且污泥应均匀分布在整个滤带上。如果带速过快,则会压缩压榨段的停留时间,使出泥的含水率少,并且有污泥被挤出滤带的风险;带速过慢,则会降低污泥脱水的生产能力,使滤带的压榨过滤作用不能充分发挥。

(3) 压榨压力

压榨压力直接影响滤饼的含水率。压榨压力低,滤饼含水率高;压榨压力高,滤饼含水率低。但是压力达到一个定值后,再怎么增加脱水压力,泥饼含水率都变化不大,同时太高的脱水压力需要更为坚固的辊子、滤带和机械机构以及更大的动力消耗。一般滤带压榨压力控制在0.3~0.7MPa。滤带的使用寿命一般在3000~10000h,超过使用寿命须及时更换新滤带。

（4）滤带冲洗

滤带冲洗操作简单，只需要开关阀门，但是冲洗质量对脱水效果影响很大，应加强对其检查。当使用污水处理厂出水作为冲洗水时，由于其中含有颗粒杂质，会堵塞冲洗喷嘴，应注意及时检查和清通。脱水机停止工作后，必须立即冲洗滤带，不能过后冲洗。

6.4.3 卧式螺旋离心脱水机

6.4.3.1 工作原理

离心脱水机的工作原理是在离心力的作用下，废水中的污泥颗粒逐渐增大，其受到的离心力也逐渐增大，被甩开的距离也越远，由此在离心机的旋转体内实现固液分离，离中心远处为泥饼，离中心近处为水。在离心机额定转数和转鼓半径为定值时，影响污泥离心效果最主要的因素是污泥粒径。为了能得到较大的颗粒体，经常会采用向污泥中投加絮凝剂的方法，使污泥得到充分的絮凝，以利于脱水。

卧式螺旋离心脱水机的结构如图 6-4-2 所示，由转筒、螺旋输送器、轴承、罩盖和变速装置等组成。转筒由泥饼排出区、分离液排出区、轴承、核心分离区等组成。筒屏外套由耐高温金属筒屏和外壳（用以支撑筒屏）组成，筒屏的圆孔尺寸从入口到出口由小变大。

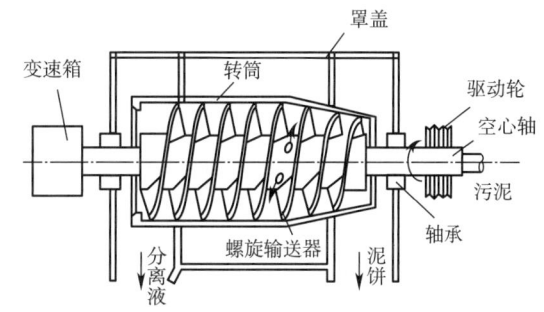

图 6-4-2 卧式螺旋离心脱水机结构示意图

6.4.3.2 工艺特点

卧式螺旋离心脱水机作为大型污水处理厂污泥脱水设备具有一定的优势，适用于分离含固体颗粒粒径较大的悬浮液，更适合浓度、粒径变化范围较大的悬浮物分离处理，其主要工艺特点如下：

①可连续进料，固体泥饼可连续排出，可实现自动控制。

②进泥性质可调整。

③操作管理简单，只需要在开始和停止时对离心设备进行调整。

④运行维护简单，不需要清洗滤布等。

⑤设备密闭无味，环境卫生相对整洁。

⑥占地面积小，不需要辅助设备。

⑦单耗较高，噪声较大。

⑧污泥预处理要求较高，必须使用高分子聚合电解质。

6.4.3.3 主要设计及运行工艺参数

离心脱水机的生产率、最佳工艺参数和操作参数，应根据污泥量与污泥性质，按设备使用说明书采用。

（1）进泥含水率

含水率对离心脱水机影响较大，进泥含水率低，易于脱水，运输费用及絮凝剂的投加费用都比较低，污泥含水率应控制在 96% 以下。

（2）转速与转速差

离心机的转鼓转速与螺旋输送器转速之差称为转速差。实际运行中，转速与转速差应根据污泥的性质确定。在转速一定时，提高或降低转速差对处理污泥的处理及泥饼的含水率影响较大。一般，运行调速中，转速控制在 2000～3500r/min，转速差控制在 12～15r/min。

（3）泥饼含水率

离心脱水机处理的泥饼含水率一般控制在 70%～85%，可以根据需要进行调整。

（4）噪声

由于离心机高速旋转时噪声较大，在 75～80dB 时就应该进行噪声的降噪处置。

6.4.4 板框压榨过滤污泥脱水机

6.4.4.1 工作原理

如图 6-4-3 所示，板框压滤机是由滤板和滤框相间排列而成的压榨过滤机械。滤板在强机械力的作用下，被紧密排成一列，滤板两侧附有滤布，用压紧装置把滤板和滤框压紧，即在板与板之间构成压滤室，液压站上压力可以达到很高，保证滤板内部真空状态，电机停转时也会进入自动保压状态。

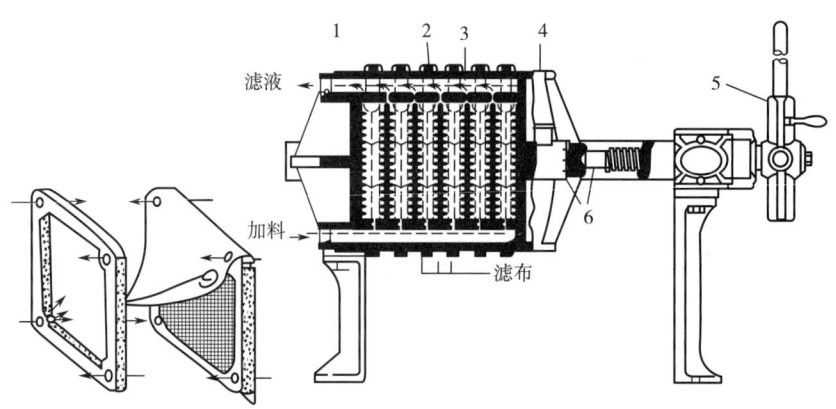

1—固定端板；2—滤框；3—滤板；4—压紧板；5—压紧手轮；6—滑轮。

图 6-4-3　板框压滤机结构示意图

进料管道全部开启后，启动进料泵，过滤物料利用隔膜压榨泵输送至滤室，进入滤室的物料其固体部分被过滤介质截留形成滤饼，液体部分透过过滤介质而排出滤室，从而达到固液分离的目的。随着正压压强的增大，固液分离则更彻底。如果污泥脱水性好，在进料时固体部分被轻松截留，压紧成泥饼，液体则被大量排出滤室，滤板内进料量会增加，进料时间也会延长。

过滤开始时泥饼还没有形成，主要靠滤布作为过滤介质，滤液仅需克服过滤介质的阻力。当滤饼形成后，泥饼成为主要的过滤介质，滤液还需要克服滤饼自身的阻力。

6.4.4.2 工艺特点

板框压滤机优点是构造简单，推动力大，适用于各种性质的污泥，滤饼的固体含量较高，滤液清澈，化学药品消耗量较少。缺点是产率相对较低。

6.4.4.3 主要设计及运行工艺参数

①污泥进料、压滤、出泥、滤布冲洗等步骤所需的时间为一个污泥脱水周期,通常为 2~5h。

②在操作压力为 0.4~1.0MPa 时,滤饼含固率视原污泥的种类而异:初沉污泥为 45%~50%,混合污泥为 35%~45%,活性污泥为 25%。

③压紧滤板的液压压力可以达到 17~20MPa,自动隔膜排空,保证滤板内部真空状态,电机停转时进入自动保压状态。

④压榨结束后,依次开启反向吹气、角吹、排水按钮、排水、回程,压滤机自动回程,在压榨管道上的压力低于 0.05MPa 后并且隔膜压力表到下限后,则过滤完成,进行卸料。

6.4.5 螺旋挤压污泥脱水机

6.4.5.1 工作原理

如图 6-4-4 所示,螺旋挤压污泥脱水机由圆屏外套、螺旋轴及螺旋叶片、可移动挤压板等组成。螺旋挤压污泥脱水机的工作原理是:圆锥状螺旋轴与圆筒形的外筒共同形成滤室,污泥利用螺旋轴上的螺旋齿轮从入泥侧向排泥侧传送,在容积逐渐变小的滤室内,污泥受到的挤压压力会逐渐上升,从而完成压榨脱水。

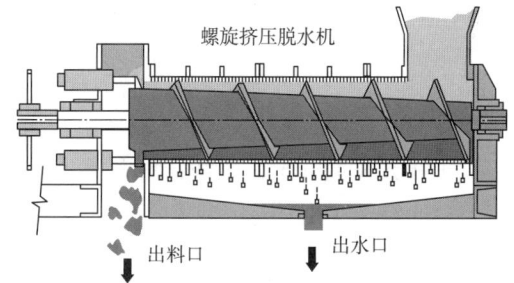

图 6-4-4　螺旋挤压污泥脱水机结构示意图

6.4.5.2 工艺特点

螺旋挤压污泥脱水机螺旋转动时,完成污泥的过滤、脱水工作,具有低转速、低能耗的特点。其压榨脱水特点是:

①通过螺杆的旋转操作,可随意调节泥饼含水量和处理量。

②动力小,电耗低。

③结构简单,设备占地小。

④旋转速度低,噪声小,振动小。

⑤过滤面由金属制成,不易堵塞,易冲洗恢复,冲洗水用量小。

⑥密度结构,可防范臭气外逸。

⑦缺点是设备比较昂贵。

6.4.5.3 主要设计及运行工艺参数

①污泥调理主要采用高分子调理剂。

②螺旋挤压污泥脱水机脱水性能以固体物量和泥饼含水率表示。

③通过调节螺旋回转数,便能够调整泥饼含水率。

④螺旋挤压污泥脱水机投药量与离心脱水机、带式脱水机相近。

⑤螺旋挤压污泥脱水机对混合生污泥和厌氧消化污泥的固体回收率以大于 95% 为标准。

6.5 污泥干燥

6.5.1 污泥干燥原理

污泥经过"浓缩—调理—脱水"等一系列的减量化处理，最终只能使污泥的含水率降到 50%～60%，仍然不能满足污泥最终处置的工艺要求。例如，填埋处置要求污泥的含水率低于 50%，堆肥处置要求污泥的含水率低于 40%，焚烧处置要求污泥的含水率低于 20% 等。污泥含水率超过特定的污泥最终处置要求，将影响污泥最终处置过程的实施和终极效果。污泥的含水率直接关系到污泥的体积和重量，从方便运输的角度考虑也要求污泥的含水率不可太高。

干燥是利用热能将污泥中毛细水、洗发水和颗粒内部水分去除的处理工艺。经过干燥处理，污泥含水率可降至 10%～20%。

水加热至沸腾需要吸收大量的热量，并以水蒸气的形式逸出。污泥中水分的去除主要经历蒸发和扩散两个过程，干燥是由表面水蒸发和内部水扩散这两个过程来完成的。

6.5.2 影响污泥干燥的因素

影响污泥干燥的主要因素包括湿污泥含固率、掺混的湿污泥比例、用于干燥的热风量、干燥系统的温度、系统运行与维护。

(1) 湿污泥含固率

进泥的湿污泥含固率越低，为蒸发额外水分所需要的热量就会越高，因此能耗也越高，影响干燥系统的经济性。

(2) 掺混的湿污泥比例

在干燥期间，湿污泥和干污泥的掺混比例是根据进泥含固率而不断变化的。

(3) 用于干燥的热风量

为使系统高效运行，准确达到干燥目标，使用刚刚好的热气体量是最佳的，这一用量需要实验确定。

(4) 干燥系统的温度

干燥系统温度决定干燥效率，运行温度太低，污泥混合物得不到有效干燥；运行温度太高，则整体成本较高，系统效率降低。

(5) 运行与维护

污泥干燥成本很高，且要求操作人员有较高的操作技能，如操作或者维护不当，则存在爆炸和二次污染的可能。

6.5.3 污泥干燥工艺类型

根据含固量的不同，污泥干燥可分为全干燥和半干燥。全干燥污泥含固率较高，例如 80% 以上；半干燥污泥含固率为 60% 左右。一般来说，处置目的不同，所要求的含固率也就不同，含固率较高时，如果污泥中所含水分大大低于环境温度下的平均空气湿度，在环境中存放时污泥会逐渐吸湿，使干燥效果出现反弹，降低污泥含固率。

污泥干燥工艺种类繁多，主要工艺有直接加热式（对流加热）、间接加热式（传导或接触加热）以及热辐射加热式等三大类型。

(1) 直接加热转鼓干燥工艺

污泥形成小球颗粒在转鼓内与热空气直接接触而得到干燥。干燥后的污泥被螺旋输送机送到分离器，分离器排出的湿热空气经除尘和冷却后，气体可进行循环利用或达到排放标准后排放。

该工艺的主要特点是干料"返混"，即干燥后的污泥经过筛分，将部分粒径过大及过细的污泥颗粒返回机内，重新与湿污泥混合形成含固率达 60%～80% 的小球状颗粒物。优点是污泥与热空气直接接触能耗低，转鼓内无旋转部件维护少，空间利用率高，产量大，干燥污泥颗粒的粒径可以控制；采用气体循环回用设计及可减少尾气的排放，利于降低处理成本。缺点是所有的循环气体都需进行处理，致使除尘装置规模大，对气体含氧量的控制要求高。

(2) 间接加热转鼓干燥工艺

间接加热转鼓干燥工艺的流程是脱水污泥被输送至干燥机的进料斗，通过可以变频控制定量输送的螺旋输送器移送至转鼓干燥机内。干燥机由转鼓和转盘螺杆组成，转盘内的热媒可为蒸汽、热水或导热油。随着转鼓和转盘螺杆的同向或反向旋转，污泥连续向前推送和加热，逐步被烘干并研磨成粉末，在转鼓后端经过 S 形空气止回阀，由干泥螺杆输送器送至贮存仓。

间接加热转鼓干燥工艺的优点是流程简单，污泥干度可控，终端产物为粉末状干燥污泥，所需辅助空气少，尾气处理设备小。缺点是转鼓内有转动部件，需要定期维护；污泥通道体积较小，设备占地面积较大；需要单独的热媒加热系统，能耗较高且维护费用高；没有干料"返混"，进泥含水率高时容易黏附在壁上，如果外鼓不转，容易在底部沉积而发生燃烧。

(3) 直接加热流化床干燥工艺

脱水污泥从污泥计量贮存仓被泵送至流化床污泥干燥机的进料口，先由污泥切割机将污泥切成小颗粒，再混入由流化气体来维持污泥颗粒不停运动的干燥颗粒床中。直接加热的流化床污泥干燥机的机内温度为 85℃，产生的污泥颗粒被循环气体流化并混合。由于流化床依靠其自身的热容量，污泥颗粒的滞留时间长、产品数量大，即使物料的质量或水分有波动，也能确保干燥均匀。循环气体可将部分污泥细粒和灰尘带出流化层，污泥颗粒通过旋转气锁阀被送至冷却器，冷却到低于 40℃ 后，通过输送机送至产品料仓。

直接加热流化床污泥干燥机将内部热交换器的表面接触干燥与循环气体的对流干燥相结合，所以干燥效果好，同时还具有处理量大、几乎无需维修（干燥机本身无传动部件）等优点。缺点是干燥污泥颗粒的粒径无法控制，间接加热需要单独的热源系统，为维持污泥颗粒呈流化状态所需的气体流量大，除尘和冷却等辅助处理设施复杂、规模大。

(4) 薄层式干燥工艺

薄层式干燥工艺为间接加热工艺，是一种连续干燥处理工艺，既可以进行污泥的半干燥处理，又可以进行污泥的全干燥处理。薄层干燥工艺主要是利用薄膜换热的原理，具有显著的节能效果。污泥和循环热媒气体以并流方式在干燥机内的纵长方向循环移动，热源采用供热导热油，包括热烟气、热蒸汽、沼气、天然气、柴油等各种能源。

薄层式干燥工艺原理是污泥从一端进入干燥机后,在安装于干燥机轴承上的搅拌器的转动下向前运动并在机壁上析出污泥薄层,热介质在干燥机夹套中同步运动,通过受热机壁传热介质的热量使污泥中的水分迅速蒸发。

(5) 两级干燥处理工艺

两级干燥处理工艺组合可形成效率更高的污泥干燥工艺类型,较为常用的污泥两级干燥处理工艺是薄层干燥和带式干燥的组合,如图6-5-1所示,并将一级干燥处理阶段产生的能量提供给二级处理阶段。该工艺通过两种干燥机的工艺组合,结合了直接加热和间接加热的优点,同时解决了污泥干燥的能量回收和将污泥在可塑性阶段制成颗粒的问题,可以降低处理费用,减少表面粉尘产生等。

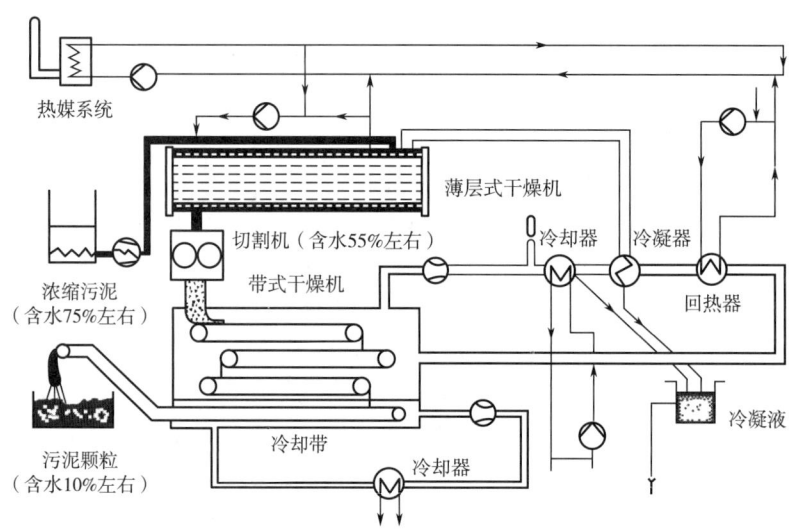

图6-5-1 两级(薄层式与带式组合)污泥干燥处理工艺流程示意图

(6) 硬颗粒造粒干燥工艺

硬颗粒造粒干燥工艺核心部分是污泥涂层机和盘式干燥机的组合作用。新鲜污泥通过污泥泵被输送至涂层机,在涂层机中循环的干污泥颗粒与新泥混合,使原干污泥颗粒被涂覆上一薄层湿污泥,然后一同被导入造粒机上部的锥形分配器内,均匀分布在顶层圆盘上,通过与中央旋转主轴相连的耙臂上的耙子翻动污泥颗粒,在上层圆盘上作圆周运动,污泥颗粒逐渐被扫到圆盘外沿,散落到下一个圆盘,通过这种方式,污泥颗粒从一个圆盘移向另一个圆盘,直至达到最底端的圆盘。

6.5.4 污泥干燥机

(1) 转鼓式污泥干燥机

如图6-5-2所示,转鼓式污泥干燥机包括直接加热式和间接加热式。直接加热转鼓式污泥干燥机的主体部分为与水平线略呈倾斜的旋转圆筒,混合污泥从转鼓上端送入,另一侧的下端输出。混合污泥在装有抄板的转鼓上翻动,与600℃以上的高温热气接触混合,经20~60min的处理之后最终得到含水率低于10%的干污泥。间接加热转鼓式污泥干燥机由转鼓、转盘和驱动装置组成,转鼓和转盘的同向或反向旋转推进并搅拌污泥前移和干燥。同时转盘上装有刮刀,防止泥饼黏附在转盘上,转盘螺杆内采用蒸汽、热水或者导热油作为导热介质，干燥温度约为200℃。

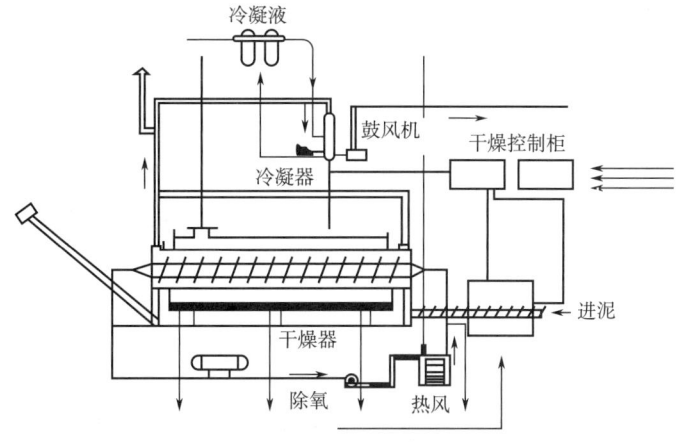

图 6-5-2 转鼓式污泥干燥机结构示意图

（2）流化床污泥干燥机

如图 6-5-3 所示，流化床污泥干燥机在一个惰性封闭回路中运行，用于流化的循环气体将细小颗粒污泥和水蒸气带出流化床，细小颗粒和细粉污泥通过旋风分离器分离，被送入混合器中和湿污泥混合后回到流化床内，干燥至90％含固率，保证最终产出的干污泥的颗粒粒径符合要求，并无粉尘混杂

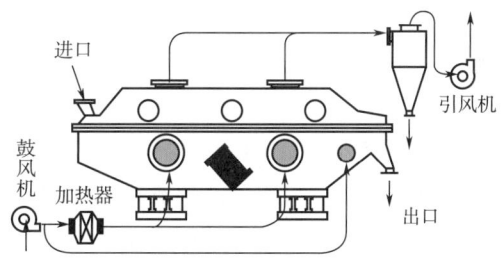

图 6-5-3 流化床污泥干燥机结构示意图

其中。而水蒸气则通过逆向喷淋冷却器被洗涤掉。流化床从底部到顶部由风箱、热干燥段和抽吸罩等三部分组成。

污泥在流化床内的平均停留时间为 15～45min，流化床内充满干污泥颗粒，且处于流态化状态，湿污泥与干污泥在内部充分混合，湿污泥中的水分被蒸发，含水率降低至10％左右。

（3）带式污泥干燥机

如图 6-5-4 所示，干燥机的输送带将脱水污泥送入干燥装置内，脱水污泥被铺设在脱气的干燥带上，缓慢地通过干燥装置。鼓风机的抽吸作用使干燥热气穿流于干燥带上的污泥，并在各自的干燥模块内循环流动，对污泥进行干燥处理，污泥中的水分被不断蒸发，

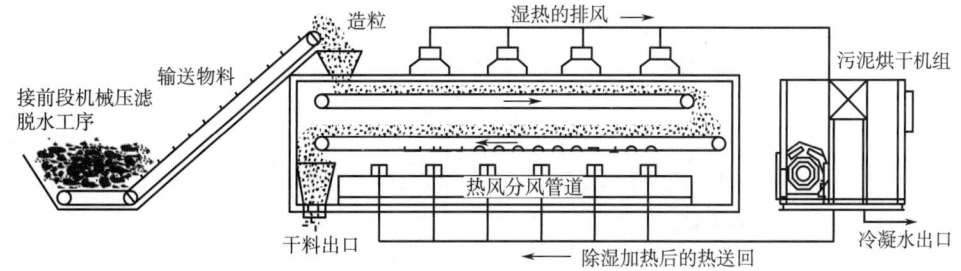

图 6-5-4 带式污泥干燥机构成示意图

空气随之得以冷却,随后同水蒸气一起被排出污泥干燥装置。

由于装置内处于负压状态,所以在干燥过程中不会产生臭味。污泥干燥过程不需要任何机械工作,污泥不会产生焦糊现象,也不会产生很大的粉尘量。

(4) 薄层污泥干燥机

薄层式污泥干燥机可以使污泥进入干燥机后在受热机壁上形成污泥薄层,并通过受热壁传递热介质的热量使污泥中的水分快速蒸发。常用的设备是卧式薄层污泥干燥机,如图 6-5-5 所示,主要由带加热层的圆筒形壳体、壳体内转动的转子及转子驱动装置三部分组成。转筒慢速转动,把待干物料抄起来又撒下,热空气在转筒内对物料进行干燥。转筒轴线倾斜,在低端得到干燥物料。

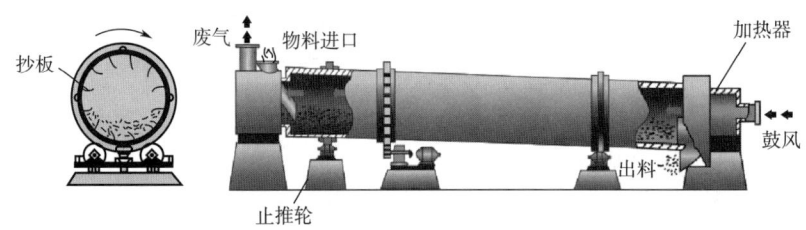

图 6-5-5 卧式薄层污泥干燥机构成示意图

卧式薄层污泥干燥机可产生任何含固率的干燥污泥,可直接跨越污泥的塑性阶段,不需要返混过程,可以省去料仓和输送设备,可以免掉计量、检测等设备。转子上的桨叶由螺栓固定,可以方便调整,以适应进料污泥的性状和处理量的变化。

(5) 桨叶式污泥干燥机

桨叶式污泥干燥机是利用高度机械搅拌性能来增加热介质与污泥接触的一种间接干燥设备,如图 6-5-6 所示,主要由空心桨叶、轴、带夹套的筒体及驱动装置组成。筒体、轴、轴上的叶片都可传热,且密度较大。轴上空心叶片大多呈楔形,而且边上附有辅助叶片,与筒体夹套距离很近,用来增加搅拌强度以及消除筒体传热死角。

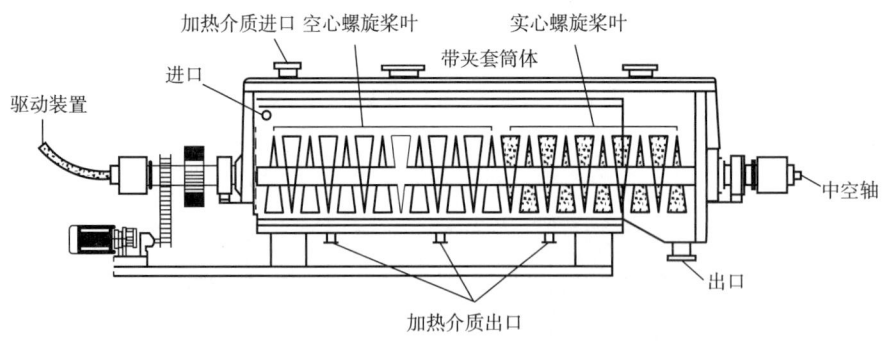

图 6-5-6 桨叶式污泥干燥机构成示意图

常见的双桨叶式干燥机有两个相互啮合的反向旋转加热桨叶,污泥在楔形桨叶的斜面间移动,产生剪切力,以清洁桨叶表面并使传导性最大化。反向旋转轴可以将污泥从壁上除掉。

6.6 污泥焚烧

6.6.1 污泥焚烧处置法

污泥焚烧是污泥无害化处置的一种有效方法,也是彻底消除污染的终极处置方法,尤其是对于毒性物质较高的有机污泥更为合适,此类污泥热值较高且不可作为肥料和土壤改良剂在农田土壤中施用,经过焚烧处理后可以彻底消除环境污染。污泥焚烧处置要求进料污泥的含水率降低至20%以下,此时有机污泥可以焚烧。在焚烧过程中,一般除去剩余水分,燃烧掉有机物。

常见的污泥焚烧设备主要有流化床焚烧炉与回转窑焚烧炉。

6.6.2 污泥焚烧过程

污泥焚烧过程大致分为4个阶段:

第一阶段:将污泥加热到80~100℃,可蒸发掉污泥中绝大部分水分,污泥内结合水未被蒸发。

第二阶段:温度升高至180℃,可蒸发掉污泥内部的结合水。

第三阶段:温度继续升高至300~400℃,干化的污泥分解,释放出可燃气体,污泥开始燃烧。

第四阶段:温度升高至800~1200℃,污泥中有机成分完全燃烧。

有机污泥的燃烧一般要保证燃烧温度超过820℃,为了不造成二次污染,对焚烧产生的烟气要进行碱液湿式洗涤处理。

污泥焚烧除了专门建厂的单独焚烧外,为了降低处置成本,往往利用现有工业用炉、水泥窑等进行助燃焚烧,或者采用掺混到燃煤中利用火力发电协同焚烧,以及利用现有垃圾焚烧炉焚烧。

6.6.3 污泥焚烧控制指标

(1) 含水率

污泥单独焚烧过程中根据焚烧方式不同,对污泥含水率要求不同,其中助燃焚烧和干化焚烧要求污泥含水率低于80%;自持焚烧低于50%;水泥窑协同焚烧低于80%。

(2) pH

单独焚烧、助燃及自持焚烧要求污泥pH为5~10;水泥窑炉协同焚烧要求最低,pH为5~13。

(3) 有机物含量

污泥的单独焚烧对有机物含量提出明确要求,污泥中有机物含量应大于50%,理论上有机物含量越高,对焚烧越有利。

(4) 重金属含量

污泥焚烧对污泥重金属的指标要求见表6-6-1。

表 6-6-1　　　　　　　　污泥焚烧对污泥重金属的指标要求[12]

重金属	总镉	总汞	总铅	总铬	总砷	总铜	总锌	总镍
污泥重金含量/(mg/kg DS)	20	25	1000	1000	75	1500	4000	200

（5）热值

污泥单独燃烧时，外观呈饼状，自持燃烧低位热值应大于 5000kJ/kg，对于助燃焚烧和干化焚烧，低位热值应大于 3500kJ/kg，污泥单独焚烧时，应考虑燃烧设备的安全性和燃烧传递条件的影响，腐蚀性强的氯化铁类污泥调理剂应慎用。

6.6.4　焚　烧　炉

（1）流化床焚烧炉

流化床焚烧是在密闭空间内使沙子等颗粒处于流体运动状态，并通过助燃空气不断穿过床层使所有颗粒达到均匀沸腾状态。

如图 6-6-1 所示，流化床焚烧炉是一个密闭的圆柱形反应器，内部衬有耐火墙体材

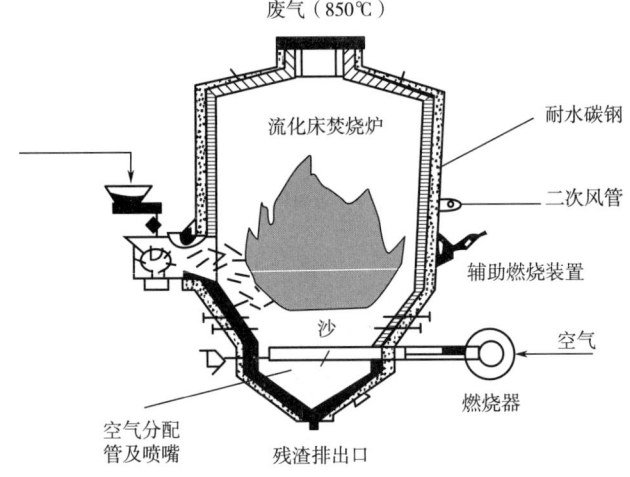

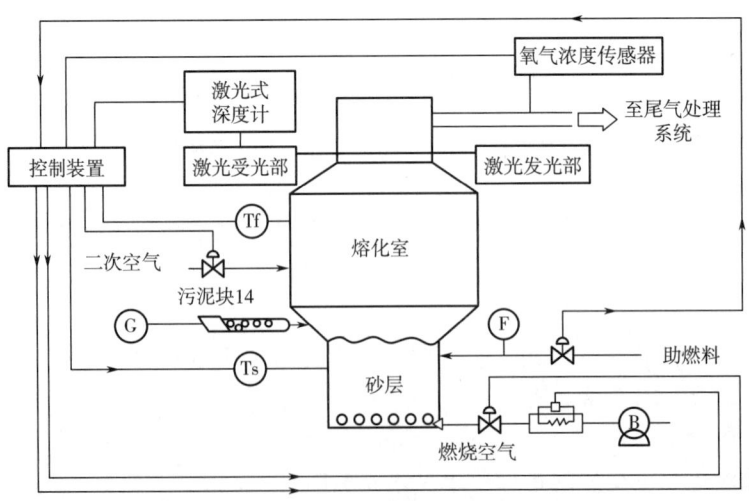

图 6-6-1　流化床焚烧炉示意图

料，流态化的燃烧空气进入炉内，穿过支撑沙子的孔板分散上升。

（2）回转窑焚烧炉

如图 6-6-2 所示，回转窑焚烧炉采用卧式圆筒状，外壳一般用钢板卷成，炉内温度在 810～1650℃ 变动，采用的燃烧温度一般为 900～1000℃。内衬高温耐火材料，窑体内壁光滑，也有布置内部构件，窑体一般以螺旋式加料器或其他方式加料，燃尽的灰烬从另一端排出，污泥在回转窑内可与高温气流逆向或者同向流动，逆向流动时高温气流可以预热污泥，热量利用充分，传热效率高。

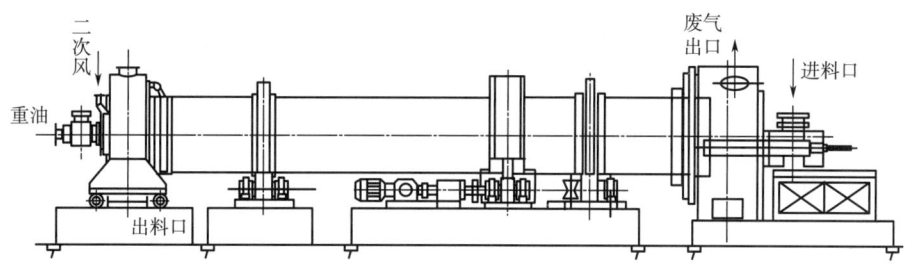

图 6-6-2　回转窑焚烧炉示意图

6.7　污泥处置与利用

由于污泥性质的差异性较大，其处置与利用途径受各种因素约束。

无毒、无害的有机污泥，通过堆肥处置利用与园林绿化，用作肥料和土壤改良剂，但制成的有机肥肥效有限，限制了其利用途径。

无法回收利用的污泥，可考虑卫生填埋和焚烧处理。

含有重金属、毒性有机物或者其他有害物质的污泥，可采用污泥固化的处置方法，通过化学和物理方法固化污泥，使其不再扩散到环境中去，例如采用水泥、石灰、热塑性物质、有机聚合物等。固化物质终究是废物，最终还是需要填埋处置。

含水率较高的脱水泥饼，不适宜填埋或者影响填埋操作，同时也将过多地占据填埋空间，影响城市垃圾的处理。

污泥处置技术包括土地利用、焚烧与协同处置、建材利用以及填埋等。

6.7.1　土地利用

污泥土地利用是指经无害化和稳定化处理后的污泥及污泥产品，以有机肥、基质、腐殖质、营养土等形式应用于农作物和森林、园林绿化的土壤增肥和土壤改良。污泥必须经过厌氧消化、好氧发酵等稳定化及无害化处理后，才能进行土地综合利用。污泥中的氮和磷均为有机态，可以缓慢释放肥效。

污泥土地利用养分和有机物含量的要求见表 6-7-1。污泥土地利用对重金属含量要求极为严格，具体含量的限制要求见表 6-7-2。

表 6-7-1　　　　　　　　　污泥土地利用养分和有机物含量的要求[12]　　　　　单位：g/kg

污泥的土地利用方式	园林绿化	土壤改良	农作物施肥	土壤基质
氮磷钾总含量>	30	10	20	40
有机质>	200	100	200	240

表 6-7-2　　　　　　　　污泥土地利用对重金属含量的限制要求[12]　　　　　单位：mg/kg DS

污泥的土地利用方式	园林绿化		土壤改良		林地施用	农田施用	
	酸性土壤（pH<6.5）	中、碱性土壤（pH≥6.5）	酸性土壤（pH<6.5）	中、碱性土壤（pH≥6.5）		A级污泥	B级污泥
总镉<	5	20	5	20	20	3	15
总汞<	5	15	5	15	15	3	15
总铅<	300	1000	300	1000	1000	300	1000
总铬<	600	1000	600	1000	1000	500	1000
总砷<	75	75	75	75	75	30	75
总铜<	800	1500	800	1500	1500	500	1500
总锌<	2000	4000	2000	4000	3000	1500	3000
总镍<	100	200	100	200	200	100	200

注：污泥 A 级主要用于食物链农作物领域，如蔬菜、粮食等。B 级用于纤维作物，如麻类、棉花等经济作物领域。

6.7.2　焚烧与协同处置

污泥焚烧分为单独焚烧以及与工业窑炉的协同焚烧。单独焚烧是指单独建设焚烧设施和场所只对污泥进行焚烧，污泥单独焚烧系统与干燥设施联建，充分利用污泥的热值和焚烧热量。协同焚烧是指利用已有的工业窑炉焚烧污泥，包括水泥窑协同处置、热电厂协同处置、湿污泥直接掺煤焚烧、污泥干燥后混烧以及污泥与生活垃圾混烧等。

6.7.3　建材利用

污泥的建材利用主要是指以污泥为原料制造建筑材料，最终产物是可以用于工程的材料或制品。主要方式有污泥用以水泥熟料烧制、污泥制陶粒、污泥制砖等。

6.7.4　填　埋

污泥填埋有单独填埋与垃圾混合填埋两种。国内主要是与垃圾混合填埋。与垃圾混合填埋要求污泥与生活垃圾的质量比应≤8%；应对污泥进行改性处理，例如掺入矿化垃圾和黏土等以提高填埋层的承载力，消除其膨胀持水性；填埋污泥含水率必须低于50%。

思　考　题

1. 废水处理产生的污泥来源、性质及主要的指标是什么？

2. 污泥浓缩有哪几种？分别适用于何种情况？
3. 污泥为什么要进行厌氧消化？
4. 污泥为什么要调理？脱水的方法有哪些？
5. 污泥脱水的方法有哪些？
6. 什么情况下污泥需要进行干燥处理？
7. 简述污泥焚烧及焚烧炉类型。
8. 污泥的最终处置方法有哪几种？各有什么作用？

第7章 轻化工程水污染控制设计基础

7.1 工程建设项目基本程序

工程设计是根据设计任务书所确定的拟建工程项目的产品方案、生产规模、工艺技术方案、建厂条件和厂址方案、投资估算和经济评价等要求，由设计单位按照合同规定，遵照国家政策和法规，吸收国内外先进的科学技术成果和生产实践经验，选择最佳建设方案进行工程设计，为工程项目提供建设依据的设计文件和图纸，并为项目提供施工安装、开车服务的这个活动。

设计成果的质量与建设项目投资、工程质量、生产装置技术水平、产品质量、生产成本等都有极为密切的关系，直接影响到建设项目投产后的经济效益、环境效益和社会效益。

工程设计是整个工程项目的灵魂。一个项目该不该确定，如何操作，都需要设计单位为有关部门的宏观控制和业主对项目的决策提供科学依据。项目确定后，能否保住工程建设的质量，加快建设进度，节省投资；项目建成后能否获得最大的经济效益、环境效益和社会效益，设计工作都起着关键性作用。设计工作直接影响着生产装置建成投产后的产量、质量、消耗、成本以及资源的最佳配置，对整个生产装置的技术水平和劳动生产率起着决定性作用。

轻化工程水污染控制的工程设计必须按国家规定的设计程序进行，可分为设计前期工作、初步设计和施工图设计3个阶段。每个阶段都以一个或数个可核对的工作成果作为其完成的标志。

7.1.1 前期工作

前期工作主要包括调研与收集资料，编制项目建议书、可行性研究报告、环境影响报告书、厂址选择、设计任务书等。

前期工作循序渐进。在任何一个阶段，只要得出"不可行"结论，就可以立即终止后面的工作；如果认为"可行"就进入下一阶段的工作。前期工作研究内容由浅入深，项目投资与成本估算的精度由粗到细，研究工作量由小到大，研究的目标和作用逐步提高而具体，因此，研究时间和费用也在逐步增加。

前期工作应备资料包括：

（1）规划资料

①城市（地区）总体规划；

②区域环境保护规划；

③区域大气、水体污染总量控制规划；

④国家环境保护部门的有关政策与标准。

(2) 项目建议书、批文
①工程项目建议书、批文；
②工程项目可行性研究报告和批文。
(3) 基础资料
①区域自然条件；
②社会经济条件；
③技术经济条件；
④建筑施工条件；
⑤协议文件。
(4) 技术资料
①项目可行性研究报告；
②环境影响评价报告；
③设计任务书；
④选址报告；
⑤环境质量报告；
⑥科学实验报告资料。
(5) 互提资料
各有关专业（部门）、工艺主体专业和多种辅助专业互相提供的资料。

7.1.1.1 项目建议书

项目建议书是项目法人单位向国家、省、市有关部门推荐建设某一具体环境工程项目时提出的报告书。项目建议书主要说明项目建设的必要性，同时也对项目建设的可行性进行初步分析；是基本建设程序中最初阶段的工作，是投资决策前对拟建项目的轮廓设想。

项目建议书作用：
①是国家、省、市选择建设项目的依据，一旦获得批准即为立项；
②项目建议书经过主管部门批准立项后，即可开展可行性研究；
③涉及外资的项目只有在批准立项后方可开展对外工作。

项目建议书内容包括：
①项目概况；
②项目建设的必要性及依据；
③项目内容与范围，拟建规模和建设地点；
④工艺方案及主要设备的选择；
⑤建设工期安排；
⑥投资估算及资金筹措计划；
⑦财务评价等。

7.1.1.2 可行性研究报告

可行性研究报告是根据项目的工程目的和基础资料，运用工程学和经济学原理，对项目的技术、经济以及效益等方面进行综合分析、论证、评价和方案比较，提出的该工程的最佳可行方案，为编制和审批设计任务书提供可靠、充分的依据。

可行性研究报告从项目建设和运营的全过程考察分析项目的可行性，目的是回答项目是否有必要建设、是否可能建设以及如何进行建设等问题。其作用：

①作为项目最终决策的依据和投资决策的文件；

②可以作为筹措资金和银行贷款的依据；

③作为建设项目与各协作单位签订合同和有关协议的依据，在引进技术和设备的项目中可以作为与国外厂商谈判和签约的依据；

④可以作为开展初步设计的依据，项目设计应严格按照可行性研究报告内容进行，不得任意修改；

⑤可以作为安排项目的计划和实施方案，进行项目所需设备、材料订货等工作的依据；

⑥可以作为环境保护部门审查项目对环境影响的依据；

⑦可以作为国家各级计划部门编制资产投资计划的依据，并可作为向项目建设地政府和规划部门申请建设执照的依据；

⑧可以作为对引进技术和设备申请减免税的依据；

⑨作为项目建成后，开展企业组织管理、机构设置、职工培训等工作的依据。

可行性研究报告内容包括：

①总论；

②需求预测和拟建规模；

③资源、原材料、燃料及公用设施情况；

④建厂条件和厂址方案；

⑤设计方案；

⑥环境保护；

⑦企业组织、劳动定员和人员培训；

⑧实施进度的建议；

⑨投资估算和资金筹措；

⑩社会及经济效果评价。

7.1.1.3 环境影响报告书

环境影响评价是指对规划和建设项目实施后可能造成的环境影响进行分析、预测和评估，提出预防或者减轻不良环境影响的对策和措施，并进行跟踪监测的方法与制度。环境影响评价的重点是分析工程方案实现治理目标的可靠性，以及工程在施工和运行过程中的二次污染问题。

环境影响评价实行分类管理：建设项目对环境可能造成重大影响的编制环境影响评价报告书；建设项目对环境可能造成轻度影响的编制环境影响评价报告表；建设项目对环境影响很小的填报环境影响登记表。《建设项目环境影响分类管理目录》对所有类别的项目进行分级分类规定。认定机构为具有审批权限的环境主管部门。建设项目单位需委托有相应资质的环评机构来编写报告（表），其中环境影响报告书需由环境主管部门组织环境专家库中的专家进行评审和论证，环境影响报告表由环评机构编写完毕后直接报具有审批权限的环境主管部门审批。登记表不需要由环评机构编写，由当地环境主管部门填写后审批。

7.1.1.4 场址选择

场址选择是污水处理工程设计的重要环节。场址选择是否恰当，直接影响建设投资、工程进度及经营管理费用等，直接关系着项目的经济效益和环境效益。

场址选择应遵循以下原则：

①应考虑城市排水系统的走向、布置以及处理后污水的出路。

②应与选定的处理工艺相适应，要便于污泥处理和处置。

③尽量设在工程地质、水文地质条件好的地段，避免在断层、岩溶、流沙层、洪水淹没区、采矿塌陷区等地点选址。

④应有较好的水、电、气、交通运输等基础条件，便于工程施工的顺利进行。

⑤应考虑远期发展的可能性，有扩建余地。

7.1.1.5 设计任务书

设计任务书由业主单位委托有资质的工程咨询单位负责编制。根据可行性研究报告内容，设计任务书要对拟建项目的投资规模、工程内容、经济技术指标、质量要求、建设进度等作出规定。

设计任务书内容包括：

①明确设计任务书或委托书的批准机关、文号、日期。

②说明任务书的主要内容（污染物类型、工程规模、建设范围、污染源资料、处理要求等），并说明设计委托单位的主要要求（处理工艺方案、工程建设标准、投资控制、设计范围、设计文件的交付进度等）。

③写明设计单位与设计委托单位双方的责任、权利及义务。

7.1.2 初步设计阶段

7.1.2.1 初步设计任务

初步设计是根据批准的可行性研究报告进行编制；未进行可行性研究的项目，在初步设计阶段应进行方案比选。初步设计应满足审批、施工图设计、主要设备订货、控制工程投资和施工准备等要求。主要任务是明确工程规模、设计原则和设计标准，深化可行性研究报告提出的设计方案，进行工程概算；确定主要工程数量和主要材料设备数量，提出设计中需要进一步解决的问题（如拆迁、征地范围和数量）和有关建议。

废水处理工程初步设计内容包括：

①进水水质、水量设计；

②出水水质设计；

③处理程度选择；

④厂址选择；

⑤总平面布置；

⑥自动控制；

⑦节能；

⑧注意事项。

7.1.2.2 初步设计文件编制

初步设计文件由设计说明书、工程数量、主要设备和材料数量、工程概算、设计图纸及附件等内容组成。

(1) 设计说明书

包括：

①概述：设计依据、主要设计资料、区域概况及自然条件、现有排水工程概况及存在的问题。

②设计概要：总体设计、雨水管网系统设计、污水管网系统设计、污水处理设施设计、建筑设计、结构设计、采暖通风与空气调节设计、供电设计、仪表、自动控制及通信设计、机械设计等。

③环境保护：排放水体的稀释能力、污水回用可能性或出路、处理效果监测手段等。

④劳动保护。

⑤消防。

⑥节能。

⑦人员编制及经营管理：人员编制及经营管理机构建议、总成本费用、单位水量排水费用、单位水量投资指标、分期投资的确定。

⑧对于阶段设计要求：需提请在设计审批时解决或确定的主要问题、施工图设计阶段需要的资料和勘测要求等。

(2) 工程数量、主要设备和材料数量

主要材料及设备表要提出全部工程需要的三材（钢材、水泥、木材）、管材及其他主要设备、材料名称、规格（型号）、数量等。

(3) 工程概算

工程概算书要提出全部工程投资概算。

(4) 设计图纸

设计图纸包括：

①总平面布置图；

②污水、污泥工艺流程图；

③主要排水干管、干渠平面、纵断面图；

④主要构筑物工艺图；

⑤主要建（构）筑物建筑图；

⑥自动控制仪表系统布置图；

⑦通风、锅炉房及供热系统布置图；

⑧专用机械设备和非标准机械设备设计图，表明设备规格、性能、安装位置及操作方式等设计参数；

⑨机修车间平面图，表明机修间设备型号、数量及布置。

(5) 附件

各类批件和附件。

7.1.3 施工图设计阶段

7.1.3.1 施工图设计任务

施工图设计应根据已批准的初步设计进行。如与批准的初步设计有较大变动时，需经原审批部门批准；小微型环保工程建设项目，经主管部门同意，在设计方案的基础上，可直接进行施工图设计。

施工图设计基本任务：

①提供能够满足施工、安装和加工等要求的设计图纸、设计说明书、材料设备表和施工图预算。

②施工图设计文件应满足施工招标、施工、安装、材料设备订货、非标设备加工制作、工程验收等要求。

施工图设计注意事项：

①图纸资料要足够齐全，能满足施工要求。

②设计完整全面，图纸中管道规格，设备型号，材料名称、数量等要正确。

③设计说明中技术要求明确，符合企业施工技术装备条件，如需要采用特殊措施时，要解决施工技术上的困难，保证施工质量和施工安全。

④管道安装位置要注意美观和使用方便。

⑤设备组件、成套设备的技术特性，如工作压力、温度、介质等要求说明清楚。

⑥对规定、防振、保温、防腐、隔热部位及采用的方法、材料、施工技术要求明确。

7.1.3.2 施工图文件编制

施工图设计中遵循图为主，表多、文字少的原则，内容以图纸为主，包括封面、图纸目录、施工说明、施工图纸、工程预算书等。

施工图设计应将各处理构筑物的平面位置和高程布置精确地表示在图纸上；将各处理构筑物的各个节点的构造、尺寸都用图纸表示出来；每张图纸都应按一定比例，用标准图例精确绘制，使施工人员能够按照图纸准确施工。

施工图设计文件由设计说明、主要材料及设备表、施工图预算、设计图纸及附件等内容组成。

（1）设计说明

施工图以图示表达为主要方法，对于难以用图示表达的设计意图、施工要求等内容，需要用设计说明来表述。对于施工图设计说明和施工要求，一般工程分别写在有关图纸上。内容包括：

①设计依据；

②执行初步设计批复情况，变更部分的内容、原因、依据等；

③采用新技术、新材料的说明；

④施工安装注意事项及质量验收要求；

⑤运转管理注意事项。

（2）主要材料及设备表

与初步设计类同。

（3）施工图预算

与初步设计类同。

（4）设计图纸

设计图纸包括：

①构（建）筑物平面布置定位图；

②管线布置图；
③工艺流程图；
④高程及竖向布置图，对地形复杂的项目应进行竖向设计；
⑤管渠结构示意图；
⑥各处理构筑物安装详图；
⑦管渠附属设备安装详图；
⑧其他附属构（建）筑物建筑图、结构图；
⑨采暖、通风、照明、室内给排水安装图、电气图、自动控制图、非标准机械设备图等。

（5）附件
与初步设计类同。

7.2 施工图设计质量管理

7.2.1 设计图纸基本原则与绘制要求

（1）平面布置图
平面布置图是在建设地块上空向下俯视所作的水平投影图，用以表示各种构（建）筑物及设备在建设范围内的总体布置。从平面图中可以看出建设单元所在位置、占地大小及其周围的地形、道路、绿化和其他构（建）筑物分布等环境情况。平面布置图是构（建）筑物及设备施工定位、土方施工及水、暖、点等管线布置的依据。

平面布置图一般要求：
①图名、比例；
②风向频率玫瑰图（或指北针），表示项目所在地常年风向频率和构（建）筑物的朝向，有时也可只画单独的指北针；
③构（建）筑物、围墙、绿地、道路等平面布置；
④构筑物/设备一览表；
⑤标注出定位尺寸，用坐标来确定每一构（建）筑物、设备及道路转折点等的位置，对于地形起伏较大的地区，还应画出地形等高图；
⑥主要图例及其名称；
⑦技术说明。

（2）工艺流程图
工艺流程图是各个处理单元按一定的目的和要求，以规定的图形、符号、文字、表示工艺流程中的设备、构筑物、管道、附件、仪表等及其排列次序与连接方式，同时也反映出物料流向与操作条件。

高程布置图则反映工艺过程及构筑物间的高程关系；各处理单元的构造及各种管线方向；各构筑物的液面、池底或地面标高；构筑物进出管渠的连接形式及标高等。

工艺流程/高程布置图一般要求：
①图名、图例；

②画出各种处理构（建）筑物及设备的简要外形构造；

③图中应表示各种处理构（建）筑物及设备的顶部、底部、水面标高，主要部位标高；

④明确表示管渠连接方式、流向及主要部位标高；

⑤表达物料流向、污水及废渣来源及出路；

⑥必要的设计说明。水力计算时应选择一条距离最长、水头损失最大的流程进行较准确的计算，并适当留有余地，以防止淤积时水头不够而造成的壅水现象，影响处理系统的正常运行；

⑦高程布置时，应注意废水流程与污泥流程的相互呼应，尽量减少提升的废水或污泥量，并考虑污泥处理设施排出的废水能自流入泵站集水池或其他处理构筑物；

⑧高程计算时，常以受纳水体的最高水位作为起点，逆废水处理流程向上倒推计算。

(3) 综合管线平面布置图

综合管线平面布置图一般以总平面布置图为基础，给出各种管线的铺设方案。不仅要给出各种管线的平面位置，还要给出主要部位的高程，以满足施工要求。

综合管线平面布置图一般要求：

①图名、图例、比例；

②给出各构（建）筑物及设备的定位坐标，注明各管线与构（建）筑物及设备的距离及各管线间距；

③注明各管线的标高，管线连接方式及连接部位的标高；

④给出场外管线接入点的坐标及标高；

⑤对于管线密集地段和典型部位，应给出断面图。

(4) 单体建（构）筑物工艺施工图

单体建（构）筑物工艺施工图及详图表示单体建（构）筑物的大小尺寸、池壁厚度、垫层基础、钢筋的配置等内容，专供土建施工用。只需按结构尺寸画出轮廓线及池壁厚度，细部结构可以略去不画。每种管道的管径大小、连接和位置，应明确表达。

单体建（构）筑物工艺施工图一般要求：

①按比例绘制平面图、剖面图及详图；

②各种工艺布置，细部构造，设备、管道、阀门、管件等的安装位置、标高和方法；

③详细标注各部分尺寸和标高（绝对标高）；

④附带设备管件一览表及必要的说明和主要技术参数。

7.2.2 施工图设计质量管理制度

(1) 施工图设计质量责任制度

设计的单位内部要建立严格的质量责任制度，明确各自的质量责任，确保工程设计质量。设计单位和设计人员对设计质量承担相应的经济责任和法律责任。

(2) 施工图设计技术档案管理制度

设计的依据性文件、设计图纸和计算书、各级校审记录、设计修改、有关主要技术质量问题的书面文件、函件等应保存完善，归档齐全。

(3) 施工图设计审查制度

《建设工程质量管理条例》和《建设工程勘察设计管理条例》将建设工程施工图审查依法纳入基本建设程序，实行了行政管理（政策性审查）和技术规定（技术性审查）并重的保证建设工程质量的制度。

7.2.3 施工图设计审查

施工图设计审查是政府主管部门和建设单位，依据法律、法规、工程建设标准等强制性条文，以保证公共安全和公众利益为目的，委托有资质的咨询设计单位进行的技术性核查行为。

(1) 政策性审查

政策性审查内容：

①是否按照基本建设程序办理了相关手续，送审材料是否真实，内容是否完整。

②勘察设计业务的委托与承接是否符合有关规定，是否按照规定进行了勘察设计招标；勘察设计单位是否有违反勘察设计市场规定的行为；合同双方是否履行了勘察设计合同；已实行注册执业资格的专业，其施工图设计文件是否由相应注册执业人员签字盖章等。

③法律、法规规定的其他审查内容。

(2) 技术性审查

技术性审查内容：

①是否根据工程项目管理要求，按照初步设计审批文件或工程项目审批文件进行施工图设计。

②施工图设计文件是否达到规定的质量标准和编制深度。

③勘察设计是否满足有关规范、标准及相关强制性条文要求；地基处理、基础设计、结构设计是否安全、合理。

④是否损害公众利益。

7.3 配套设备

配套设备分为标准产品和非标准产品，应根据污染物性质、场地条件、处理工艺、处理费用等因素综合分析，合理选择。

7.3.1 标准设备

标准设备也称定型设备，可批量系列生产，在市场上可直接购买。标准设备有产品目录或样本选用手册，国家有相应的技术标准，包括设备的型号规格、技术条件、使用条件、使用寿命、检测检验、适用范围等方面的规定，不同的生产厂家均应遵照国家标准执行。

定型设备选用原则：合理性、先进性、安全性、经济性。

7.3.2 非标准设备

非标准设备也称非定型设备，一般是设计者根据所成立对象（污染物）进行选取或开发,没有国家规定的技术标准。环保设备厂家一般以销定产。

非定型设备设计原则:合理性、先进性、安全性、经济性。

非定型设备主要设计程序:

①根据工艺条件确定设备类型;

②根据处理的污染物、工艺流程和操作条件,确定设备的材质;

③根据污染物的处理量、处理效率、物料平衡和热量平衡等条件,确定设备负荷、操作条件,作为设备设计计算的主要依据;

④根据设备性能、使用特点和使用范围,依据各类设计规范,确定设备的基本结构形式;

⑤根据设计数据进行有关的计算和分析,确定设备外形尺寸、各种工艺附件,画出设备简图;

⑥进行结构计算,明确设计使用寿命;

⑦绘制非标准设备图纸,提出制作技术要求。

7.4 技术经济分析

建设项目的技术经济分析是工程设计的有机组成部分和重要内容,是项目和方案决策科学化的重要手段。通过对项目多个方案的投入费用和产出效益进行计算,对拟建项目的经济可行性和合理性进行论证分析,做出全面的技术经济评价,经比较后确定推荐方案,为项目的决策提供依据。

7.4.1 工程概/预算

7.4.1.1 工程概/预算作用

①概/预算是工程设计的重要组成部分。

②概/预算文件必须完整地反映工程设计的内容,严格执行国家的有关方针、政策和制度,根据工程所在地的建设条件,对有关的依据性资料进行编制。

③初步设计总概算经主管部门批准,即成为该项目编制固定资产投资计划、签订建设项目总包合同、贷款合同、控制施工图预算和考核设计经济合理性的依据。

④施工图设计总预算经审定后,是确定工程预算造价、确定建筑安装合同、实行建设单位和施工单位投资包干和办理工程结算的依据,也是工程招标编制标底的基础。

7.4.1.2 概/预算文件组成

概/预算文件组成,包括:

(1) 编制说明

①工程概况:介绍工程规模和概貌。

②编制依据:说明设计文件的依据。

③编制方法:说明编制依据是定额法、指标法还是类似法。

④主要设备和材料数量:说明主要机械设备、电气设备及主要建筑安装材料等的数量。

⑤其他相关问题。

(2) 概/预算表格

除了按费用构成和项目划分填入表外，还需要列出技术经济指标。

7.4.1.3 概/预算编制方法

概/预算编制方法包括定额编制法、指标编制法和类似编制法3种。

(1) 根据概/预算定额编制

①根据设计图纸和概/预算定额所规定的工程量计算规则计算工程量。

②根据确定的工程量和概/预算定额的基价计算直接费用。

③根据项目所在地的施工取费标准和工程造价计算程序计算工程造价，含降解费用、计划利润和税费。

④如要计算经济指标时，将建设工程概算价值除以建设规模，即得出技术经济指标。

(2) 根据概/预算指标编制

在初步（方案）设计阶段，有些工程数量难以估算，可以根据概/预算指标编制概算。在不同的情况下选择不同的概/预算指标，按下式计算工程概算价值：工程概算价值＝建设规模×概算指标。

(3) 利用类似预/预算编制

①熟悉拟建工程的设计图纸，计算工程量。

②选择类似概/预算，当拟建工程与类似预算工程在结构构造上有部分差异时，将每百平方米建筑面积造价及人工、主要材料数量进行修正。

③当拟建工程与类似概/预算工程在人工工资标准、材料概/预算价格、机械台班使用费用及有关费用方面有差异时，测算调整系数。

④根据拟建工程建筑面积以及类似概/预算资料、修正数据和调整系数，计算出拟建工程的调整造价和各项经济指标。

7.4.2 技术经济指标

技术经济指标是评价工程设计经济合理性的重要指标，包括收益类、消耗类和综合类3类指标。

(1) 收益类指标

收益类指标反映已形成的使用价值。包括：

①处理能力：指单位时间内所能处理污染物的量，代表净化能力大小的指标。

②净化效率：是指通过系统装置处理后的污染物去除率，是表示处理效果的重要技术指标。

③运行寿命：指满足环境治理质量，保证节能水平，且符合运行经济性的设施运行寿命，表示设施投资的有效期。

④"三废"资源化能力：指通过资源化处理获得的直接经济价值。

⑤降低损失水平：指通过治理，改善环境质量，减交或免交的污染赔偿费，或减少生产资料的损失。

⑥非货币计量效益：指通过环保设备对污染源治理后，产生的不能直接用货币计量的效益。

(2) 消耗类指标

消耗类指标反映使用价值。包括：

①投资总额：指购置和制造环保设备支出的全部费用。含购买、制作、安装、管理、占地等费用。

②运行费用：指环保设备正常运行所需的全部费用。包括直接运行费用（人工、水、电、材料）和间接运行费（管理、折旧等）。

③设置耗用时间：指环保设备从开始投资到实际运行所耗用的时间，反映了从购买设备到形成使用价值的速度。

④有效运行时间：指环保设备每年实际运行时间，常用有效利用率表示。

有效利用率＝年累计运行时间/年计划运行时间。

(3) 综合类指标

综合类指标反映技术经济效益。包括：

①寿命周期费用：指环保设备在整个寿命周期过程中所发生的全部费用。

②环境效益指数：反映使用环保设备后环境质量改善的综合指标。

环境效益指数＝治理前后污染物排放量之差/该污染物的允许排放量

③投资回收期：以环保设备的净收益（包括直接和间接的收益）抵偿全部投资所需的时间，是合理投资回收能力的重要指标。

静态投资回收期　　$N_t = \dfrac{T_1}{M}$

动态投资回收期　　$N_d = \dfrac{-\lg(1 - T_1 \dfrac{i}{M})}{\lg(1+i)}$

式中　T_1——投资总额，万元；

　　　N_t——静态投资回收期，年；

　　　M——年平均净收益，万元/年；

　　　i——年利率或投资收益率,％；

　　　N_d——动态投资回收期，年。

【例】某污水处理设备，初始投资 50 万元，年运行费 3 万元，运行后每年免交排污费 15 万元，即净收益为（15－3）万元/年＝12 万元/年。设投资收益率为 20％，试分别求静态和动态投资回收期。

解：静态回收期为：

$N_t = \dfrac{T_1}{M} = 50/12$ 年 ＝ 4.2 年

动态回收期为：

$N_d = -\lg(1 - 50 \times 0.2/12) / \lg(1+0.2)$ 年 ＝ 9.8 年

7.4.3　技术经济分析

技术经济分析除计算项目本身的直接费用、间接费用外，还应评估项目的直接效益和间接效益，据此从社会、环境和经济等方面综合判断项目的合理性。

7.4.3.1 技术经济分析的主要内容

(1) 处理工艺的技术水平比较

处理工艺的技术水平比较包括处理工艺路线与主要处理单元的技术先进性与可靠性、运行稳定性与操作管理的复杂程度、各级处理的效果与总的处理效果、出水水质、污泥的处理与处置、工程占地面积、施工难易程度、劳动定员等。

(2) 处理工程的经济比较

处理工程的经济比较包括工程总投资、经营管理费用（处理成本、折旧与大修费用、管理费用等）和制水成本（水处理及相应的污泥处理工程所发生的各项费用）。

在技术经济比较过程中，一个方案的技术先进合理性或经济指标全部优于另一个方案的可能性很小，应注重综合性比较，除注意可比性的指标外，还应结合不同时期、不同地区的实际情况，作出科学的、全面的综合性比较，为项目的科学决策提供正确的依据。

7.4.3.2 基本建设投资

基本建设投资（又称工程投资）指项目从筹建、设计、施工、试运行到正式运行所需的全部资金，分为工程投资估算、工程建设设计概算和施工图预算 3 种。工程可行性研究阶段采用工程投资估算，初步设计阶段采用工程建设设计概算，施工图设计阶段采用施工图预算。

基本建设投资由工程建设费用、其他基本建设费用、工程预备费、设备材料价差预备费和建设期利息组成。在估算和概算阶段通常称工程建设费用为第一部分费用，称其他基本建设费用为第二部分费用。按时间因素可分为静态投资和动态投资。静态投资指第一部分费用、第二部分费用和工程预备费，动态投资指包括设备材料价差预备费和建设期利息的全部费用。

第一部分费用（工程建设费用）由建筑工程费用、设备购置费用、安装工程费用、工器具及生产用具购置费组成。第二部分费用（其他基本建设费用）指根据规定应列入投资的费用，包括土地、青苗等补偿和安置费，建设单位管理费，实验研究费，培训费，试运行费，勘察设计费等。

7.4.3.3 经营管理费用

经营管理费用包括能源消耗费（动力费）、药剂费、工资福利费、检修维护费、其他费用（包括行政管理费、辅助材料费等）。其中：

能源消耗费（动力费）＝机电设备总功率×电费单价/水量变化系数；

药剂费＝日处理水量×Σ（吨水药剂投加量×药剂单价)$_i$；

工资福利费＝职工定员×工资定额；

折旧提存费＝固定资产总值×综合折旧提存率，检修维护费＝折旧提存费×1%；

单位水处理成本＝各项经营费用之和/平均日处理水量。

7.4.4 施工图预算

7.4.4.1 施工图预算及作用

施工图预算是根据施工图设计要求所计算的工程量、施工组织设计、现行建筑预算定额及收费标准，建筑材料预算价格和国家规定的其他取费标准，进行计算和编制的单位工程和单项工程建设费用的文件。

施工图预算的作用：

①经审定后的施工图预算，是确定工程预算造价、签订建筑安装合同、实行建设单位和施工单位投资包干和办理工程结算的依据；

②对于实行招标的工程，预算是编制标底的基础；

③施工图预算也是施工单位编制计划、加强内部经济核算、控制工程成本的依据。

7.4.4.2 施工图预算审查

施工图预算审查是根据工程设计图纸（施工图）、预算定额、费用标准计算的工程造价文件，对工程造价进行确认。经审定的施工图预算，是确定工程预算造价，签订建筑安装工程合同、办理工程拨款和结算的依据。工程预算是确定工程造价的文件，由施工企业编制。在预算审查过程中，必须做好预算的定案工作。所谓定案就是把审查中发现的问题，经过原编制单位和有关单位共同研究，得出一致的结论，然后据以修正原来的预算。

施工图预算审查的意义：

①有利于控制工程造价，克服和防止预算超概算。

②有利于加强固定资产投资管理，节约建设资金。

③有利于施工承包合同价的合理制定和控制。施工图预算对于招标工程来说是编制标底的依据。对于不宜招标工程，它是合同价款结算的基础。

④有利于积累和分析各项技术经济指标，不断提高设计水平。审查工程预算核实了预算价值，为积累和分析技术经济指标提供了准确数据，进而通过有关指标的比较，找出设计中的薄弱环节以便及时改进，不断提高设计水平。

预算审查方法包括全面审查法、重点抽查法、分解对比法、分组计算审查法、利用手册审查法。

7.4.4.3 施工图预算审查的主要内容

(1) 审查工程量

根据设计或施工单位编制的工程量计算表，对照施工图纸尺寸，审查工程预算中的工程量。包括：审查项目是否齐全，有否漏项或重复；审查工程量，尤其是计算规则容易混淆的部位。

(2) 审查定额单价

审查预算书中的单价、换算单价以及补充单价。包括：重点审查所列工程名称、种类、规格、计量单位，与预算定额或单位估价表上所列内容是否一致；应根据《预算定额》的分项说明、附注和有关规定进行换算，不得强调工程特殊性或其他原因而任意加以换算；对于某些采用新结构、新技术、新材料的工程，需审查《地区单位估价表》中尚缺的项目定额。

(3) 审查直接费

根据已经审查的分项工程和预算定额单价，审查单价套用是否准确，应换算的单价是否已正确换算。

(4) 审查间接费及其他费用

包括审查人工费补差和施工流动津贴，审查主要材料差价和次要材料差价。

思 考 题

1. 工程设计分几个阶段？每个阶段文件编制的主要内容有哪些要求？
2. 工程设计前期工作主要包括哪些内容？为什么要编制工程可行性研究报告？
3. 初步设计和施工图的要求分别是什么？
4. 施工图质量管理主要包括哪些内容？
5. 绘制工艺流程图应包括的主要内容有哪些？
6. 平面布置与高程布置应遵循哪些基本原则？对于有一定坡度的污水处理厂厂址和地形平坦的厂址，试分析其在平面与高程布置上的区别。
7. 什么是标准设备？简述其选用原则。
8. 简述工程投资及其概/预算和作用。
9. 论述污水处理厂技术经济分析的主要内容和方法及其对污水处理厂建设的作用。

第8章　轻化工程废水处理设施运行管理

8.1　废水处理设施运行管理

8.1.1　废水处理设施运行管理的主要任务

工业废水处理是指从接纳废水到经预处理、物理处理、化学物理处理、生物化学处理后达到排放标准或再利用的水质标准的全部过程。废水处理设施运行管理的主要任务有：

①确保所排放的废水符合规定的排放标准或再利用的水质标准。
②确保废水处理设施和设备经常处于最佳运行状态。
③可能减少能源和资源的消耗，降低运行成本。

8.1.2　废水处理设施运行管理工作的基本要求

废水处理站必须建立健全废水处理设施运行与维护的组织机构。实行厂（站）长负责制，通过中央控制室实现生产调度、工艺控制、设备维护。操作岗位一般包括化验员岗位、污泥处理岗位、机修岗位、电工岗位、水处理工岗位、泵房和风机操作岗位等。

运行管理人员必须了解废水处理工艺、设备、设施的运行要求与操作规程；必须熟悉每个废水处理岗位的职责，掌握每个设备、自控仪表的适用方法、运行操作和维护管理规定。

运行管理人员和操作人员应经培训后持证上岗、定期考核。认真执行岗位安全操作规程，定期巡视检查水处理构筑物、设备、电器和仪表的运行情况。岗位操作人员应按时做好运行记录。记录的数据和相关信息应准确无误。操作人员发现运行不正常时，应及时处理或上报主管部门。

8.2　工程验收和调试运行

8.2.1　工　程　验　收

废水处理工程竣工后，一般由建设单位组织施工、设计、质量监督和运行管理等单位联合进行验收。隐蔽工程必须通过由施工、设计和质量监督单位共同参加的中间验收。验收内容为资料验收、土建工程验收和安装工程验收，包括工程技术资料、处理构筑物、附属建筑物、工艺设备安装工程、室内外管道安装工程等。

验收以设计任务书、初步设计、施工图设计、设计变更通知单等设计和施工文件为依据，以建设工程验收标准、生产设备验收标准和档案验收标准等国家现行标准和规范，包括 GB 50141—2008《给水排水构筑物工程施工及验收规范》、GB 50268—2008《给水排水管道工程施工及验收规范》、GB 50231—2009《机械设备安装工程施工及验收通用规范》、机械设备自身附带的安装技术文件等为标准对工程进行评价,检验工程的各个方面是否符合设计要求,对存在问题提出整改意见,使工程达到建设标准。

8.2.2 运 行 调 试

一个完整的废水处理装置的建设工作应由建造、调试和试运行组成。在调试阶段可以对设计、建设中存在的工艺问题、设备质量问题、处理能力问题等进行必要的调整,为废水处理装置的正式投产积累必要的数据,为废水处理装置的运行提供详细的操作规程和考核依据。

验收工作结束后,即可进行废水处理构筑物的调试。调试包括单体调试、联动调试和达标调试。通过试运行进一步检验土建工程、设备和安装工程的质量,验收工程运行是否能够达到涉及的处理效果,以保证正常运行过程能够达到废水处理项目的环境效益、社会效益和经济效益。

调试人员首先要在业主的组织下进行单体调试和联动调试,掌握现场设备的安装质量、设施施工质量等基本情况,为后续的试运行做准备。调试人员同时参加设备供应商和安装单位对准备设施现场操作的培训和指导。

8.2.2.1 调试前的准备工作

(1) 调试方案编写与审批的完成

调试前应将调试方案编写完成,并上报至业主和监理,得到批准后,方可进行下步工作。

(2) 应急预案的编写

调试工作系统性较强,尤其是工业废水处理中可能会遇到一些易燃、易爆、有毒害的废水与气体,需要针对调试工作中可能会发生的一些紧急情况,提前考虑并制定预案。

(3) 现场清理

对现场构筑物及时清除堆积的泥砂、杂物等;对设备清理灰尘、传动部分加油养护;对管道、各类井室等排除积水、泥渣和杂物等。

(4) 操作人员到岗和岗位责任制的建立

生产岗位人员到位,同时建立必要的岗位职责。

(5) 熟悉现场设施设备情况,加深对设计的理解

各岗位人员应熟悉设计图纸与施工现场,配合调试人员进行相关工作内容,接受调试人员技术指导。

(6) 对上岗操作人员进行初步培训

调试期间调试人员营业安排一定时间的培训工作。

(7) 各工种协调统一检查

①土建工程检查:构筑物注水实验及记录、沉降情况记录、防腐处理等,并办理中间交工验收签证。

②管道、各类井室检查:对其安装位置、高程、防腐处理等检查记录,并办理好签证;各连接部位已紧固,流失固定装置以拆除。

③设备:检查泵类、闸门等设备的完好程度,其型号、材质、性能是否与设计一致,

转动部分的润滑油是否加注到位,设备基础强度是否达到要求。

④进口设备部分:除满足上述要求外,还应满足外方专家提出的要求。

⑤电气、自控、仪表:检查装置安装、接线是否完毕,实验正确,记录齐全。

(8) 调试所需工器具、材料、辅料、安全防护设施齐全

调试人员应佩戴各种安全防护工具进行操作。备齐调试过程中可能需要的各种药剂、运输工具以及常用的设备维修工器具,确保调试工作的正常进行。

8.2.2.2 单体调试

单体调试是为了检查设备安装的质量是否符合有关安装标准,同时也为了检查设备的质量。本阶段主要检查施工安装是否符合设计工艺要求,是否满足操作和维修要求,是否满足安全生产和劳动保护要求。如管道是否畅通,设备叶轮是否磕碰缠绕,格栅能否升降,电气设备是否能连续工作运行,仪表控制是否接通,能否正确显示等。

单体调试前及过程中的检查项目包括:外观检查、实测检查、资料检查和性能测试设备的单机调试步骤(包括全面检查、条件核准、空载调试及荷载调试)。

8.2.2.3 联动调试

联动调试主要核定设施能否协调稳定连续运行,实验设施系统过水能力是否能达到设计要求。联动调试前应具备的外部条件:

①水力流程已经走通,新工艺流程融入到污水系统整体流程中,具备输水的条件,各构筑物水位调整到位,出水管道具备向外排水的能力。

②单体调试完成,绝大多数设备通过初步验收。有问题的设备加工检修和更换已合格。

③供电能力满足联动试车的负荷条件,各台主变压器应投入运行或部分运行,基本满足联动试车的用电负荷。

④电气和自控系统通过单体试车,能达到控制用电设备的条件。

⑤人员经过初步的培训,对设备的性能及调试方法已基本掌握。

联动调试分两部分进行,先进行构筑物内有联动关联设备的区域调试,通过后再进行全厂设备的联动调试。

水力流程联动调试中,主要考察废水处理装置的整体过水能力、过泥能力和应急单体构筑物间的衔接。进行最大设计及滤料下的过流能力测试,设施流程是否通畅,能否协调运行。各超越设备、隔离闸门、水池放空管道和污泥回流系统工作是否正常。有分组构筑物的设施,各组之间的出水是否比较均匀,表曝机、堰门、撇浮渣设备等对高程要求高的设备安装是否正确,是否可分组运行。通常用河水来进行此项工作。

工艺设备运行工况联动调试中,主要工艺设备带负荷连续试运行时间一般要求大于24h。对设备出现故障或存在问题,及时报送施工监理单位和设备承包商,提请整改或维修。

8.2.2.4 达标调试

达标调试也称为工艺调试或试运行,调试要求如下:

①各流量、压力、压差、液位等物理量测量仪表应在联动调试阶段完成调试,使其能准确反映各物流的物理变化。

②各工艺参数分析监测仪表在区域联动进行初步调试后,所有仪表应在此阶段进行初

步调试,能基本上反映工艺参数。

③自控系统在联动调试阶段应实现各单元、各回路的同时运行。

④检查自控系统在联动调试阶段运行状况,巡查系统应正常反映各用电设备的工作状况。

达标调试主要考核出水水质、容积污染(污泥)负荷是否稳定达到设计要求。根据实际污染负荷来调整工艺参数,要求自控系统切入并调整控制参数。初步分析运行单耗及运行直接成本。制定试行岗位操作规程和运行报表,为后续实行标准化管理积累初步基础资料。

8.3 运行管理及水质监测

8.3.1 废水处理设施运行管理

废水处理系统设计即使非常合理,但运行管理不善,也不能使处理设施正常运行和充分发挥其净化功能。因此,重视污水处理系统的运行管理,提高操作人员的基本知识、操作技能和管理水平,做好观察、控制、记录与水质分析检测工作,建立异常情况处理预案制度,对运行中的不正常情况及时采取相应措施,是废水处理系统充分发挥出环境效益、社会效益和经济效益的保障。

8.3.2 有毒有害物质及逸出气体的控制

原废水中常含有重金属和氰化物等有毒有害物质,这些物质会给生物处理工艺带来困难。首先,它们会使出水具有一定毒性;其次,在出水排放标准中对这些有毒有害物质有极其严格的限制;第三,微生物富集作用会使稳定后的污泥中含有高浓度的重金属,给污泥最终处置方案的选择带来限制。因此常要考虑在生物处理前进行预处理。预处理的目标在于解除毒性和提高生物降解性。表 8-3-1 列出了一些重金属的去除技术及可达到的出水浓度。可通过预处理使生物毒性废水中有毒有机物质改性或去除,减轻其对微生物出水抑制作用。生物毒性废水预处理技术如图 8-3-1 所示。

表 8-3-1　　　　　　　重金属去除技术及可达到的出水浓度[3]

金属	去除技术	可达到的出水浓度/(mg/L)
砷	硫化物析出沉淀(pH=6~7)	0.05
	炭吸附	0.06
	共析出沉淀(氢氧化铁)	0.005
钡	硫酸盐析出沉淀	0.5
铬	硫化物析出沉淀(pH=6~7)	0.05
	氢氧化物析出沉淀	0.05
	硫化物析出沉淀(pH=8.5)	0.008
铜	氢氧化物析出沉淀(pH=10~11)	0.02
	共析出沉淀(氢氧化铁)	0.01

续表

金属	去除技术	可达到的出水浓度/(mg/L)
铅	共析出沉淀(pH=9~9.5)	0.01
	氢氧化物析出沉淀(pH=11.5)	0.02
汞	硫化物析出沉淀	0.01
	共析出沉淀(明矾)	0.001
	共析出沉淀(氢氧化铁)	0.0005
镍	氢氧化物析出沉淀(pH=10~11)	0.12
锌	氢氧化物析出沉淀(pH=10)	0.1

工业废水中常含有大量的挥发性有机物和无机物。气体排放标准中的规定可能会要求在生物处理工艺之前对其进行预吹脱,并将逸出的气体收集后集中处理。如果不在吹脱装置内对挥发物质进行控制和处理,而是任其在曝气池内挥发,最后再考虑对曝气逸出气体进行收集和控制,将会增加处理难度和费用。

工业废水中常含有硫、氮等臭味化合物。通常产生臭味物质的废水处理构筑物如表8-3-2所示。废水恶臭污染处理包括臭气收集系统、输送系统、处理系统及排放系统。为避免臭味扩散,通常要求对臭味源进行封闭或采用集气罩收集,然后通过风机抽吸输送。臭气收集时,通常要求保

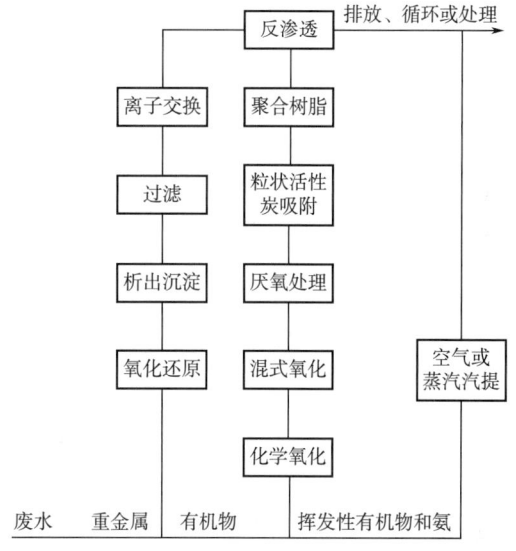

图 8-3-1 毒性废水的预处理技术示意图

持臭味源处于负压状态。收集后的臭气再通过物理的、化学的或生物的方法进行处理,处理达标后的尾气再通过排气筒进行高空排放,排气筒高度一般不低于15m。

臭气处理包括活性炭吸附、化学洗涤、生物除臭和等离子除臭等方法。活性炭吸附法是利用活性炭能吸附臭味物质的特性进行除臭的方法。化学洗涤法是利用臭气中的恶臭物质与化学药液能够产生化学反应,生成不臭物质的特性除臭的方法。生物除臭法是通过微生物的代谢过程中将具有臭味的物质分解实现除臭的方法。等离子除臭法是利用高能电子将臭气中的 H_2O、O_2 等分子激活,产生强氧化性的自由基使废气中污染物氧化分解的方法。

表 8-3-2 废水处理系统产生臭味的来源[4]

序号	臭味来源	恶臭成因	臭气强度
1	泵站集水井	废水、浮渣和沉积物的腐化	高
2	格栅/格栅间	筛渣的腐化	高
3	沉砂池	附着于沉砂的有机物腐化	高
4	调节池	浮渣、沉渣的腐化	高
5	初沉池	浮渣腐化;溢流水中臭味物质的释放	高/中

续表

序号	臭味来源	恶臭成因	臭气强度
6	生物滤池等	生物膜的腐化；生物滤池填料堵塞产生的臭气	中/高
7	曝气池	腐化的回流污泥、旁通臭味水流；高有机负荷、低溶解氧时的有机物腐化	中/低
8	二沉池	池面漂浮物、底泥发生腐化	低/中
9	出水监测池	池面漂浮物发生腐化	低
10	污泥浓缩池	漂浮物腐化；溢流废水及污泥中臭气释放	高/中
11	贮泥池	污泥、浮渣的腐化	中/高
12	污泥脱水间	污泥腐败	中/高
13	污泥转输设备	污泥腐败	高

8.3.3 水质监测

水质监测可以反映原废水水质、各处理单元的处理效果和最终出水水质等，运用这些资料可以及时了解运行情况，及时发现问题和解决问题，对于确保废水处理系统正常运行起着重要作用。废水处理水质监测指标，因废水性质和处理方法不同有所差异。轻化工程废水处理一般的监测指标为水温、pH、BOD、COD、DO、NH_3—N、TN、TP、SS、污泥浓度（MLSS）等。当有特殊工业废水进入时，应根据具体情况增加监测项目。如皮革工业废水需测定 Cr^{3+}、S^{2-}、氯化物等项指标。

8.4 废水处理设施应急预案

突发环境事件是指由于污染物排放或自然灾害、生产安全事故等因素，污染物或放射性物质等有毒有害物质进入大气、水体、土壤等环境介质，突然造成或可能造成环境质量下降，危及公众身体健康和财产安全，或造成生态环境破坏，或造成重大社会影响，需要采取紧急措施予以应对的事件。

突发环境污染事件的基本特征：①发生的突然性；②形式的多样性；③危害的严重性；④处理处置的艰巨性；⑤事故发生规律的可循性。

环境污染事故与突发环境事件的区别在于，环境污染事故是指长期的污染造成的事故，突发的环境污染事件则指不可预见的环境污染事件。突发环境事件与突发生产安全事件的区别在于由事件产生的水和大气是否符合大气污染和水污染环境质量标准。

8.4.1 突发环境事件分类

《国家突发环境事件应急预案》（国办函［2014］119号）中规定的事件分级从大到小，分别为Ⅰ级，即特别重大突发环境事件；Ⅱ级，即重大突发环境事件；Ⅲ级，即较大突发环境事件；Ⅳ级，即一般突发环境事件。综合根据本单位实际情况，确定事件分级。企业事件分级一般从大到小分为社会级、企业级、车间级。应急预案分类关系如图8-4-1所示。

工业废水处理可将突发事件分为进水量超负荷、进水水质超标、出水水质超标、突然停电等4类。

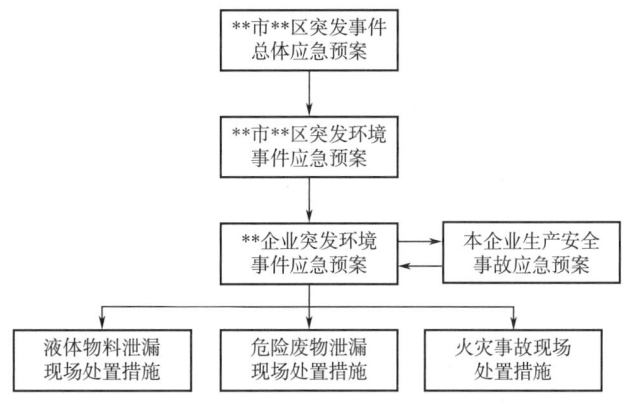

图 8-4-1 应急预案分类关系示意图

8.4.2 突发环境事件应急预案

突发环境事件应急预案是指企业为了在应对各类事故、自然灾害时采取紧急措施,避免或最大程度减少污染物或其他有毒有害物质进入厂界外大气、水体、土壤等环境介质而预先制定的工作方案。

突发环境事件应急管理体系包括风险控制、应急准备、应急处置和事后恢复4个环节。

环境事件应急管理8项基本制度:风险评估制度、隐患排查制度、应急预案制度、预警管理制度、应急保障制度、应急处置制度、损害评估制度、调查处理制度。

《国家突发环境事件应急预案》分总则、组织指挥体系、监测预警和信息报告、应急响应、后期工作、应急保障、附则7部分。

①总则,包括编制目的、编制依据、适用范围、工作原则以及事件分级;

②组织指挥体系,包括国家层面组织指挥机构、地方层面组织指挥机构、现场指挥机构;

③监测预警和信息报告,包括监测和风险分析、预警、信息报告与通报;

④应急响应,包括响应分级、响应措施、国家层面应对工作、响应终止;

⑤后期工作,包括损害评估、事件调查、善后处置;

⑥应急保障,包括队伍保障、物资与资金保障、通信/交通与运输保障、技术保障;

⑦附则,包括预案管理、预案解释、预案实施时间。

出现突发事件,值班人员应立即将突发事件简况报告主管负责人。应急总指挥是事故现场总负责人,负责组织事故处理,并对突发事件处理的结果负责。当突发事件威胁到运行设备、设施及有使出水不达标的可能时,应及时向上级主管部门和当地环保部门汇报。得到设计主管部门批准后,可采取立即停止进水、废水暂存、外排等应急措施。

突发水质事件报告程序如图8-4-2所示。

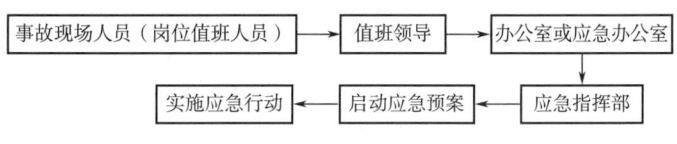

图 8-4-2 突发水质事件报告流程[4]

8.4.3 企业环境应急管理制度

《企业事业单位突发环境事件应急预案备案管理办法（试行）》规定，环境保护主管部门应加强对以下企业环境应急预案备案的指导和管理：

①可能发生突发环境事件的污染物排放企业，包括污水、生活垃圾集中处理设施的运营企业；

②生产、储存、运输、使用危险化学品的企业；

③产生、收集、贮存、运输、利用、处置危险废物的企业；

④尾矿库企业，包括湿式堆存工业废渣库、电厂灰渣库企业；

⑤其他应当纳入适用范围的企业。

原环境保护部《突发环境事件应急管理办法》（2015年6月5日实施）第6条规定，企业事业单位应当按照相关法律法规和标准规范的要求，履行下列义务：

①开展突发环境事件风险评估；

②完善突发环境事件风险防控措施；

③排查治理环境安全隐患；

④制定突发环境事件应急预案并备案、演练；

⑤加强环境应急能力保障建设；

发生或者可能发生突发环境事件时，企业事业单位应当依法进行处理，并对所造成的损害承担责任。

企业环境应急管理制度包括：

①环境应急目标责任制。成立环境应急预案编制组，明确编制组组长和成员组成、工作任务、编制计划和经费预算。

②环境风险定期巡查制度。开展环境风险评估和应急资源调查。

③突发环境事件报告和处置制度。企业指定有关人员全程参与编制环境应急预案。

④环境应急物资库专人负责制。评审和演练环境应急预案。

⑤环境应急档案管理制度。完整的应急预案包括《突发环境事件风险评估》《应急资源调查》《突发环境事件应急预案》。

思 考 题

1. 简述轻化工程废水处理设施运行管理的主要任务。
2. 工程验收及验收依据是什么？
3. 什么是运行调试，包括哪些内容？
4. 试述水质监测在轻化工程废水处理设施运行管理中的作用。
5. 轻化工程废水处理为什么要编制应急预案？

第 9 章 轻化工程典型废水处理工艺与运行管理

9.1 制浆造纸废水处理

9.1.1 制浆造纸生产工艺简介

造纸行业包括制浆和造纸两部分。制浆原料通常包括木材、竹材、非木材（包括稻麦草、芦苇、蔗渣）及废纸。制浆根据工艺可分为化学法制浆、化学机械法制浆、废纸制浆。

化学法制浆制药指碱法化学制浆，利用某种能与原料中所含木素发生选择性化学反应的化学药剂脱除大部分木质素，并使原料中的单根纤维充分疏松分离为纤维素纯度较高的纸浆，工艺流程如图 9-1-1 所示。

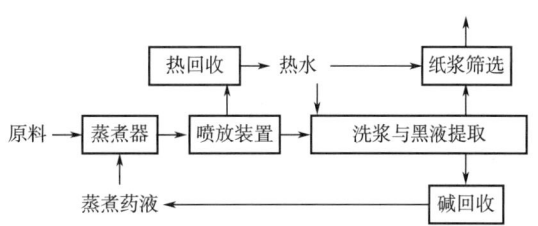

图 9-1-1　碱法化学制浆工艺流程图示意图

化学机械法制浆是采用化学预处理和机械磨解相结合的制浆方法。先用药剂进行轻度预处理（浸渍或蒸煮）除去木片中部分半纤维素，而木质素较少溶出或基本未溶出，但软化了木素的胞间层。再经盘磨机进行后处理，磨解软化后的木片（或草片），使纤维分离成纸浆，简称化机浆。化学机械法制浆的合成预处理比化学法制浆的蒸煮过程温和得多，得浆率也比化学法制浆高，其工艺流程如图 9-1-2 所示。

利用废纸作为原料进行制浆则成为废纸制浆，其工艺流程如图 9-1-3 所示。

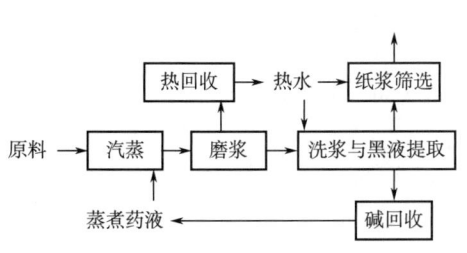

图 9-1-2　化学机械制浆工艺流程图示意图

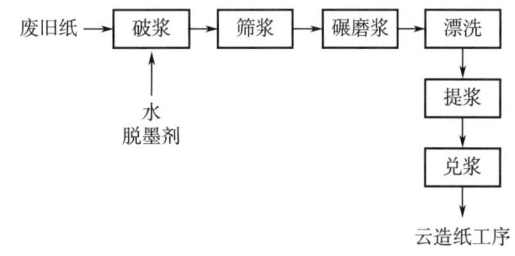

图 9-1-3　废纸制浆工艺流程图示意图

造纸可分为机制纸及纸板制造、手工纸制造和加工纸制造。造纸工艺一般由筛选净化段、制浆段、抄纸段和加工段组成。造纸工艺流程如图 9-1-4 所示。

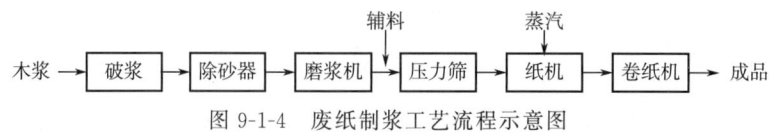

图 9-1-4 废纸制浆工艺流程示意图

9.1.2 制浆造纸废水来源

(1) 化学法制浆

化学制浆废水主要来自备料废水、洗涤废水、蒸煮黑液、蒸发产生的污冷凝水和漂白废水（漂白浆）等。通常制浆黑液或废液进入碱回收车间处理或综合利用。化学制浆生产过程废水排放节点如图 9-1-5 所示。碱回收车间的废水排放节点如图 9-1-6 所示。

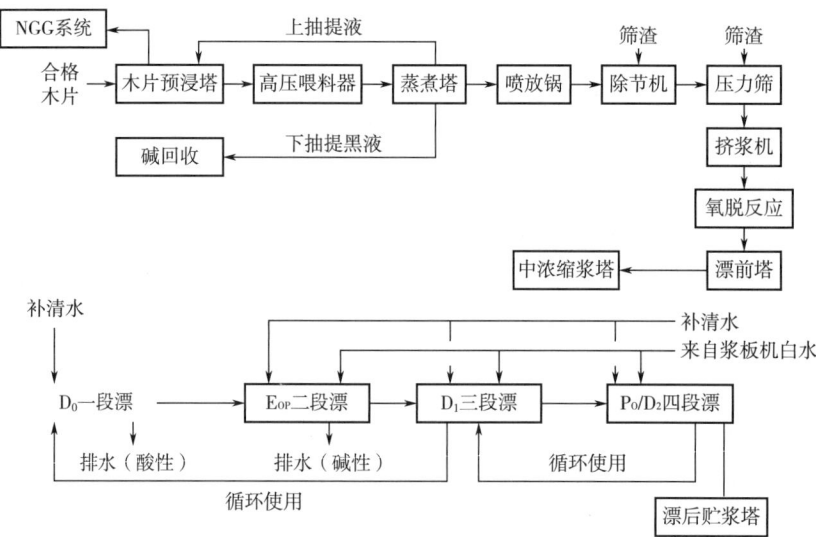

图 9-1-5 化学制浆生产废水排放节点示意图

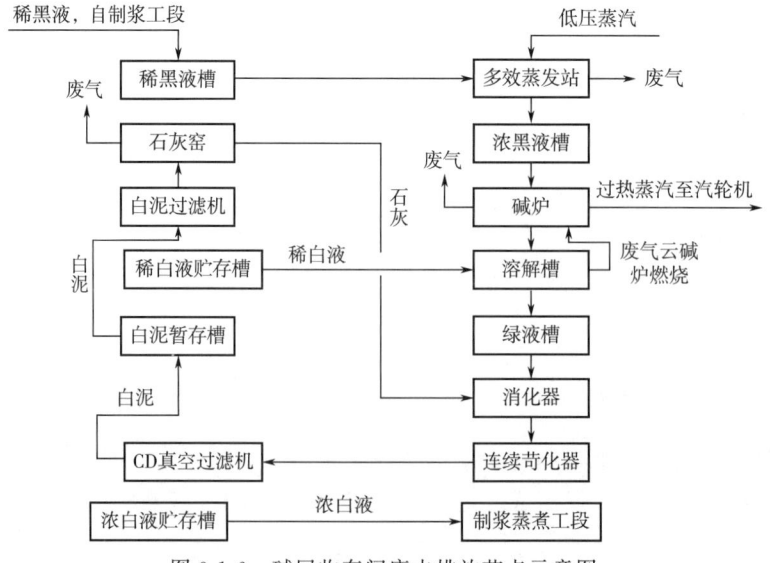

图 9-1-6 碱回收车间废水排放节点示意图

（2）化学机械法制浆

化学机械法制浆废水主要来自木片洗涤废水及磨浆工段废水。其生产过程废水排放节点如图 9-1-7 所示。

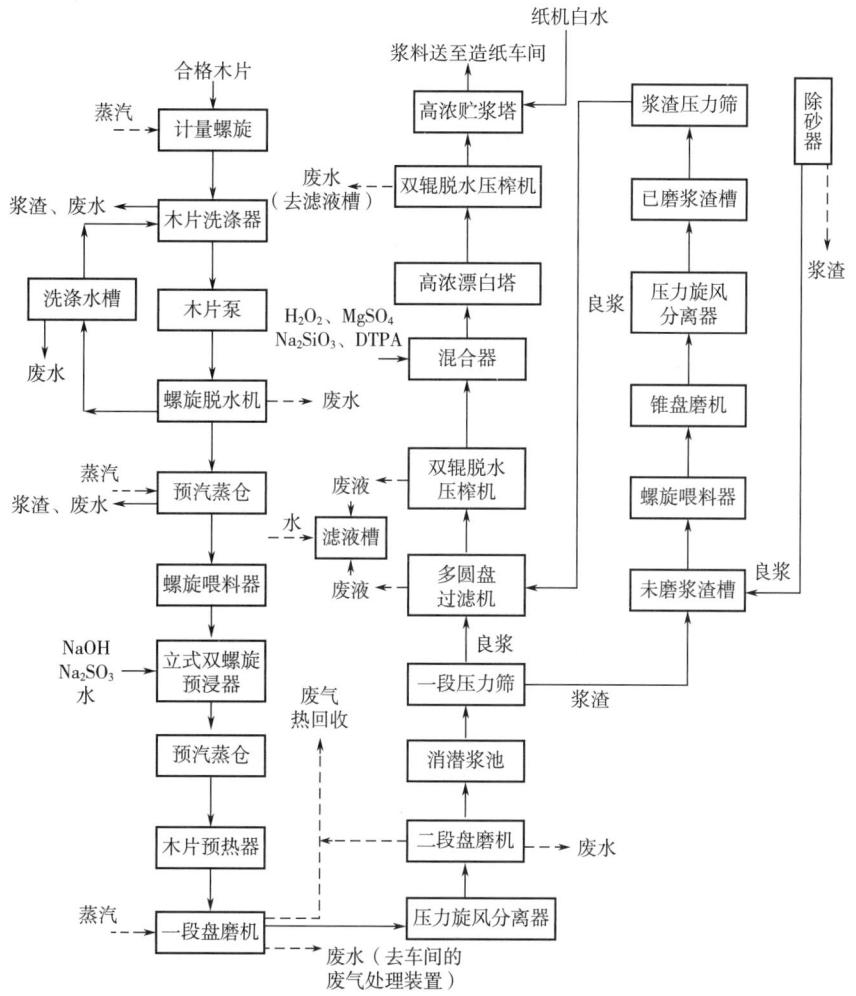

图 9-1-7 化学机械法制浆过程废水排放节点示意图

（3）废纸制浆

废纸制浆废水主要来自碎浆废水、筛选废水、净化废水、脱墨废水及漂洗废水等。其生产废水的排放节点如图 9-1-8 所示。

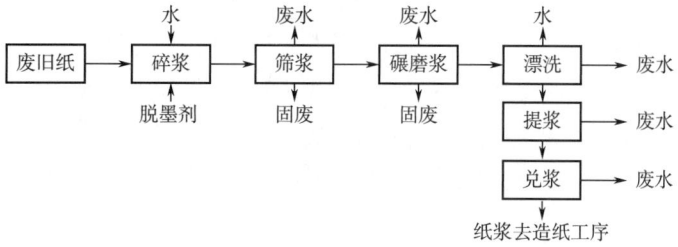

图 9-1-8 废纸制浆过程废水排放节点示意图

（4）机制纸及纸板制造

机制纸及纸板制造废水主要来自纸机白水，白水经过处理后可回用。其生产过程废水排放节点如图 9-1-9 所示。

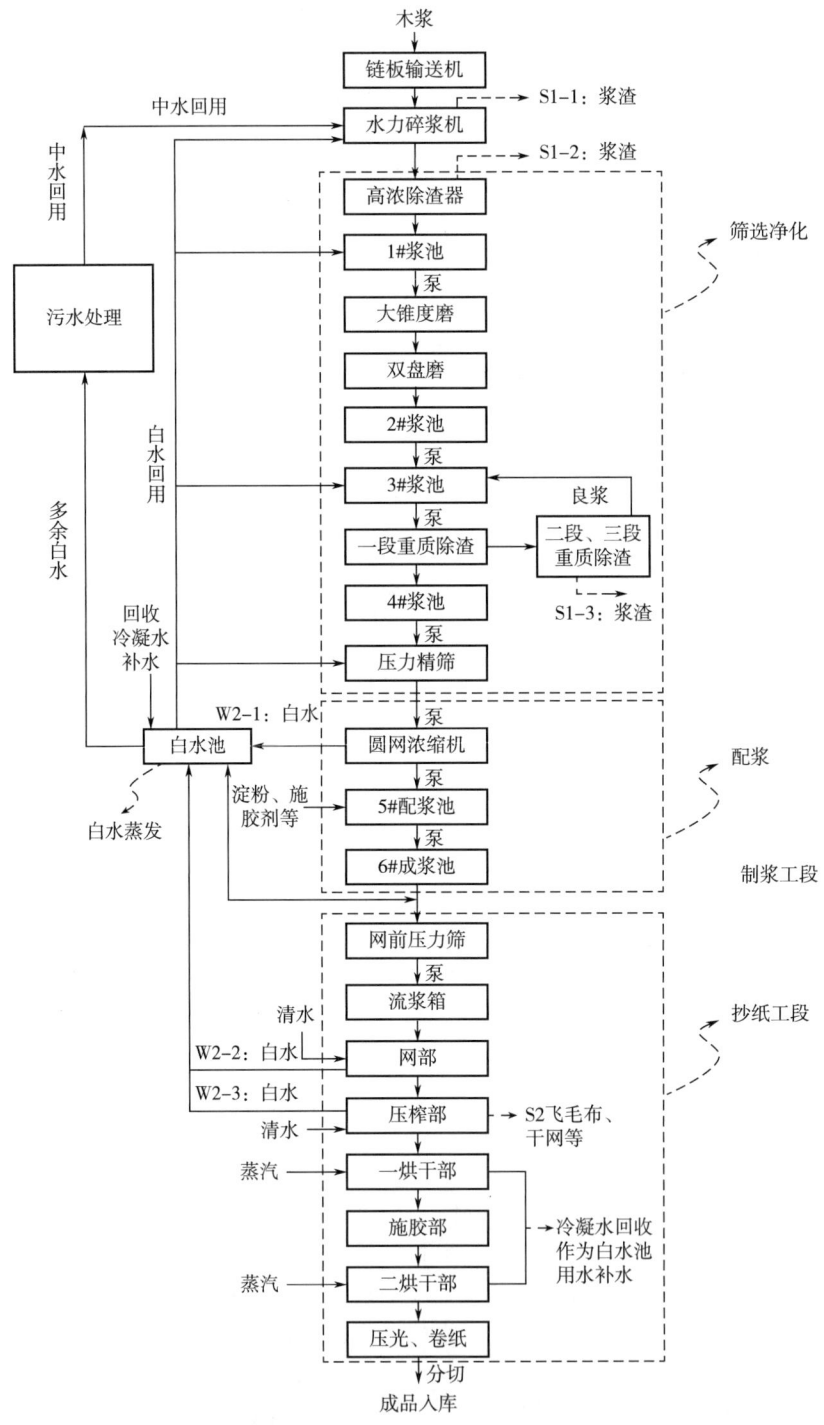

图 9-1-9　机制纸及纸板制造过程废水排放节点示意图

9.1.3 制浆造纸废水水量及水质

(1) 废水水量

造纸工业吨纸排水量一般在 $10\sim200\mathrm{m}^3/\mathrm{t}$。企业规模越大、设备越先进、管理越完善，吨纸排水量也就越低。目前部分企业吨纸排水量可以低至 $10\mathrm{m}^3/\mathrm{t}$。

(2) 废水水质

典型制浆造纸企业产生的废水水质见表 9-1-1。

表 9-1-1　　　　　　　典型制浆造纸废水水质[4]　　　　　单位：mg/L（除 pH 外）

废水种类	水质指标							
	pH	SS	COD_{Cr}	BOD_5	AOX	总氮[3]	氨氮[3]	总磷
化学浆[1][4]	5～10	25～1500	1200～2500	350～800	2～26	4～20	2～5	0.5～2.0
化学机械浆[1][5]	6～9	1800～3800	6000～16000	1800～4000	0～3	5～10	3～5	1.0～3.0
废纸浆[2]	6～9	800～1800	1500～5000	550～1500	0～1	5～20	4～15	0.5～1.0
脱墨废纸浆[2]	6～9	450～3000	1200～6500	350～2000	0～1	3～10	2～6	0.5～1.5
造纸废水[2]	6～9	250～1300	500～1800	180～800	0～1	2～4	1～3	0.5～1.0

注：[1]除 pH，木浆取中值，非木浆取高值。
[2]除 pH，国产小型纸机取中低值，进口纸机取高值。
[3]氨法化学浆废水氨氮和总氮指标分别为 55～150mg/L 和 60～160mg/L。
[4]化学浆水质指标为制浆废液经化学品或资源回收后的指标。
[5]化学机械浆水质指标为高浓度制浆废水未进行蒸发燃烧处理的指标。

化学制浆综合废水 COD_{Cr} 产生浓度一般为 1200～2500mg/L。主要污染物为原料的降解产物、低相对分子质量的木素降解产物、有机氯化物（含氯漂白工艺）及水溶性抽出物等。

化学机械浆生产过程中产生的综合废水 COD_{Cr} 浓度一般为 6000～16000mg/L。主要污染物为以细小纤维为主的悬浮物和以水溶性抽出物为主的溶解物。

脱墨废纸综合废水 COD_{Cr} 浓度一般为 1200～6500mg/L，非脱墨废纸浆综合废水 COD_{Cr} 浓度一般为 1500～5000mg/L。主要污染物包括细小纤维及其降解物、油墨微粒、胶黏物及填料等。

机制纸及纸板制造废水主要为纸机白水，COD_{Cr} 浓度一般为 500～1800mg/L，主要污染物包括细小纤维、胶料及填料等。

宣纸废水的主要污染物是碳水化合物的降解产物及低相对分子质量的木素降解物等。

(3) 废水特点

造纸废水产量大、污染物浓度高、处理难度大。主要特点是：

①污染物浓度高，而且具有较大的波动性。

②难降解有机物成分多，可生化性差。

③废水成分复杂，除原料溶出物外，有的还含有硫化物、油墨等不利于生化处理的组分。

④废水具有挥发性、腐蚀性。

⑤部分废水经处理可回收有价化学品，如黑液经碱回收后可以回用碱。

9.1.4 制浆造纸废水污染控制标准

目前造纸行业执行国家 GB 3544—2008《制浆造纸工业水污染物排放标准》。造纸废水中主要控制指标的排放标准限值见表 9-1-2。造纸行业废水主要优控水质指标是 COD_{Cr} 和氨氮，较难处理达标水质指标也是 COD_{Cr} 和氨氮。

表 9-1-2 《制浆造纸工业水污染物排放标准》（GB 3544—2008）

污染物	pH	色度/倍	SS/(mg/L)	COD_{Cr}/(mg/L)	BOD_5/(mg/L)	氨氮/(mg/L)	总氮/(mg/L)	总磷/(mg/L)	可吸附有机卤素/(mg/L)	二噁英/(pgTEQ/L)	单位产品基准排水量/(吨/吨·浆)
制浆企业	6~9	50	50	100	20	12	15	0.8	12	30	50
制浆和造纸联合生产企业	6~9	50	30	90	20	8	12	0.8	12	30	40
造纸企业	6~9	50	30	80	20	8	12	0.8	12	30	20

9.1.5 制浆造纸废水处理工艺及处理构筑物/设备

（1）废水处理工艺概述

高浓度工艺废水（如备料废水、机械浆废水和化学机械浆废水）需要进行预处理后与其他废水混合处理。混合后的废水通常称为制浆造纸工业综合废水。

当综合废水处理过程未设厌氧处理单元时，宜将机械浆和化学机械浆废水预处理后，再与其他废水混合后进行好氧和三级深度处理；当综合废水处理过程设置有厌氧处理单元时，可将机械浆和化学机械浆直接与其他废水混合处理。

备料工段排出的废水预处理应先进行格栅和筛网过滤，去除废水中的大颗粒杂质，再采用沉淀或混凝沉淀技术进行处理，以蔗渣为制浆原料的备料废水也可以采用厌氧处理技术进行处理。

机械浆和化学机械浆废水预处理应采用以厌氧为主体的处理工艺。

综合废水一般采用两级或三级处理，根据间接及直接排放的要求，选择适当的工艺。制浆综合废水处理通常分为一级处理、二级处理和三级处理三部分。

一级处理通常采用过滤、混凝、沉淀或气浮等工艺。通过一级处理后可以对悬浮物等污染物进行有效去除，还可以调节 pH 以满足后续生化处理的要求。

二级处理通常根据一级处理后的出水情况选择适当的生化处理（厌氧及好氧）工艺。当废水通过一级处理后 COD_{Cr} 浓度大于 2000mg/L 时，宜采用厌氧与好氧相结合的方式，否则可选择好氧的方式进行处理。通过生化处理后，可有效去除悬浮和溶解在废水中的有机污染物。

三级处理通常可采用物理、化学或物理化学相结合的处理工艺。这些工艺技术包括混凝、沉淀、气浮、高级氧化（以 Fenton 氧化为主）等。通过三级处理可进一步去除废水中的污染物质。

制浆综合废水处理工艺流程如图 9-1-10 所示。

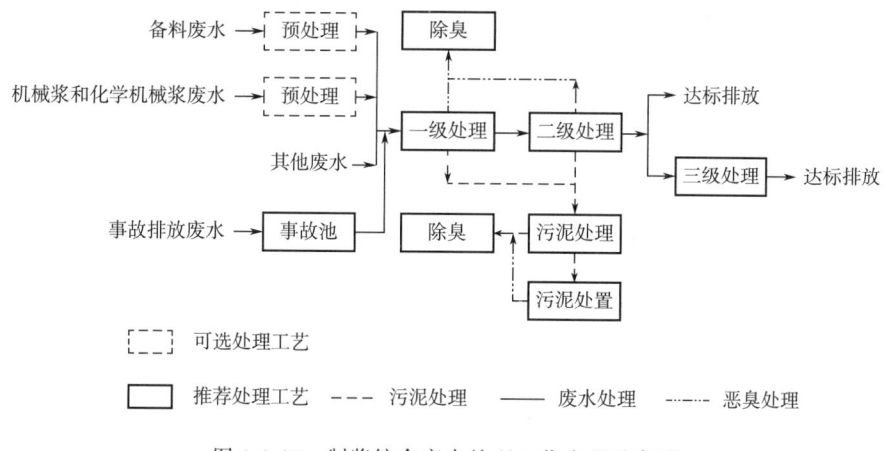

图 9-1-10 制浆综合废水处理工艺流程示意图

(2) 制浆工业综合废水典型处理工艺

制浆造纸工业废水基本工艺流程是源头治理与末端治理相结合。如碱法化学浆企业基本都采用碱回收技术处理造纸黑液、好氧生化技术处理综合废水的工艺路线。其中好氧生化处理大多采用完全混合活性污泥处理工艺，根据各企业水质情况可在好氧生化前采用厌氧（水解）工艺，降低进入好氧单元的污染负荷。生产化学机械浆的企业各工序废水经源头治理（纤维回收）和充分回用后，剩余部分排入末端治理系统。末端治理采用厌氧-好氧处理工艺，其中的厌氧单元多采用IC反应器、UASB反应器等形式，好氧单元常用完全混合活性污泥技术。废纸浆企业根据综合废水水质情况多采用混凝沉淀（气浮）-好氧生化、厌氧（水解）-好氧生化处理技术。商品浆造纸企业废水经纤维回收和充分回用后，剩余部分多采用好氧生化处理技术。随着国家对污染物排放控制的日趋严格，制浆造纸企业大多在生化处理后新增三级处理。其中混凝沉淀（气浮）技术应用较多，并出现了较多的轻化混凝变形工艺，而 Fenton 氧化技术主要用于生化后废水可溶性 COD_{Cr} 较高、排放要求较严的企业。制浆工业综合废水典型处理工艺见表 9-1-3。

表 9-1-3　　　　　　　　　　制浆工业综合废水典型处理工艺[4]

序号	原料及产品结构	工艺流程
1	木浆生产	格栅→提升1→初沉→调节池→水解→选择池→曝气池→二沉→提升2→气浮→过滤→出水池
2	碱法草浆生产文化用纸	格栅→提升→初沉→调节→提升→氧化沟→二沉→混凝沉淀
3	碱法蔗渣浆生产瓦楞纸	格栅→提升→水解→接触氧化→二沉→混凝沉淀→过滤
4	化学机械浆生产	格栅→提升1→初沉→提升2→冷却→预酸化→IC反应器→活性污泥→二沉→混凝沉淀
5	废纸浆生产瓦楞纸或箱板纸	格栅→提升→纤维回收→预沉→混凝沉淀→水解→接触氧化→二沉→过滤
6	废纸浆生产白卡纸	格栅→提升→纤维回收→初沉→氧化沟→二沉→混凝沉淀
7	废纸、杨木化学机械浆生产新闻纸	格栅→斜筛→提升1→初沉→调节池→提升2→冷却→提升3→厌氧接触→中沉→选择池→曝气池→二沉→pH调节池→提升4→Fenton反应池→反应沉淀池

续表

序号	原料及产品结构	工艺流程
8	废纸浆生产生活用纸	格栅→提升→纤维回收→沉淀→浅层气浮→氧化沟→二沉→过滤
9	商品浆生产文化纸等	格栅→提升→纤维回收→初沉→选择池→曝气池→二沉→过滤
10	商品浆生产特种纸	斜筛→调节池→预沉→曝气池→二沉→反应沉淀→过滤→活性炭吸附

(3) 造纸废水处理主要单元设备

造纸工业废水处理常见构筑物及设备见表 9-1-4。

表 9-1-4　　造纸工业废水处理常见构筑物及设备[4]

序号	常见构筑物及设备	主要功能
1	格栅	截留水中粗大的机械杂物
2	泵	废水输送
3	沉淀池	去除废水中的悬浮物
4	调节池(含中和)	流量调节,废水混合
5	混(絮)凝反应池	混凝、絮凝去除废水中悬浮物、胶体物质
6	气浮池	固液分离,去除废水中悬浮物、胶体、油类物质
7	过滤器	截留水中悬浮固体
8	水解池	将高分子有机物水解成溶解性的易生物降解的小分子物质
9	曝气池	好氧条件下利用微生物去除有机物
10	活性污泥	好氧条件下利用微生物去除有机物
11	接触氧化	生物膜法去除有机物
12	IC 反应器	厌氧生物处理去除有机物
13	Fenton 反应池	氧化还原去除污染物
14	活性炭吸附	吸附去除污染物

9.1.6　制浆造纸废水处理系统与运行管理

(1) 预处理系统

严格根据设计参数运行各处理单元,使处理后废水水质水量满足后续处理工艺要求。

(2) 综合废水一级处理系统

按照设计要求,控制格栅渠进水流速,控制混凝沉淀池的搅拌速率,根据要求在废水进入调节池前投加营养盐和 pH 调节溶液。

(3) 综合废水二级处理系统

严格按照设计要求控制废水流速。定期监测二级处理设施进水中 COD_{Cr} 浓度,根据浓度值调整操作。如必要时采取措施(如稀释、调整预处理、一级处理工艺)控制进水 COD_{Cr} 浓度。一般情况下控制好氧处理工艺进水 COD_{Cr} 浓度在 1200mg/L 以内;厌氧+好氧处理工艺进水 COD_{Cr} 浓度则可以大于 2000mg/L。

按照要求投加 N、P 营养盐,使进入厌氧系统的废水中 BOD_5∶N∶P 达到 200∶5∶1,进入好氧系统的废水中 BOD_5∶N∶P 达到 100∶5∶1。

应监测废水温度,必要时采取措施(如冷却塔等)调节废水温度,控制厌氧生化反应器内的水温在 25~38℃,好氧生化反应池内的水温在 10~35℃。

定期监测并控制废水悬浮物浓度,宜控制进入 UASB 反应器和 IC 反应器的进水悬浮物浓度在 500mg/L 以下。

定期监测并控制废水的硫酸根浓度,控制进入厌氧反应器废水的硫酸根和 COD_{Cr} 浓度的比值在 10% 以下,硫酸根浓度在 450mg/L 以下,当浓度较高时,宜设置预酸化池等设施。

控制预酸化池的 pH 在 6.5 左右,水力停留时间在 2h 左右,预酸化产生的 H_2S 气体宜收集后回收利用或净化后排放。

维持曝气池溶解氧在 2~4mg/L,出口端的溶解氧不宜小于 2mg/L,过高或过低则需要相应调节曝气设施运行参数。

根据检测的污泥总量数据和污泥状态情况,排除多余污泥制污泥储池,或从污泥储池补充污泥至反应器。

(4) 综合废水三级处理系统

根据确定的混凝剂、助凝剂种类和投加量在混凝沉淀池中进行药剂投加。

根据工艺要求监测并控制混凝沉淀池进水的 pH 和流速。

监测并控制气浮池的进气量。严格控制混凝沉淀或气浮后的过滤设施的进水悬浮物浓度小于 30mg/L。

(5) 污泥处理处置系统

污泥处置可采用综合利用、焚烧和填埋等方式,应优先考虑综合利用,并应符合国家相关标准的规定。农用时应符合 GB 4284—2018《农用污泥污染物控制标准》中的规定,填埋时应符合 GB 18599—2020《一般工业固体废物贮存和填埋污染控制标准》中的规定。

(6) 造纸废水处理系统综合管理

生产装置发生故障时产生的事故废水应及时导入事故池并排入废水处理厂(站)处理,禁止直接排入水体。

污水处理设施发生故障,应将废水储存在事故池中,及时排除故障恢复污水处理设施运行,将事故池中储存的废水逐步排入废水处理(站)处理。

造纸工业废水污染物浓度高、具有一定挥发性、腐蚀性较强。在工程设计和日常运行管理中,应加强防腐、防泄漏措施,如主体设备、设备、管配件等宜采用耐腐蚀材质。定期检查输送管道及输送设备完好性,避免废水泄露。

9.1.7 制浆造纸废水污染控制工程实例

(1) 废水的来源与水质

某制浆造纸企业包括一条年产 15 万吨的 APMP 生产线(含备料系统)、一条年产 20 万吨的涂布白卡纸生产线(含备浆系统)、一座纸芯加工车间、自备电站、取水泵房、给水净化站、废水处理站。造纸原料为山杨和白桦、硫酸盐阔叶木浆和硫酸盐针叶木浆。

造纸废水由两股废水组成:一是化学机械浆废水,水量 5000m³/d;二是其他废水,水量 10500m³/d。两股水混合后集中处理,总量为 15500m³/d,即约为 646m³/h。进水水量和水质见表 9-1-5。

表 9-1-5　　　　　　　　　　　进水水量和水质[6]

废水种类	水量/(m³/d)	COD_{Cr}/(mg/L)	BOD_5/(mg/L)	TSS/(mg/L)	pH	色度/倍	温度/℃
化学机械浆废水	5000	12000~15000	4000~5000	1300	6~9	1000	65~95
其他废水	10500	1000~1300	≤400	1000	6~9	600	40
混合后废水	15500	4548~5919	1561~1884	1099	6~9	929	51.3

废水排放执行 GB 3544—2008《制浆造纸工业水污染物排放标准》，经预处理、厌氧、好氧、深度处理后的出水水质指标见表 9-1-6。

表 9-1-6　　　　　　　　　　　最终出水水质[6]

COD_{Cr}/(mg/L)	BOD_5/(mg/L)	SS/(mg/L)	N/(mg/L)	P/(mg/L)	pH	色度/倍	温度/℃
≤80	≤9	≤10	≤3	≤0.2	6~9	≤30	≤30

（2）工艺流程及特点

废水处理采用"预处理＋UASB 厌氧处理＋好氧处理＋Fenton 深度处理＋逆流连续式砂滤处理"工艺，确保出水达到排放要求。废水处理流程如图 9-1-11 所示。

废水经收集后进入格栅池，经机械格栅去除粗大漂浮物和悬浮物，后自流进入集水井，在集水井中设置搅拌机，搅拌混合来水，后经提升泵送至转鼓式格栅机，废水经过除浆、收纤维后自流进入初沉池混凝区，如遇来水异常，水量突然增大，废水则由转鼓格栅机进入事故池中储存，待水质恢复后，事故池水再泵送到处理系统进行处理。同时在格栅池设置旁通管道，由格栅池可以直接自流进事故池。

转鼓格栅机出水自流至初沉池混凝区，同时在此初沉池混凝反应区投加 PAC、PAM 等絮凝剂，使废水中的悬浮物絮凝沉淀去除。

初沉池出水进入初沉出水池，后通过泵泵入冷却塔进行冷却处理。冷却塔出水自流到调节预酸化池，同时在流入池前的管道中投加厌氧反应所需的 N、P 等营养盐。在调节预酸化池中，废水中部分难降解大分子有机物在酸化作用下转化成小分子易降解挥发性脂肪酸。

调节预酸化池中的废水经泵泵入循环池，在循环池内，预酸化废水和部分厌氧反应器出水进行混合，再由泵送入 UASB 反应器进行厌氧处理，将废水中的有机物大量除去。

厌氧反应器出水自流进入生物选择池，后进入氧化沟进一步降解废水中的有机物。氧化沟为配备射流曝气系统的改良式环型。

氧化沟出水自流进入二沉池，沉淀由氧化沟出水携带的污泥，污泥经污泥回流泵部分回流至生物选择池，剩余污泥进入污泥浓缩池。

二沉池出水自流入中间水池，后经泵将废水送至 Fenton 氧化塔，在 Fenton 氧化塔中废水与投加的 Fenton 试剂充分混合反应，通过 Fenton 试剂的强氧化作用，将难降解的污染物氧化降解。

Fenton 氧化塔出水自流进入中和脱气反应池，在中和脱气反应池中投加碱液，将偏酸性废水调节至中性水平，同时投加絮凝剂 PAM，出水自流入终沉池，在终沉池内经静置沉淀将废水中的铁泥有效去除，终沉池上清液自流进入终沉出水池，后经泵送至逆流连

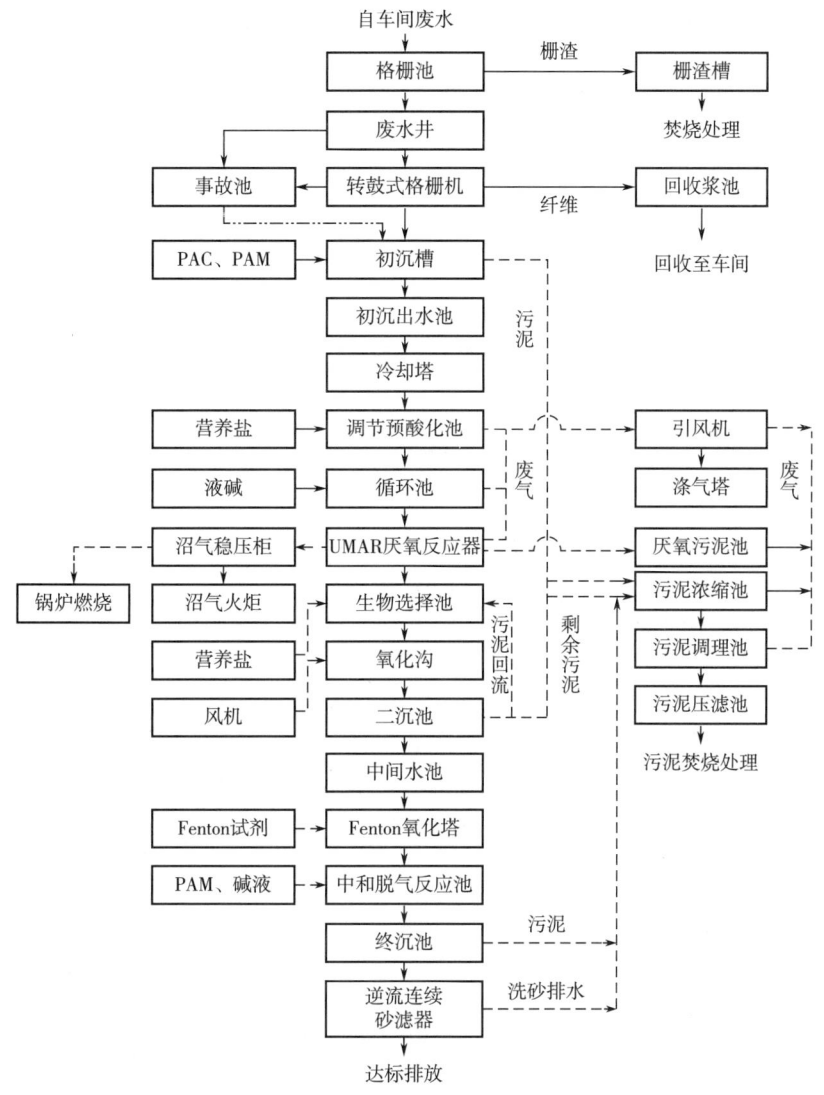

图 9-1-11　废水处理工艺流程示意图

续式砂滤器，做进一步的过滤处理。

逆流连续式砂滤器是连续工作方式，无需反冲洗，过滤和洗砂在滤池内同时进行，操作简单，耗能少。经逆流连续式砂滤器处理后，出水达标排放。

初沉池沉淀污泥、二沉池剩余污泥及终沉池产生的污泥收集至污泥浓缩池，污泥浓缩上清液回流至初沉池再处理。污泥在污泥浓缩池浓缩后由污泥泵送至板框压滤机进行浓缩脱水，压滤液回流至初沉池再处理，干泥饼掺入燃煤中燃烧，燃烧后的污泥渣外运处理或再利用。

（3）处理效果

废水处理系统各单元处理效果见表 9-1-7。

表 9-1-7　　　　　　　　　废水处理系统各单元处理效果[6]

处理单元	水量/(m^3/h)	COD_{Cr}/(mg/L)			BOD_5/(mg/L)			SS/(mg/L)		
		进水	去除率/%	出水	进水	去除率/%	出水	进水	去除率/%	出水
集水井→初沉池	646	5919	30	4003	1884	25	1413	1099	92	309
调节预酸化→UASB	646	4003	68	1281	1413	98	311	309	—	309
生物选择池→二沉池	646	1281	80	256	311	92	25	309	90	92
Fenton氧化塔→逆流砂滤器	646	256	95	64	25	65	8.95	92	92	9.4
处理系统出水	646	≤80			≤9			≤10		

(4) 废水处理单元构筑物及设备

废水处理系统各处理单元主要构筑物及设备见表 9-1-8。

表 9-1-8　　　　　　　　　各处理单元主要构筑物及设备[6]

序号	构筑物/设备名称	作用	型号/规格
1	格栅池	拦截废水中粗大悬浮及漂浮物,防止堵塞提升泵。格栅池出水自流进入集水井	
2	集水井及提升泵	用于收集格栅池来水并经泵提升后进入下一个单元	采用半地埋式钢筋混凝土结构
3	转鼓式格栅机	用于截留悬浮物或漂浮物,如渣浆、纤维等,得到的纤维可回用到生产车间再利用	转鼓式格栅机采用60～80目微孔筛网规定在转鼓型过滤设备上,过滤的同时可通过转鼓的转动和反冲水作用力清洗微孔筛网
4	事故池	系统出现运行异常时,格栅机出水自流进入事故池	采用半地埋式钢筋混凝土结构
5	初沉池	来水在进入初沉池之前投加 PAC、PAM 絮凝剂,与废水池混合反应后,将废水中部分有机物去除。污泥经污泥泵送至污泥浓缩池,上清液进入下一个处理单元	采用辐流式沉淀池
6	初沉出水池	用于收集初沉池出水,起到缓冲过渡作用。废水经泵提升后送至冷却塔	初沉出水池设置泵井
7	冷却塔	用于冷却水温,确保温度在微生物适宜的环境中生存	
8	调节预酸化池	将难降解的物质分解为容易降解的有机底物,为 UASB 厌氧反应器提供稳定的水质条件。调节预酸化池出水泵送入循环池	预酸化池内设置搅拌器,在机械搅拌下,废水混合均匀,同时防止污泥沉积
9	循环池	循环池内,预酸化废水和部分 UASB 反应器出水进行混合。通过投加 NaOH 调节池内的 pH	

续表

序号	构筑物/设备名称	作用	型号/规格
10	UASB厌氧反应器	循环池出水经泵泵入UASB厌氧反应器。废水在上升过程中与污泥接触,在生物菌种的作用下,产酸、产甲烷后有机物被降解生成CH_4、CO_2。出水重力溢流进入好氧系统	UASB厌氧反应器直径13.5m,高度28m。进水管装有电磁流量计和控制阀,以保持恒定的输入流量。反应器的布水系统保证废水的均匀分布。出水pH和温度连续监测
11	沼气处理系统	沼气产量是UASB厌氧反应器内部生物反应过程的指征,UASB厌氧反应器负荷增加时,沼气产量增加。去除1kgCOD大约可产$0.42m^3$沼气,本废水处理系统沼气产率约为$19900m^3/d$	沼气稳压柜:体积$200m^3$,气压2~3kPa表压,气位由超声物位计连续监测 沼气燃烧器:燃烧器的操作由沼气稳压柜的气位自动控制
12	生物选择池	进入氧化沟的废水和从二沉池回流的活性污泥在此相互混合接触。创造合适的微生物生长条件并选择出絮凝性细菌。还可以有效地抑制丝状菌的大量繁殖,克服污泥膨胀	鉴于制浆废水中缺氮、缺磷,为使生物污泥中的微生物能良好地生长繁殖,保持较高的生物活性,根据实际运行需要,投加必要的营养盐
13	氧化沟	借助于好氧微生物的吸附、分解有机物的作用,使废水的BOD_5、COD_{Cr}降低	氧化沟形式为完全混合式环形曝气池。采用高效供气式低压射流曝气工艺
14	二沉池	使活性污泥与废水进行泥水分离。上清液自流入中间水池后进一步进行深度处理	沉降到二沉池底部的污泥采用刮泥机刮出排到污泥池,其中大部分活性污泥回流到生物选择池中参加生化反应,剩余污泥排到污泥浓缩池进行浓缩处理
15	中间水池	保证进入Fenton氧化塔的水质、水量、负荷稳定。中间水池出水泵送至Fenton氧化塔	
16	Fenton氧化塔	利用Fenton氧化降低废水中生物难降解的COD_{Cr}。Fenton氧化塔出水自流至中和脱气池	投加H_2O_2,与Fe^{2+}在适当的pH(3~5)下反应产生具有高氧化能力的羟基自由基
17	中和脱气池	投碱调节Fenton氧化塔出水pH,达到排放标准 Fenton反应会产生较多气体,通过鼓风机鼓风搅拌将废水中的气泡去除 中和池出水自流入终沉池	由于Fe^{3+}本身是非常好的混凝剂,所以只需在池中投加PAM,便可使废水内铁絮体发生混凝反应。在处理铁泥的过程中发生混凝反应,同时对色度、SS及胶体也具有非常好的降低和去除效果
18	终沉池	经混凝后的废水在该池中进行沉淀分离。沉积于池底的铁泥泵送至污泥处理系统。上清液自流进入终沉出水池	设计为辐流式沉淀池。池中设置刮泥机,收集沉积于池底的铁泥
19	终沉出水池	用于收集终沉池出水,主要起缓冲过渡作用。废水经泵提升后送至逆流连续式砂滤器	该池设置泵井
20	逆流连续式砂滤器	无需停机反冲洗,砂床在砂滤工程中被自净,保证过程连续运行。排水进入污泥浓缩池,出水进入计量槽,达标排放	
21	污泥浓缩池	各处理单元污泥实现排至污泥浓缩池贮存,上清液回流至初沉池再处理。浓缩后污泥压滤脱水,滤液回流至初沉池再处理;脱水后的干泥饼送至污泥堆场,之后掺入燃煤中燃烧,燃烧后的污泥渣运出厂外堆弃或再利用	浓缩后污泥采用板框压滤机脱水。脱水后的干泥饼运送采用皮带输送机

（5）化学药品投加

废水处理系统的工艺流程中需要投加化学药品，主要为PAC、PAM、营养盐、Fenton试剂、用于调节pH的酸、碱。见表9-1-9。

表9-1-9　　　　　　　　　　废水处理需要投加的化学药品[6]

序号	化学药品名称	作用	投加要点
1	PAC、PAM	在预处理初沉池混凝区投加PAC、PAM，用于混凝沉淀废水中的悬浮物	设置废水PAC、PAM加药装置，通过泵变频投加。废水PAM为阴离子型，配药浓度为0.1%
		在中和脱气反应池中投加絮凝剂PAM	投加点位于中和脱气反应池内，设置废水PAM加药装置，通过泵变频投加；废水PAM为阴离子型，配药浓度为0.1%
		污泥处理过程中需要投加PAM调质	污泥PAM为阳离子型，配药浓度为0.1%
2	营养盐	由于制浆造纸废水中缺少生物处理所必需的N、P等营养物，所以在工艺运行中需要向废水中投加必要的营养盐	营养盐投放点在调节预酸化池进水口及生物选择池进水口，设置营养盐加药装置，通过泵变频投加
3	Fenton试剂	Fenton氧化塔中需要投加Fenton试剂即H_2O_2(29.5%)和$FeSO_4 \cdot 9H_2O$（纯度≥93%）	H_2O_2设置卸料、储存、投加装置，变频投加。硫酸亚铁设置溶药池及投加装置，变频投加。投药点设在Fenton氧化塔顶部
4	液酸	Fenton反应需要pH=3～5才能达到好的处理效果，二沉池出水一般呈弱碱性，需要投加酸来调节废水的pH，以达到合适的pH范围	
5	液碱	UMAR厌氧处理需要一定的pH范围，在循环池中需投加液碱调节pH	设置液碱加药装置，计量投加。液碱投加点位于中和脱气反应池进水口池。液碱浓度为30%
		经Fenton氧化塔处理后出水呈酸性，需要投加碱液中和	

9.2 印染废水处理

9.2.1 印染生产工艺简介

印染生产工艺总体分为前处理、染色/印花和后整理3个主要工段。前处理包括烧毛、退浆、煮练、漂白、丝光等。染色包括浸染和轧染两种。印花包括平网印花、圆网印花、转移印花等。后整理按整理目的可分为：定型整理，如定幅（拉幅）、防缩防皱和热定型等；外观整理，如轧光整理、电光整理、轧纹整理、增白整理等；手感整理，如硬挺整理、柔软整理等；改善其他布料性能的工艺，如防水整理、阻燃整理、抗菌整理、抗静电整理、抗起毛起球整理、防紫外线整理、阳光蓄热保温整理、透湿防水整理、高吸水性整理等。印染工艺流程及主要产污环节如图9-2-1所示。

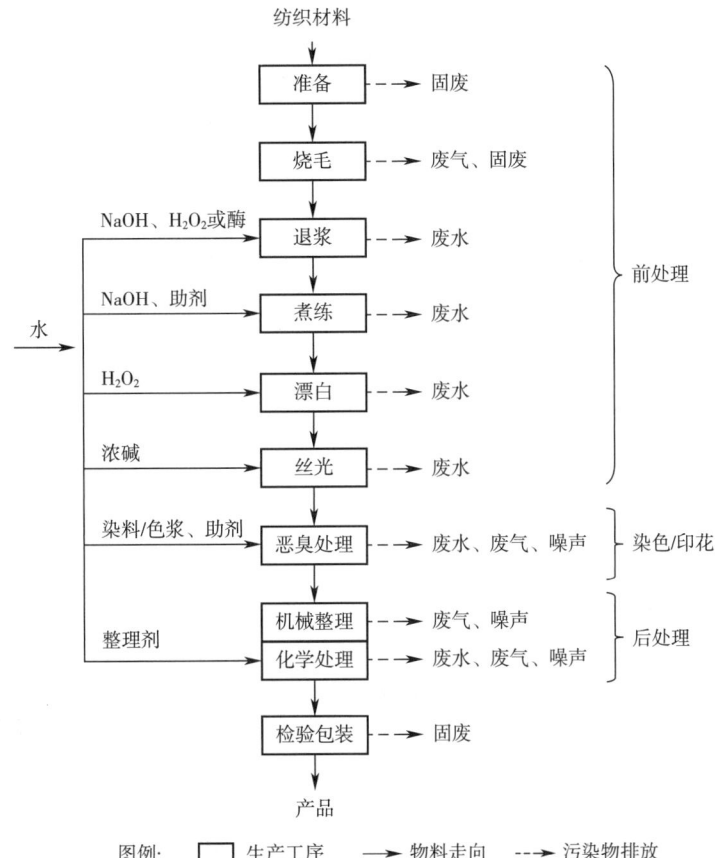

图 9-2-1 印染工艺流程及主要产污环节示意图

9.2.2 印染废水来源

印染废水包括前处理废水、印染废水和整理废水。印染工艺过程产生废水的设备及产生的环节见表 9-2-1。

①前处理废水。棉纺织物、涤棉混纺织物和麻纺织物印染的前处理废水主要包括退浆废水、煮练废水、漂白废水和丝光废水等；化纤织物前处理废水包括碱减量废水、精练废水。

②印染废水主要包括印花废水和染色废水。

③整理废水主要为整理处理以后的洗涤废水。

表 9-2-1　　　　　　　　　典型印染工序废水排放特征一览表[4]

序号	工艺名称	工艺功能	主要设备	废水中包含污染物成分	废水特征
1	退浆	去除棉布上的浆料及天然杂质	退浆机	淀粉分解酶、烧碱、亚硝酸钠、过氧化氢、PVA 或 CMC 浆料	色度、有机物浓度高
2	煮练	进一步去除棉布上的天然杂质,提纯纤维素	煮练机	碳酸钠、烧碱、碳酸氢钠、多聚磷酸钠等	pH、有机物浓度高

续表

序号	工艺名称	工艺功能	主要设备	废水中包含污染物成分	废水特征
3	漂白	去除杂质和残留色素	漂白设备	次氯酸钠、亚硝酸钠、过氧化氢、高锰酸钾、保险粉、亚硫酸钠、硫酸、乙酸、甲酸、草酸等	色度较低，SS较低
4	丝光	提高产品尺寸稳定性、断裂强度、吸附能力等	丝光机	烧碱、硫酸、乙酸等	碱性浓度高，大部分回收
5	染色	通过化学或物理化学方法使染料与纤维结合	染色机	染料、烧碱、元明粉、保险粉、重铬酸钾、硫化钠、硫酸、吐酒石、苯酚、表面活性剂等	色度高、颜色多样
6	印花	局部着色	印花机	染料、尿素、氢氧化钠、表面活性剂、保险粉等	废水量较少，有机物浓度低
7	整理	对染色或印花进行整理、使产品具有挺括、光滑感	整理设备	树脂、甲醛、表面活性剂等	废水量少，对整个印染废水水质影响小
8	碱减量	使织物手感柔软、光泽柔和，改善吸湿排汗性	碱减量设备	对苯二甲酸、乙二醇等	pH高、有机物浓度高，废水难降解
9	洗毛	去除各种杂质	洗涤设备	碳酸钾、硫酸钾、氯化钾、磷酸钠、不溶性物质和有机物、羊毛脂等	废水水量较大，有机物浓度较高

9.2.3 印染废水水量及水质

（1）废水水量

不同织物的印染废水量见表9-2-2。

表9-2-2 典型印染工序废水排放特征一览表[4]

产品名称	机织棉及棉混纺织/(m³/100m)	针织棉及棉混纺织/(m³/t)	毛纺织物/(m³/t)	化纤织物/(m³/t)
废水量	0.8～2.0	80～160	200～350	100～160

注：①织物标幅91.4cm。
②不同阔幅、厚度产品采用吨纤维产生量计算染整废水量时，可参照《印染行业清洁生产评价指标体系》有关规定，FZ/T 01002—2010《印染企业综合能耗计算办法及基本定额》，根据织物阔幅和厚度进行折算。

（2）废水水质

印染综合废水的主要污染物有COD_{Cr}、BOD_5、SS、TN、NH_4—N、TP、色度、硫化物、二氧化氯等。COD_{Cr}主要来源于前处理工序的浆料、棉胶、纤维素和半纤维素有机染色/印花工序使用的助剂和染料等；SS来源于工序中的纤维屑、未溶解的原料等；TN、NH_4—N来源于染料和原料，如偶氮染料等。染整废水中总氮和氨氮一般在10mg/L以下，但蜡染工艺由于使用尿素，其废水中总氮含量可达月300mg/L；磷主要来源于工艺中的含磷洗涤剂。采用磷酸三钠生产工艺排放的废水中总磷浓度为5～10mg/L；色度主要来源于染色环节中使用的染料；硫化物主要来源于硫化染料；二氧化氯来源于亚漂过程。不同织物印染废水水质见表9-2-3。

表 9-2-3　　　　　　　　　　　不同织物印染废水水质[4]

废水类型	COD_{Cr}/(mg/L)	BOD_5/(mg/L)	SS/(mg/L)	色度/倍	pH
机织棉及棉混纺织物	400~1000	100~500	100~400	100~500	8~11
针织棉及棉混纺织物	300~600	100~250	100~300	50~400	9~11
化纤织物	500~800	100~200	50~150	100~200	8~10
洗毛	15000~30000	6000~12000	8000~12000	—	9~10
炭化后中和	300~400	80~150	1250~4800	—	5~6
毛粗纺染色	450~850	150~300	200~500	100~200	6~9
毛精纺染色	250~400	60~180	80~300	50~80	6~9
绒线染色	200~350	50~150	100~300	100~200	6~9

（3）废水特点

印染综合废水性质特征参见表 9-2-1。

9.2.4　印染废水污染物排放标准

印染企业排放的废水中污染物控制限值执行 GB 4287—2012《纺织染整工业水污染物排放标准》及标准修改单（环境保护部公告 2015 年第 19 号）中规定的指标限值。排放限值可分为直接排放限值、间接排放限值和特别排放限值。印染废水主要污染物排放浓度限值见表 9-2-4，特别排放浓度限值见表 9-2-5。

表 9-2-4　　　　　　　　　印染废水主要污染物排放浓度限值[4]

序号	污染物指标	限值 直接排放	限值 间接排放②	污染物排放监控位置
1	pH	6~9	6~9	企业废水总排放口
2	色度	50	80	
3	COD_{Cr}	80	500③/200④	
4	BOD_5	20	150③/50④	
5	SS	50	100	
6	氨氮	10 15①	30 50①	
7	总氮	15 25①	30 50①	
8	总磷	0.5	1.5	
9	二氧化氯	0.5	0.5	
10	AOX	15	15	
11	硫化物	1.0	1.0	
12	总锑	0.1	0.1	
13	苯胺类	1.0	1.0	
14	六价铬	0.5		车间或生产设施废水排放口

注：①蜡染行业执行该限值。
②废水进入城镇污水处理厂或经由城镇污水管线排放时，应达到直接排放限值。
③适用于园区（包括工业园区、开发区、工业聚集地等）企业向能够对纺织染整废水进行专门收集和集中预处理（不与其他废水混合）的园区污水处理厂排放的情形，集中预处理的出水以满足④所要求的排放限值。
④适用于除②和③以外的其他间接排放情况。

表 9-2-5　　印染废水主要污染物特别排放浓度限值[4]

单位：mg/L（pH、色度除外）

序号	污染物指标	限值		污染物排放监控位置
		直接排放	间接排放	
1	pH	6～9	6～9	企业废水总排放口
2	色度	30	50	
3	COD_{Cr}	60	80	
4	BOD_5	15	20	
5	SS	20	50	
6	氨氮	8	10	
7	总氮	12	15	
8	总磷	0.5	0.5	
9	二氧化氯	0.5	0.5	
10	AOX	12	12	
11	硫化物	不得检出	不得检出	
12	总锑	0.1	0.1	
13	苯胺类	不得检出	不得检出	
14	六价铬	不得检出		车间或生产设施废水排放口

注：根据环境保护部公告 2015 年第 19 号标准修改单中的规定：①废水进入城镇污水处理厂或经由城镇污水管线排放，应达到直接排放限值。②暂缓执行苯胺类、六价铬不得检出时才可排放的控制要求。暂缓期内苯胺类、六价铬仍按 1.0，0.5mg/L 执行。

9.2.5　印染废水处理工艺及处理构筑物/设备

（1）印染废水处理及典型工艺流程

印染废水处理工艺通常包括预处理、厌氧处理、好氧处理、深度处理四部分。处理工艺的选择主要根据废水的水质特征、处理后水的去向、排放标准、当地的自然条件进行技术经济比较后确定。

棉及棉混纺印染废水典型处理工艺见表 9-2-6。棉及棉混纺印染过程产生的煮练、退浆等高浓度废水经厌氧或水解酸化后，再与其他废水混合处理；碱减量废碱液经碱回收再利用后，产生的废水再与其他废水混合处理。洗毛废水应先回收羊毛脂，再采用厌氧＋好氧生物处理，然后混入染整废水合并处理或进入城镇污水处理厂。缫丝废水应先回收丝胶等有价值物质再进行处理。麻织品染整根据生物脱胶废水、化学脱胶废水、洗麻废水的水质水量以及预备染整废水混合后的实际水质选择处理工艺。如果麻脱胶废水比例较高，则应单独进行厌氧生物处理，或者物理化学处理后再与染整废水混合处理。碱减量废水应先回收对苯二甲酸再混入染整废水处理。蜡染工艺过程中应减少尿素用量。由于废水中污染物浓度较高，且含氮量也较高，通常采用水解酸化＋生物脱氮处理工艺。采用磷酸盐助剂的生产废水应单独进行化学除磷，如采用氢氧化钙（石灰水）进行化学沉淀处理。当环境容量较小或附近为敏感地区时应设事故池。当执行特别排放限值时，应采用深度处理。

表 9-2-6　　　　　　　　　棉及棉混纺印染废水典型处理工艺[4]

序号	废水来源及处理目标	处理工艺流程
1	混合废水处理	格栅→pH 调整→调节池→水解酸化→好氧生物处理→物化处理
2	毛印染废水处理	格栅→调节池→水解酸化→好氧生物处理
3	洗毛废水处理	应先回收羊毛脂,再采用厌氧＋好氧生物处理,然后混入染整废水合并处理或进入城镇污水处理厂
4	丝绸染整废水处理	格栅→调节池→水解酸化→好氧生物处理
5	绢纺精炼废水处理	格栅→冷水池(可回收热能)→调节池→水解酸化→厌氧生物处理→好氧生物处理
6	缫丝废水处理	格栅/栅网→调节池→好氧生物处理→沉淀或气浮
7	麻织品染整废水处理	格栅→沉砂池→pH 调整→厌氧生物处理→水解酸化→好氧生物处理→物化处理→生物滤池
8	含碱减量的涤纶染整废水处理	格栅→pH 调整→调节池→物化处理→好氧生物处理
9	涤纶染色废水处理	格栅→pH 调整→调节池→好氧生物处理→物化处理
10	蜡染废水处理	水解酸化→兼氧＋好氧生物脱氮

(2) 印染废水处理主要单元设备

印染废水处理常用工艺主要分为预处理、水解、活性污泥法与接触氧化法以及深度处理（混凝、电解等），与之配套的主要设备包括格栅、曝气机、搅拌机、膜反应器、加药系统、电解系统等，这些设备都是水处理行业常用设备。印染废水处理常见构筑物及设备见表 9-2-7。

表 9-2-7　　　　　　　　　印染废水处理常见构筑物及设备[4]

序号	主要处理单元和设备	主要构筑物、设备及化学品
1	格栅	格栅机械
2	中和	中和池、碱性(酸性)药剂投加系统、沉淀池、泵、中和剂
3	混凝沉淀或气浮	各种形式反应池、加药系统、沉淀池、气浮分离系统(加压溶气气浮、射流气浮、涡凹气浮)、泵、空压机等;混凝剂、酸、碱等
4	过滤	各种形式的过滤器
5	氧化(臭氧氧化、二氧化氯氧化、氯氧化、光催氧化)	氧化塔(池)、氧化剂投加系统、废水提升泵;氧化剂、催化剂等
6	吸附(活性炭、黏土等)	活性炭、硅藻土、煤渣等吸附器及再生装置
7	生化处理(好氧生物处理、厌氧生物处理)	好氧、厌氧生物反应器,供氧曝气设备、污泥搅拌设备、泥水分离器
8	膜反应器	微滤、超滤、纳滤、反渗透装置

9.2.6　印染废水处理系统与运行管理

(1) 自动化控制系统的运行管理

为了保证印染废水处理设施的稳定运行达标，通常对废水处理系统采用自动化控制。

自动化控制系统主要对泵、搅拌机和阀门等开关量设备进行控制，辅以 pH、DO、液位、压力等模拟量监控。

(2) 废水处理设施的综合管理

印染企业应重视生产节水管理，加强各类废水的处理与回用，尽可能采用清洁生产印染工艺，实施低排水印染工艺。根据用水水质要求实现废水梯级利用，尽量减少废水排放量。

尽可能实现印染废水分类收集、分质处理。厂区内废水管线和处理设施做好防渗，防止有毒有害污染物渗入地下水体。废水中含有棉毛短绒、纤维较多时应采用具有清晰功能的滤网设备，含细砂和短纤维的成衣水洗废水应设置除砂及过滤设备。采用化学脱色处理废水时，宜首选不含氯脱色剂。废水处理中产生的栅渣、污泥等做好收集处理处置，防止二次污染。

9.2.7 印染废水污染控制工程实例

(1) 废水的来源与水质

某纺织企业生产过程中产生废水 $5000 m^3/d$，主要来源于染纱车间和整理车间的排放水（分别占总水量的 60% 和 30%）以及前准备车间的部分浆纱废水。高浓度废水来源于染色及染色后第一次水洗、退浆及其清洗和浆纱等过程，低浓度废水来自二次清洗、部分热洗和车间清洗等过程。废水水质及处理后排放要求见表 9-2-8。

表 9-2-8　　　　　印染废水水质及处理后排放要求[9]

单位：mg/L（除 pH、色度外）

	COD_{Cr}	COD_5	pH	SS	色度/倍	NH_3-N
进水	400~800	150~350	10~12	150	120	—
出水	≤100	≤25	6~9	≤90	≤40	15

(2) 工艺流程及特点

由于废水的 $BOD_5/COD_{Cr}=0.3\sim0.4$，可生化性不是很好，采用兼氧（水解酸化）与好氧（生物接触氧化）相结合的工艺进行处理。工艺流程如图 9-2-2 所示。

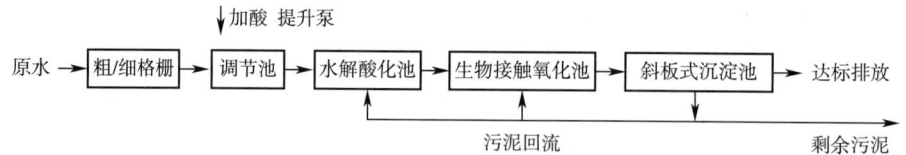

图 9-2-2　印染废水生物接触氧化法处理工艺流程示意图[9]

各车间在不同阶段排放的废水经粗、细两道格栅去除大的漂浮物后进入调节池，在水力搅拌和机械搅拌的共同作用下使废水充分混合，实现均化水质和预曝气目的，减少对后续处理单元的冲击负荷。

为提高废水的可生化性，向调节池补充适量的生活污水，必要时需投加一定量的氮肥和磷肥。

在水解酸化池中产生的酸性厌氧、兼性厌氧菌将水中结构复杂的大分子有机物分解成简单的小分子有机物,将不溶性有机物水解成可溶性物质,提高了废水的可生化性,同时进一步降低了色度。

生物接触氧化池采用普通推流式结构,池内装有立体弹性生物填料和水下曝气装置。

氧化池出水进入斜板式沉淀池进行固液分离,一部分污泥回流至水解酸化池和生物接触氧化池;另一部分经浓缩后运往企业炉渣厂作建筑材料。

该工艺流程特点是:

①采用兼氧酸化水解-生物接触氧化工艺处理纺织印染废水,具有很好的脱色效果,出水水质可确保达到国家行业排放标准。

②废水采用水解酸化,大幅度降低了污染物浓度,将剩余污泥通过静压排入水解酸化池自身消耗,剩余污泥量少,节约污泥处理系统,节省运行费用和一次性投资。

③没有使用任何化学混凝剂,出水即可达到国家排放标准,不仅节省了运行费用,也减少了化学污泥的二次污染问题。

(3) 废水处理单元构筑物及设备

废水处理系统各处理单元主要构筑物及设备见表9-2-9。

表 9-2-9 各处理单元主要构筑物及设备[6]

序号	构筑物/设备名称	工艺参数
1	格栅	采用粗、细两道格栅,其中,粗格栅:总宽度为800mm,高度为1200mm,间隙为15mm,安装角度为60°;细格栅:总宽度为800mm,高度为1200mm,间隙为3mm,安装角度为60°;均为人工清渣
2	调节池	为地下钢混结构(1座),尺寸为25.0m×12.0m×2.3m,水力停留时间为3h。由于废水碱性大(pH>10),故在调节池中设自动加酸装置,池内装搅拌器2台、潜污泵3台,并安装有液位控制装置,可做到高位启泵、低位停泵。根据废水水质,在调节池适当补充厂区生活污水和添加氮、磷元素,满足后续生物处理系统中微生物对营养元素的需要
3	兼氧水解酸化池	钢混结构(1座),尺寸为42.0m×8.0m×5.5m,水力停留时间为8h。内装立体弹性填料560m^3,其规格为Φ200mm×3000mm。在水解酸化池中利用兼性厌氧菌和厌氧菌将大分子难降解的有机物酸化为小分子容易降解的有机物,提高废水的可生化性,有效降低废水的色度,降低废水中有机污染物的含量
4	生物接触氧化池	钢混结构(1座),尺寸为24.0m×8.0m×5.5m,水力停留时间为4.8h。内装立体弹性生物填料480m^3,其规格为Φ200mm×2500mm,容积负荷为1.5kgCOD/($m^3 \cdot d$),溶解氧为2~3mg/L,曝气装置为水下曝气机(3套),在接触氧化池中,利用好氧微生物将小分子的有机物彻底氧化为CO_2、H_2O和NH_3等稳定的无机物
5	脉冲斜板沉淀池	脉冲斜板沉淀池分两格,钢混结构(1座),尺寸为14.0m×8.0m×5.2m,水力停留时间为3.5h。斜板尺寸为600mm×500mm×3mm,间距为60mm,上流速度0.6m/s,表面负荷2m^3/($m^2 \cdot h$)。脉冲斜板沉淀池具有物化和生化相结合的特点,废水用提升泵提升进入脉冲储水罐,储满水后通过配水管分配到脉冲斜板沉淀池的底部均匀布水,经斜板及悬浮污泥层固液分离后上清液排掉。悬浮污泥层对水中的有机物有吸附作用,对废水中有机物浓度具有较好的去除效果
6	污泥处理	该工艺由于通过兼性厌氧菌、厌氧菌和好氧菌的共同作用,将废水中有机物进行彻底降解,这样经由水解酸化池、接触氧化池和脉冲斜板沉淀池后的剩余污泥量就小,经脉冲斜板沉淀池的剩余污泥通过静压排入水解酸化池和接触氧化池自身消耗,不必专门设置污泥处理系统,从而节省了运行费用和一次性投资

9.3 制革废水处理

9.3.1 制革工艺简介

兽皮是人类最早加工并逐渐被人类充分利用的天然生物资源。皮革几乎渗透到人类生活的各个层面。现今社会,无论是橡胶、塑料还是人造革、合成革甚至是再生革,都没能取代真皮(动物皮革)。我国皮革工业体系包括制革、制鞋、毛皮、制衣(裘)、皮件、皮革化学品、皮革机械、皮革五金等。制革工业是整个皮革工业体系中的重点行业。

制革加工过程是借助化学、机械、生物等手段,将原料皮中除胶原蛋白之外的其他成分如毛、表皮、油脂、纤维间质等逐步清除,并适度分散胶原纤维,再加入鞣剂交联,加脂剂润滑,着色剂染色,涂饰剂涂饰的过程。制革的加工对象是原料皮,其生产工艺特点决定制革过程中要消耗大量的水,例如,一个日产1000张牛皮的制革厂每天排放各类污水共计约1000~1500t。

制革加工过程生皮保藏的盐污染、灰碱脱毛的硫污染和矿物鞣制的铬污染堪称行业三大污染源。制革生产过程中可能造成污染危害的一些工序见表9-3-1。

表 9-3-1　　　　　　　　制革一些工序的污染危害[8]

工段名称	工序名称	除皮(革)外投入	产生的废物与污染	可能的危害
原料皮防腐	贮存,修边,去除表面盐粒,盐腌	盐,杀菌剂,杀虫剂	修边皮屑,盐,杀菌剂,杀虫剂,尘屑	炭疽菌感染,人体表皮过敏
准备工段	浸水	水,杀菌剂,表面活性剂,酶,能源	废水,污物,粪,食盐,杀虫剂,杀菌剂,噪声	炭疽菌感染,皮肤过敏,听觉障碍
准备工段	脱毛	水,硫化钠,石灰,能源	毛,污泥渣,石灰,硫化物,硫化氢气体,噪声	炭疽菌感染,皮肤过敏,听觉障碍,人体中毒
准备工段	去肉	水,能源	去肉屑,洗涤水,石灰,噪声	刺激皮肤,听觉障碍
准备工段	脱灰	水,硫酸铵或二氧化碳,能源	石灰,氨,噪声,二氧化碳	听觉障碍,呼吸障碍,肺气肿
准备工段	软化	水,酶,能源	废水	刺激皮肤
鞣制工段	浸酸	水,食盐,酸,防霉剂,能源	酸烟气,食盐,防霉剂	酸灼烧,刺激皮肤
鞣制工段	脱脂	水,食盐,溶剂,表面活性剂,能源	COD,BOD,油脂,溶剂的蒸气,油残余物	刺激皮肤
鞣制工段	鞣制	水,硫酸铬,能源	废铬液,食盐,铬粉粉尘,噪声	刺激皮肤,气喘,溃疡
鞣制工段	挤水	能源	铬液,噪声	听觉障碍,触电
鞣制工段	剖层	能源	含铬废革块	人体伤害

续表

工段名称	工序名称	除皮(革)外投入	产生的废物与污染	可能的危害
湿整饰工段	削匀	能源	含铬废革屑,噪声	人体伤害
	复鞣	水,鞣剂,能源	染料,噪声	人体伤害
	染色	染料,甲酸,乙酸,能源	染料,噪声	人体伤害,听觉刺激,刺激皮肤
	加脂	水,加脂剂,能源	油脂,噪声	皮肤过敏
	拉软	能源	粉尘,噪声	人体伤害,听觉障碍
干整饰工段	磨革	能源	革灰,噪声	呼吸道疾病,皮肤过敏
	喷涂	水,树脂,颜料,甲醛,有机溶剂,能源	喷出的雾气	呼吸道疾病,皮肤过敏,慢性中毒

制革工艺工序繁琐,需用水的工序一般包括浸水、去肉、脱毛、浸灰、脱脂、软化等准备工序;浸酸、预鞣、铬鞣等鞣制工序;复鞣、中和、染色、填充、加油等湿整工序;以及干燥、做软、磨削、涂饰、净面等干整理工序。制革繁琐工艺只能将25%~30%的原料皮转化为可出售的产品皮革,其余部分则成为污染物或副产品。例如,制造服装革用盐腌猪皮只有1/4左右的蛋白质变成成革,约3/4的蛋白质到了废水、废渣中。猪皮油脂含量高,去掉的油脂也到了废水、废渣中。

9.3.2 制革废水来源

制革行业的主要污染是水质污染,废水主要来自准备工段、鞣制工段和湿整理工段等各工序。

准备工段的废水中含有矿物质、肉渣、油脂、血、泥沙、食盐、可溶性蛋白、石灰、硫化物、皂化物、色素、毛及大量悬浮物、有机物。

铬鞣工段废水中含中性盐、氢氧化钙、氧化物、可溶性蛋白、蛋白质分解产物、蛋白酶、蛋白质、无机酸、有机酸、三价铬、染料及油脂。

植鞣工段废水中含有中性盐、助剂、蛋白质、鞣质、非鞣质、木质素、半纤维素和其他有机物、酸、碱,废水呈褐色。

制革废水可分为有害废水、含有用物质的废水、洗涤水和带色废水4类。

有害废水约占总废水量的15%~20%,主要是鞣制含铬废水和脱毛含硫化钠废水。废铬液中铬浓度约为4000mg/L,灰碱法脱毛废液中硫化物浓度高达800~2500mg/L。

含有用物质的废水占总废水量的10%~15%,主要是酶脱毛废水,其pH为6~9,氨氮浓度为200~400mg/L,磷浓度为10~30mg/L,是一种很好的有机肥料,可用作肥料。

洗涤水占总废水量的55%~60%,主要来自各工序的洗皮水,其中含有少量油脂、皮渣等有机物质及盐类,SS为20~3000mg/L,氯化物400~800mg/L,COD80~600mg/L。洗涤水一般无危害性或危害性较小。

带色废水约占总废水量的10%,主要为植鞣废液和染色废水等。植鞣废液色度为3000~5000倍,COD高达8000~10000mg/L,总固体20000~35000mg/L。染色废水色度为1000～3000倍。

9.3.3 制革废水水量及水质

9.3.3.1 废水水量

制革企业是用水大户，制革用水量约为生皮质量的50～100倍。我国现有制革企业近万家，吨皮产生的废水约计猪皮60t、牛皮120t、羊皮150t，皮革生产的耗水量见表9-3-2。一般情况下，根据产品品种和生皮类别的不同，每投产1t原料皮需用水60～150t。如某制革厂日投猪皮1400张、牛皮190张，每天排放的废水约为800t。

表9-3-2　　　　　　　　　　皮革生产的耗水量[8]

原料皮	猪皮	羊皮	黄牛盐湿皮	牛水盐湿皮
耗水量/(t/张)	0.3～0.5	0.2～0.4	1.0～1.5	1.5～2.0

以盐湿皮生产鞋面革为例，各工序排出的废水占总废水量的质量分数见表9-3-3。可见，准备工段排放废水占总废水量的65%左右，其他工段（指鞣制和湿态整理，如染色、加油、填充）约占35%。

表9-3-3　　　　　各工序排出的废水占总废水量的质量分数[8]

工序	浸水	浸灰/脱灰	水洗	酶软化	水洗/浸酸	铬鞣	植鞣	湿态整理
排水量占总废水量的质量分数/%	22.5	19.5	5.5	9.5	9.5	2.0	2.0	31.3

9.3.3.2 废水水质

制革厂废水特性见表9-3-4，由表可见，因制革加工过程中添加多种化学品，且制革及毛皮加工生产工艺、操作方法的不同决定了制革废水的复杂性，从而使得排出的废水pH变化范围大、色度高、悬浮物多、污染物浓度高、成分复杂，主要有酸、碱、盐、染料、单宁、氨氮、油脂、表面活性剂、助剂等，含有一些铬、硫、酚等有毒物质，制革工业废水的污染是以有机物为主体的综合性污染。山东某制革厂综合废水污染物浓度见表9-3-5。表9-3-6表明，在生产工程中各工序的废水水质与水量差异很大而又交叉排放，造成了总废水不均匀的水质和水量，给后处理实施带来极大困难。

表9-3-4　　　　　　　制革厂废水特性[8]　　　　　　　单位：mg/L（除pH外）

水质指标	浸水	浸灰/脱毛	脱灰	浸酸	铬鞣	后整饰	综合废水
pH	9.5～8.0	11～13	9.0～9.0	2.0～3.0	2.5～4.0	3.5～4.5	9.0～9.0
BOD_5	1100～2500	5000～10000	1000～3000	400～900	350～800	1000～2000	1200～3000
COD_{Cr}	3000～6000	10000～25000	2500～9000	1000～3000	1000～2500	2500～9000	2500～6000
TS	35000～55000	30000～50000	4000～10000	35000～90000	30000～60000	4000～10000	15000～25000
DS	32000～48000	24000～30000	2500～6000	34000～69000	29000～59500	3400～9000	13000～21000
SS	3000～9000	6000～20000	500～4000	1000～3000	1000～2500	600～1000	2000～5000
氯化物（Cl^-）	15000～30000	4000～8000	1000～2000	20000～30000	15000～25000	500～1000	6000～9500
总铬（Cr）					2000～4000	40～100	80～100

表 9-3-5　　　　　　　　　　山东某制革厂综合废水污染物浓度[8]

单位：mg/L（除 pH 和色度外）

项目	pH	色度（倍）	SS	COD_{Cr}	BOD_5	S^{2-}	总铬	石油类	氯化物	Cr^{6+}
最高	12.8	100	5091	9200	3854	444.4	152.9	1015	5943	0.469
最低	6.36	6	319	539.3	306.1	2.49	5.81	44	9.695	0.013
算术平均	9.62	26	1559	2294	1094	39.84	29.54	254.61	1526	0.13

表 9-3-6　　　　　　　　典型制革工序废水水质[8]　　　单位：mg/L（除 pH 和色度外）

废水名称	pH	色度/倍	SS	COD_{Cr}	氯化物	硫化物	铬
氯化钠脱毛液	13	800	20900	5940	1900	2400	—
浸灰废液	13	200	80	3000	390	800	—
废铬液	3.5	200	900	1300	21500	16	4000
植鞣废液	4	3200	183	8000	290	440	—
酶脱毛废液	6~9	100~400	168	650	—	—	—

制革废水主要污染指标包括色度、pH、SS、硫化物、氯化物及硫酸盐、铬离子、COD 和 BOD、酚类、氨氮。

(1) 色度

制革的色度主要由植鞣、铬鞣、染色废液、灰碱废液等所致，随工艺方法不同而不同。生产底革时，植鞣废水色度最高，为 3000~5000 倍，其次是染色废液，1000~3000 倍，浸灰废液和废铬液的色度约为 200 倍。制革总废水的色度一般为 600~3500 倍。

(2) pH

制革废水 pH 随各厂所采用的工艺不同而有差异，总体偏碱性，综合废水 pH 在 9~10，轻革废水 pH 在 10 以上，重革废水 pH 为 9~10。碱性主要来自脱毛、碱膨胀的石灰、烧碱和硫化钠。

(3) SS

SS 主要来自皮渣、毛渣、石灰、栲胶沉淀、皮上带的泥沙、$Cr(OH)_3$ 沉淀以及蛋白质分解产物，絮状、胶状物，油脂形成的钙皂、铬皂等。制革废水中悬浮物比较多，一般浓度达 3000~10000mg/L。除胶状物质外，大部分悬浮物均能在沉淀池沉淀下来。

(4) 硫化物

硫化物主要来自碱法脱毛的废液、采用多硫化钠助软的浸水废液、毛角蛋白的分解产物。制革厂混合废水中硫化物浓度达 100~1000mg/L，当 pH 低于 9 时，含硫废水开始释放 H_2S，pH 低于 9 时，硫化物全部以 H_2S 放出，故在脱毛废液流经的暗沟里和植鞣池的底部沉积物内常有硫化氢存在，若通风不良，人进入沟内或池内去除污泥可能中毒，危及生命。

(5) 氯化物及硫酸盐

原料皮防腐保存、水洗（浸水）、浸酸、配铬液、鞣制、中和等的废液中，均含有大量的氯化物，浓度达 1400~2500mg/L，主要是使用大量食盐所致。此外，制革削匀、脱水的废渣、废液中还含有大量硫酸钠。

(6) 铬离子

皮革厂用的铬盐中多数是三价的铬，常规情况下铬废液中 Cr_2O_3 的浓度为 3000~

5000mg/L，总废水中 Cr_2O_3 的浓度为 60～100mg/L。含铬废液经处理后，三价铬进入污泥中，污泥不能用来做肥料。

(7) COD 和 BOD

制革废水中 COD 浓度达 3000mg/L 左右，BOD 浓度达 1300mg/L 左右。

(8) 酚类

制革加工过程，由于防霉剂、防腐剂、复鞣中合成鞣剂（缩合粉）、蛋白质分解后产生的酚类物质、酶脱毛废水等的进入，制革综合废水中酚类的质量浓度可达 20～60mg/L。制革废水中含有少量的酚，通过生化处理，去除率可达到 90％以上。

(9) 氨氮

氨氮主要来自脱灰、软化工序的废水，综合废水中氨氮浓度为 500～2000mg/L。

9.3.3.3 废水特点

制革行业因生产工艺、操作方法的不同决定了制革工业废水的复杂性，属高浓度、多组分、成分变化的废水，制革废水污染是以有机物为主体的综合性污染。在生产过程中各工序的废水水质与水量差异很大而又交叉排放，造成了总废水不均匀的水质和水量。由于原料皮性状、所采用的工艺方法、有机生产品种的不同，制革废水水量和水质也各有不同，差异很大，如某制革厂日生产牛皮重革 200 张，采用灰碱法脱毛，仅此一工序每天排放含硫化钠、石灰的脱毛废水 12t，改用酶脱毛后，每天排放 8t 含氮酶的脱毛废水。

(1) 水量变化大

制革加工中的废水通常是间歇式排出，其水量变化主要表现为时流量变化和日流量变化。由于皮革生产工序多，在每天的生产中都会出现生产排水高峰。高峰排水量可能是平均排水量的 2～4 倍，如某猪皮生产厂日投皮 1200 张，日排水 563m³，每小时平均排水 29.95m³，高峰排水 56m³。

(2) 水质变化大

皮革废水水质会因生产品种、生皮种类、工序交错而变动。如某猪皮制革厂，综合平均 COD 为 3000～4000mg/L，BOD 为 1500～2000mg/L，pH 为 9～8。由于工序安排和排放时间不同，水质变化大，且污染物排放无规律性，如一天中 pH 最高可达 11，最低为 2。皮革行业排放废水中含有 AOX。

(3) 以有机物为主体的综合性污染

皮革工业废水碱性大，其中准备工段废水 pH 在 10 左右，耗氧量高，悬浮物多，同时含有硫、铬等。皮革废水中排放量最大的是化学需氧量，其次是悬浮物，第三为生化需氧量。此外，S^{2-}、NH_4^+、Cr^{3+} 等排放也很大，表明了制革废水污染是以有机物为主体的综合性污染。

9.3.4 制革废水污染物排放标准

在第 1 章 1.3.5 中已经提及，制革工业废水排放执行 GB 8978—1996《污水综合排放标准》。皮革工业中，1997 年 12 月 31 日以前建设的单位包括扩建和改建的，第二类污染物最高允许排放标准和允许排水量见表 1-3-4 和表 1-3-5。1998 年 1 月 1 日起建设的单位包括扩建和改建的，第二类污染物最高允许排放标准和允许排水量见表 1-3-6 和表 1-3-7。

9.3.5 制革废水处理原则

制革废水处理原则是"清浊分流，分质处理；综合利用，化害为利"。针对制革废水特点，将脱毛、脱脂、铬鞣、植物鞣染色等的废水分别单独收集，专项处理。

在浸灰、脱毛工序中产生的高浓度含硫废水和铬鞣工段产生的含铬废水对整个废水处理非常不利，硫和铬会对后续的生化处理产生抑制作用或毒害作用，因此，首先分别对含硫废水和铬鞣废水进行预处理，不但有利于生化处理，而且可回收部分有用资源。例如，脱脂废液中含很多油脂，先回收脂肪酸；酶脱毛废液中含硫少，可做肥料；经预处理后的含硫废水和铬鞣废水再和其他工序的废水一起进行处理。

9.3.6 制革废水中有用物质的利用

(1) 废灰液的蛋白质回收

废灰液中含 20~50g/L 的蛋白质分解物，通过酸析或盐析使灰液中的蛋白质沉淀，再经水洗、过滤，可回收蛋白质。例如，制造铬鞣犊革、小牛皮革、中牛皮革时废灰液中含可凝固性蛋白达 13g/L，制造成品革 100m^2，可回收蛋白质 5kg。

(2) 使用过的石灰液的再生

将用过的不含其他废物的石灰液沉淀后用硫酸调 pH 为 4，通过自动分离器分离溶解性蛋白质和不溶性蛋白质。向含溶解性蛋白质的澄清液中加入石灰水调 pH 至 12，之后投加硫化物和水，配制新鲜石灰液。经 10 次再生后，液体中的钙量增大（浓度由 530mg/L 增至 1150mg/L），而 pH 则由 12.9 降到 12.1，大约一半硫化物变成硫化氢气体释出。浸灰作用与新石灰液一样。另外含不溶性蛋白质的沉淀物经加热、中和和消毒处理，可用作饲料，其蛋白质的可消化性为鱼蛋白质的一半。

(3) 从脱脂废液中回收油脂

把脱脂废液单独收集后回收的油脂，可加工成许多工业产品及化工产品。如从猪油制取硬脂酸及油酸，其工艺流程为：收集猪皮脱脂废液→用硫酸调 pH 至 4~5，使乳状油脂破乳，废液中的蛋白质等杂质凝结→静置分层→取上清液，投加氢氧化钠进行皂化，加热，pH 达 10 以上→加硫酸至 pH 达 4~5，加热，得混合脂肪酸→水洗→真空加热脱水→在 12~15℃进行真空蒸馏，净化脂肪酸→投加水、十二醇硫酸钠、硫酸镁，冷却至 14~15℃，搅拌使油酸和硬脂酸分离→离心分离（上层得油酸）→下层水相继续加热，即得硬脂酸。

(4) 废盐、废盐液的利用

腌皮用的废盐和废盐液常被血液、粪斑和原皮分解物所污染，并含有大量耐盐作用的微生物，所以要重复利用，必须将废盐再生。

废盐再生可以用新配饱和食盐溶液洗涤，最好添加 950mg/L 氟硅酸钠（按饱和食盐溶液计），然后干燥即为再生食盐。腌皮时再与其质量 1/4~1/3 的新盐混合使用。

废盐液再利用循环次数不能过多，再利用前，废盐液应用漂白粉消毒，只重复利用 6~10d，更换新盐液。

(5) 铬鞣废液的利用

铬鞣一般就在浸酸液中进行。要回收的废铬液主要来自初鞣、复鞣、挤水和控水 4 个工序，汇集后的含铬废液浓度和液量见表 9-3-7。

表 9-3-7　　　　　　　　各种皮革铬废液的浓度和液量[8]

品种	猪面革	牛面革	羊面革	猪底革	牛底革
Cr_2O_3 浓度/(mg/L)	2000	4500	2500	3000	3300
液量/($m^3/10^3$ 张皮)	13	28	5	40	19.5

废液中 Cr_2O_3 浓度一般为 2000~5000mg/L，主要存在形式是碱式硫酸铬 $Cr(OH)SO_4$。加碱调 pH 至 8.0~8.5 可以产生 $Cr(OH)_3$ 沉淀，回收可用以配制浸酸液和铬鞣液。经过分析和调整浓度、碱度与盐量后，可用以鞣制毛皮。碱沉淀法处理铬鞣废液工艺流程如图 9-3-1 所示。

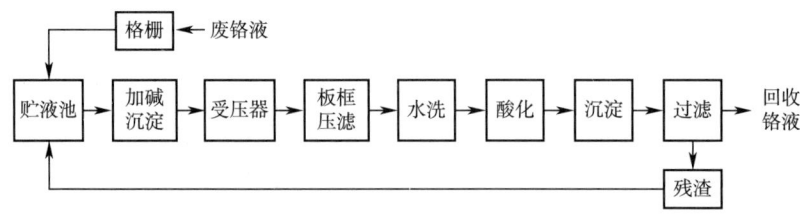

图 9-3-1　碱沉淀法处理铬鞣废液工艺流程示意图

(6) 植物-合成鞣剂鞣制废液的利用

鞣制废液中鞣质质量分数为 20%~25%。废液所含单宁是一种有用的鞣质，应该回收利用。栲胶生产中，鞣质浓度为 10000~12000mg/L 的浸提液即可蒸浓应用，因此，可收集鞣质浓度为 10000mg/L 的废液过滤和蒸浓后予以利用。鞣质浓度较低的再生鞣液，宜用作铬鞣革的植复鞣。

鞣质浓度较低于 10000mg/L 的废鞣液，可用石灰使鞣质沉淀，然后用酸使沉淀分解加以回收。这样回收的鞣液，鞣质的浓度较蒸浓法要高。

在废鞣液中进行底皮脱灰，也能利用其中的一部分鞣质。

植鞣底革的水洗液和挤水液中，鞣质达其总量的 1%~2%，也应回收利用。

鞣池废液中含有难溶解鞣质，采用亚硫酸盐为鞣质引入磺酸基，降低植物鞣剂沉淀，可再次用于皮革鞣质。

9.3.7　制革含油脂废水处理方法

9.3.7.1　回收废液中的油脂

猪皮浸灰后的废液中油脂浓度达 10000~15000mg/L；猪皮脱脂后的废液中油脂浓度达 3000~5000mg/L；加工绵羊皮的废液中油脂浓度达 1000~2000mg/L。可采用加酸法、石灰法、浮选法等方式将油脂提出。提取率可达 50%~80%。提取前，应预先将废液沉淀去除粗大的颗粒物。

(1) 加酸法

加酸破乳，使油水分离，提出油脂，再制成脂肪酸称为加酸法。加酸提取油脂工艺流程如图 9-3-2 所示。脱脂废液经预沉淀后，按上层清液量的 1% 添加硫酸，用蒸汽将酸液加热到 50~60℃。析出的粗油脂呈棕色颗粒状浮于液面上，粗油脂移入高压釜中，在压力下加热并使其变稀薄，经压滤机过滤，送入第二高压釜中进行酸液精制。采用加酸法回收油脂，回收率可达99.6%。

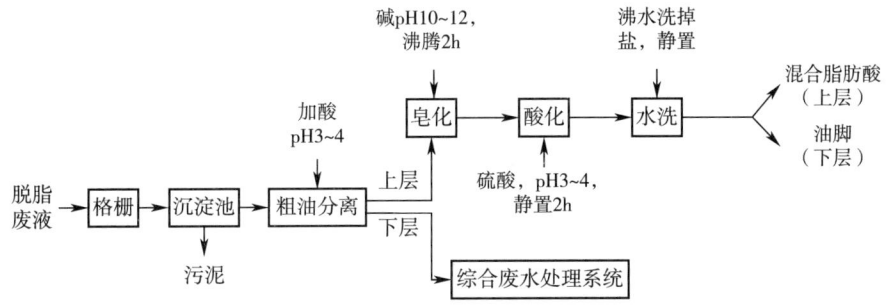

图 9-3-2　加酸提取油脂工艺流程示意图

（2）石灰法

脱脂废液经预沉淀后，添加石灰乳（呈细流状加入），并投加氯化钙、铁矾或硫酸镁以加速反应过程。将析出的沉淀烘干，用稀盐酸溶液（30～35℃）处理。收集液面上的油脂，并按上述方法处理。每提取1t油脂需耗用1~2t石灰和氯化钙。

（3）浮选法

脱脂废液经预沉淀后，数次振荡或搅拌起泡，直到油脂全部提出。浮选法提取油脂工艺流程如图9-3-3所示。添加硫酸作用使泡沫分解，同时释出碳酸。通过气浮池上层回收油脂。浮选法比加酸法消耗酸量较少，且不用碱，但回收的是粗油脂。

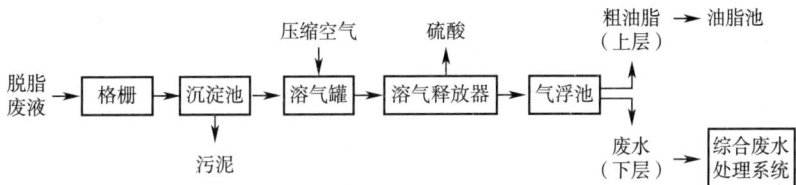

图 9-3-3　浮选法提取油脂工艺流程示意图

9.3.7.2　从脱脂-洗涤废液中回收羊毛脂

生产剪绒羊皮和袄羊皮时，在洗涤和脱脂过程中要洗下大量油脂，纯化后即得羊毛脂。它是一种有用的医药和化工材料。

羊皮脱脂和洗涤后，废液中一般油脂（羊毛脂和油酸的混合物）为230～300mg/L，可采用酸吸附法回收。羊皮脱脂、洗涤后的废液经预沉淀后，在反应器中用稀硫酸处理，加热到50℃。让漂浮的污油流入吸附池，经过羊毛层过滤后，将毛层取出进行热压，将挤出的油脂熔化、过滤和净化。羊毛经蓬松、洗涤，可以再利用。

9.3.8　制革含硫化物废水的处理方法

含硫废水来自制革准备工段（浸灰脱毛），硫化物浓度很高，Na_2S浓度达2500～8000mg/L。对于含硫废水处理的主要方法有酸化回收法、催化氧化法、生物氧化法和铁盐沉淀法等。

9.3.8.1　酸化回收法

酸化回收工艺流程如图9-3-4所示。向脱毛废液中加酸使其pH达4.0～4.3，产生

H_2S 气体，利用负压抽 H_2S 至碱液罐内，碱与 H_2S 反应生成 Na_2S。

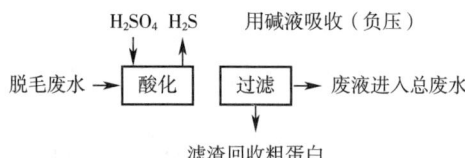

图 9-3-4 酸化回收工艺流程示意图

化学反应式为：

$$Na_2S + H_2SO_4 \rightarrow H_2S\uparrow + Na_2SO_4 \quad (9\text{-}3\text{-}1)$$

$$H_2S + 2NaOH \rightarrow Na_2S + 2H_2O \quad (9\text{-}3\text{-}2)$$

$$H_2S + NaOH \rightarrow Na_2HS + H_2O \quad (9\text{-}3\text{-}3)$$

这种方法设备投资费用少，回收操作简便，并且可以回收利用硫化钠，特别适合于中小型制革厂含硫废水的初级处理。生产 1t 盐腌皮的脱毛废液，可回收 30~40kg/t 干蛋白质，粗蛋白经加工可做饲料。

9.3.8.2 催化氧化法

硫化物是强还原剂，很多氧化剂都能与之作用使得 S^{2-} 变成 SO_4^{2-}、SO_3^{2-}、$S_2O_3^{2-}$ 或 S。催化氧化法适合于浸灰碱脱毛的废液处理。废水中 S^{2-} 可通过向废水中曝气，利用催化剂（如锰盐）作用将其氧化为硫单质或硫酸盐。常用的催化剂有氯化锰、硫酸锰、硫酸镁、高锰酸钾等，制革厂常用硫酸锰，用量一般为 Na_2S 质量的 5%。催化曝气氧化法处理含硫脱毛废水的工艺流程如图 9-3-5 所示。先曝气 30min 后分两次加入硫酸锰溶液，继续曝气 5h 后取样化验，合格后，排入综合废水处理系统。

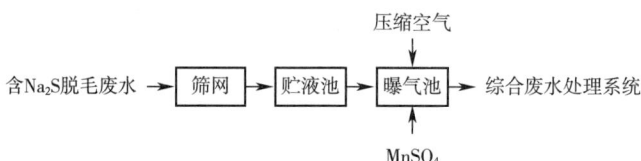

图 9-3-5 催化曝气氧化法处理含硫脱毛废水工艺流程示意图

催化曝气氧化法对设备的要求不严格，投资费用较低，操作安全，S^{2-} 的去除率达80%左右。

9.3.8.3 生物氧化法

生物氧化法采用传统的活性污泥，加嗜硫菌，在好氧条件下，活性污泥对废水中的硫化物有很好的去除效果，工艺运行费用最低。大中型制革厂宜采用生物氧化法处理含硫废水。

9.3.8.4 混凝沉淀法

用硫酸铁处理含硫化钠的废液，絮凝 8.5h，生成 FeS 沉淀、$Fe(OH)_3$ 沉淀，水解成酸溶液，pH 降低使蛋白质沉淀，降低废液 BOD。但是，铁盐与废液中的植物鞣质和酚类合成鞣质结合，使废液颜色加深。如果在用铁盐凝结法后，对废液进行曝气处理，可使颜色变淡。

混凝沉淀法工艺运行费用较高。铁盐沉淀法单独使用很少，因为硫酸铁用量大，产生沉淀颗粒较细,沉淀速度较慢,污泥为黑色。为此可加 $Al_2(SO_4)_3$ 作助凝剂。

9.3.9 制革废水常用的处理方法

9.3.9.1 物理(机械)处理法

制革废水中不仅含有可迅速沉淀的大颗粒固形物(如皮块、革屑、石灰等),还含有一些体积大、质量小的蛋白絮,这些物质只有在流速非常小的情况下才能沉淀。为此,制革废水物理处理单元包括格栅、自然沉淀、气浮、离心分离等。

9.3.9.2 化学处理法

(1) 中和法

制革生产过程中排放大量的酸性和碱性废水,如脱毛废液、浸碱废液、浸酸废液等,其废液酸碱度的 pH 为 2~12。酸性废水可采用投药(碱性)中和、过滤中和以及利用碱性工业废水和废渣的中和等方法处理。碱性废水可采用投药(常用无机酸如硫酸、盐酸等)中和以及利用酸性工业废水和酸性废气(如 CO_2 和烟道气)中和等方法处理。

(2) 混凝法

混凝法是制革废水常用的处理方法。不同混凝剂处理效果见表 9-3-8。$FeSO_4$ 能沉淀废水中的硫化物,水解作用使 pH 降低,废水中蛋白质沉淀,但沉淀为黑色,颗粒细,沉降很慢,影响处理后水的色度,产生污泥量大,污泥易脱水,但不能处理栲胶废水。$Al_2(SO_4)_3$ 对废水的脱色效果较好,适于处理植鞣废水,形成的污泥量大,脱水较困难。$Al_2(SO_4)_3$ 水解,pH 降低,产生 H_2S 气体,应先除去废水中的 S^{2-} 再用 $Al_2(SO_4)_3$ 处理。某制革厂用化学法处理废水的工艺流程如图 9-3-6 所示。

表 9-3-8　　　　　　　　　不同混凝剂处理制革废水效果[8]

废水类别	混凝剂	SS 去除率/%
浸盐废水	明矾	88
浸碱废水	明矾	60
软化废水	阳离子聚合物	89
含毛和皮渣废水	硫酸盐+阴离子聚合物	88
其他废水	阴离子聚合物	95

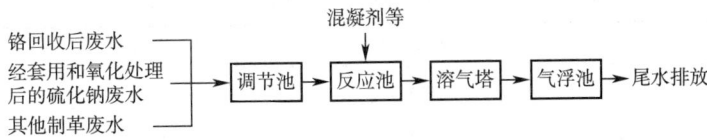

图 9-3-6　化学法处理制革废水的工艺流程示意图

9.3.9.3 生物处理法

制革废水含大量细菌和营养物质,其生物处理分为好氧生物处理法和厌氧生物处理法。

用于制革废水好氧生物处理包括活性污泥法、生物转盘、生物滤池、塔式生物滤池、生物接触氧化等。图 9-3-7 为生物转盘处理制革废水的工艺流程,生物转盘法所用机械设备简单(不需要曝气机、污泥回流设备),产生的污泥量少,而且容易沉淀和脱水,容积负荷为 0.15～9.5kgBOD$_5$/(m^3·d)。当带有严重臭味的乳白色浑浊的制革废水经生物转盘处理后，出水已透明、清晰无臭味，BOD 去除率约为 90%。

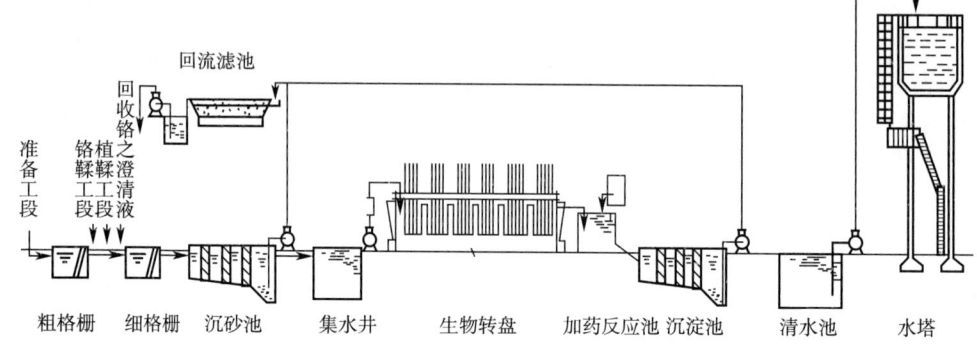

图 9-3-7　生物转盘处理制革废水的工艺流程示意图

制革废水属于易降解性有机废水，利用生物处理技术具有比好氧法更多的优势。但废水中由于含有大量的重金属、硫化物和中性盐等，可能会对厌氧菌产生抑制或毒害作用。可用于制革废水处理的厌氧生物处理技术包括厌氧接触法、厌氧滤池、UASB 反应器等。制约制革废水厌氧生物处理的主要抑制因素是废水中大量的硫酸盐及由此产生的硫化氢。提升制革废水厌氧处理效能的关键问题在于废水脱硫。图 9-3-8 为某工业园区制革废水 UASB 处理系统典型流程。处理系统包括

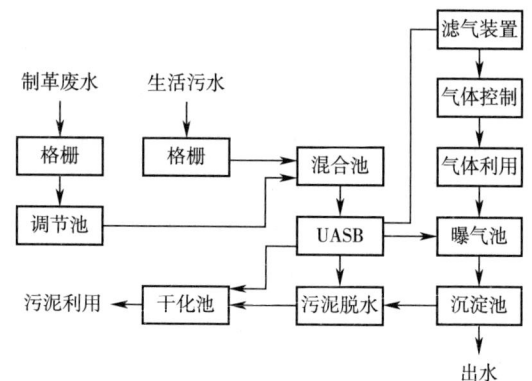

图 9-3-8　制革废水 UASB 处理系统典型流程示意图

了制革废水的前处理、好氧后处理、污泥处理和沼气收集、利用等 4 个系统。采用制革工业区内生活污水来调整制革废水。厌氧处理系统废水调整前后的水质、水量情况见表 9-3-9。

表 9-3-9　　　　厌氧处理系统废水调整前后的水质、水量情况[8]

项目	制革废水	生活污水	混合废水
最小水量/(m^3/d)	5000	20000	18000
最大水量/(m^3/d)	9000	29000	34000
平均水量/(m^3/d)	8000	14000	21900
COD/(mg/L)	4500～9500	500～595	1000～1600
BOD/(mg/L)	2000～3100	200～240	480～900
SS/(mg/L)	3400～6500	450～540	1000
VSS/(mg/L)	1400～2600	180～260	480
TKN/(mg/L)	900～1400	—	—
SO$_4^{2-}$/(mg/L)	1500～3300	110～150	396

续表

项目	制革废水	生活污水	混合废水
S^{2-}/(mg/L)	55～130	—	84
pH	8.5	9.8	8.3
温度/℃	20～30	—	18～30

该系统采用了容积为 38.9m×20.9m×6.8m 的两个 UASB 反应器进行上述废水的处理。经过 4 个月的启动阶段，UASB 反应器运行稳定，污泥停留时间为 20～25d，系统的产气量达到 100m³/h。UASB 反应器处理后的水质及处理效果见表 9-3-10。反应器产气中，含有 1‰的硫化氢气体，较高的硫化氢浓度对反应器的运行产生了一定的影响，但产气量很稳定，表面反应器的运行是稳定的，产生的甲烷气体足以满足该废水处理厂的能源需要。

表 9-3-10　UASB 反应器处理后的水质及处理效果[8]

项目	进水	UASB 出水	去除率/%
水量/(m³/d)	21900±8200	—	—
COD/(mg/L)	1183±188	510±85	59
BOD/(mg/L)	480±66	188±85	63
SS/(mg/L)	1000±91	455±99	56
VSS/(mg/L)	480±99	200±50	59
SO_4^{2-}/(mg/L)	396±222	201±38	—
S^{2-}/(mg/L)	84±19	138±42	—

UASB 反应器处理后的出水 COD 和 BOD 浓度都较高，需在后续的好氧处理中进一步去除。好氧段曝气池运行的水力停留时间为 30min，曝气量 1500m³/h。好氧处理后出水水质及处理效果见表 9-3-11。

表 9-3-11　好氧处理后的水质及处理效果[8]

项目	进水	UASB 出水	好氧出水	去除率/% UASB 出水	去除率/% 好氧出水	总去除率/%
COD/(mg/L)	1340	469	255	65	46	81
BOD/(mg/L)	541	195	96	68	49	83
SS/(mg/L)	1320	464	232	65	50	82
S^{2-}/(mg/L)	84	185	109	—	—	—

9.3.10　制革废水处理产生的污泥处理处置

9.3.10.1　制革废水污泥来源及特性

从制革废水处理系统排出的固体物有筛滤物、硬渣、油和油脂泡沫及污泥。污泥主要产生自格栅、沉砂池、初沉池、二沉池等处理单元。制革污泥除具有一般污泥的特性外还有一些特殊的性质。污泥组成复杂，既有有机物（如胶原蛋白和角蛋白及其消解产物、各种残留的有机化合物、油脂等），又有无机物（如氢氧化物、硫化物、碳酸盐等矿物颗粒和铬等重金属）。不同来源的废水、污泥和不同处理方法所产生的污泥组成和性质都存在很大的差异。

制革污泥含氮量较高，是不可多得的有机氮源。污泥中含有一些有毒有害物质，如硫化物、三价铬等。表 9-3-12 是 3 家不同制革厂污泥理化性质。

表 9-3-12　　　　　　3 家不同制革厂污泥理化性质[8]　　　　单位：mg/L（除 pH 外）

指标	制革厂1	制革厂2	制革厂3
pH	9.93	9.92	8.8
总含固量	49820	60594	24962
总灰分	32296	36861	13462
总挥发性固体量	19544	25913	11300
COD(总量)	13962	30682	22334
COD(溶解量)	852	3291	2419
Ca^{2+}	1125	3965	910
SO_4^{2-}	1209	111	502
S^{2-}	335	405	392
P	2.21	125	2.65
N	340	530	420
TKN	986	1958	1400
Na^+	4120	5210	2530
Cr^{3+}	434	443	94
Cl^-	10000	14000	5800

9.3.10.2　制革废水污泥处理方法

污泥处理处置的最终目的是实现减量化、稳定化、无害化和资源化。制革污泥处理处置包括以下基本工艺流程：

①调质→浓缩→脱水→堆肥→土地还原；
②调质→浓缩→脱水→干燥→土地还原；
③调质→浓缩→脱水→焚烧（或热分解）→灰分填埋；
④调质→浓缩→脱水→干燥→熔融烧结→作建材；
⑤调质→浓缩→脱水→干燥→作燃料→供热发电；
⑥浓缩→蒸发→干燥→作燃料→供热发电；
⑦蒸发→湿法氧化→脱水→填埋。

制革污泥中含有大量的蛋白质、油脂等物质，剩余污泥脱水性能很差，为了提高污泥浓缩和脱水效率，需要调质预处理，以改善污泥的脱水性能。制革污泥处理常用化学调质法。

制革污泥处置总体上采用再生利用、固化稳定化以及使其"消失" 3 种方式。

①采用再生利用就是将制革污泥中的营养成分、有机物及其他能够利用的物质进行有效地回收，如饲料化、基质化和肥料化利用；

②固化稳定化是利用固化剂将污泥中的铬等重金属以及其他有毒有害物质固化在固化体内，消除或避免对环境的危害；

③"消失"处置是采取焚烧、填埋等措施处置污泥。

9.3.11 制革废水污染控制工程实例

(1) 制革废水的处理方法选用

制革废水一般采用物化和生化两种处理方法，这两种方法可以单独使用，也可以结合使用。制革废水生化处理系统工艺参数见表9-3-13。

表9-3-13　　　　　　　　　制革废水生化处理系统工艺参数[8]

pH	DO /(mg/L)	MLSS /(mg/L)	回流比	排泥量/ 进水量/%	泥龄 /d	曝气时间 /h	BOD污泥负荷/ kgBOD/(kgMLSS·d)
8～9	2～2.5	2000～3800	1:1～1.0:1.5	11.3	2～3	12.5～19	0.3

生化-化学两段处理有先生化后化学和先化学后生化两种方式，后者存在一定的缺点：

①为调节废水处理所需的pH，要消耗大量的酸碱。

②化学混凝剂本身带来的残渣使污泥量大为增加。

③一部分微生物所需营养被除去，对生化不利。

④废水色度经化学处理后降低，而在生化处理后再度加深。

一般采用生化-化学法。该法为处理后色度较高及COD达不到排放标准而除去的一种补充处理手段。后段化学处理工艺参数见表9-3-14。

表9-3-14　　　　　　　　　后段化学处理工艺参数[8]

碱式氯化铝(按100%计)/(mg/kg)	pH	反应时间/min	沉淀时间/h
50～90	6.0～6.2	20	2

(2) 废水的来源与水质

制革厂生产能力为2000张牛皮/d，生产废水的2/3来自准备工段，主要含蛋白质、脂肪等有机物和硫化物、氧化物等无机物；1/3来自鞣制工段，主要含油脂、表面活性剂、染料等有机物和三价铬盐等无机物，此外含有少量生活污水。废水排放执行GB 8998—1996《污水综合排放标准》新扩改一级排放标准。

设计处理能力为3000t/d，其中铬鞣废液为80t/d。水质监测数据见表9-3-15。

表9-3-15　　　　　　　废水水质监测数据[8]　　　　单位：mg/L（除pH及色度外）

项目	pH	COD	BOD_5	SS	S^{2-}	Cr^{3+}	油	色度/倍
原废水	8.33～11.98	2450～9900	1160～2900	845～3390	21.2～324	20～50	248～2190	200～400
处理要求	6～9	<100	<20	<90	<1.0	<1.5	<10	<50

(3) 工艺流程及特点

根据废水水质及处理要求，确定采用氧化沟工艺，工艺流程如图9-3-9所示。在氧化沟前设置了预沉池、调节池、氧化脱硫和气浮工艺组成的预处理系统,在二沉池后还设置了加药混凝沉淀工艺,以确保处理出水 COD 达到一级排放标准。

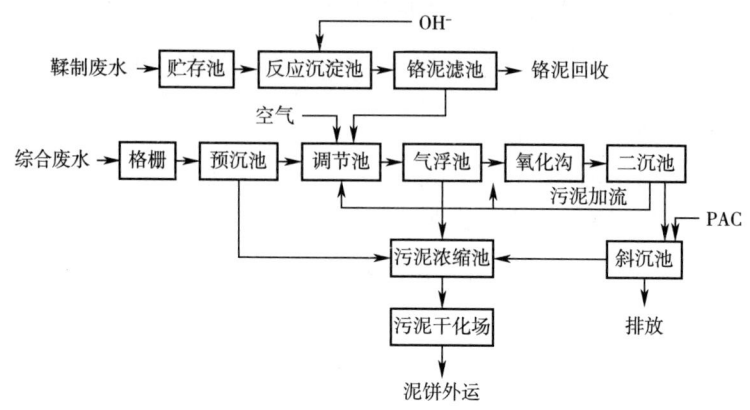

图 9-3-9　氧化沟处理工艺流程示意图

废水经旋转格栅除去毛发等杂物后进入预沉池固液分离,再进入调节池均衡水质水量,池内表面曝气机还兼有充氧氧化脱硫作用。废水脱硫后经潜污泵提升进气浮池进一步除去油脂、表面活性剂及悬浮物,出水溢流进氧化沟生物处理,高效曝气转刷为微生物生物降解提供必需的氧气。废水进二级串联氧化沟后溢流进二沉池固液分离,沉淀污泥经泵回流进氧化沟维持沟内废水必需的污泥浓度。剩余污泥返回调节池提供生物絮凝作用,提高气浮的去除效果。气浮不需要加药,降低了运行成本。二沉池出水进入三级处理,通过混凝沉淀,进一步提高 COD 的去除率,从而达到设计要求。该工程处理工艺特点是:

①铬单独回收,有毒金属离子不进入废水处理和污泥系统,并具有回收资源的经济价值;

②组合的多功能预处理工艺,气浮不投加药剂,降低了运行成本;

③氧化沟由于废水的污泥浓度高,耐冲击负荷,和其他生物处理工艺相比,具有更高的有机物去除率,而且处理效果稳定,管理简便。

(4) 主要构筑物设计参数

主要构筑物设计参数见表 9-3-16。

表 9-3-16　　　　　　　　主要构筑物设计参数[8]

序号	构筑物名称	设计参数	尺寸(B×L×H)/m	数量/座	主要设备
1	预沉池	HRT=24h	34×8.5×3.9	3	G-800 旋转格栅;3PNL 污泥泵
2	调节池	HRT=26.5h	15×18×39	1	浮筒式表面曝气机 2 台;WQ 潜污泵 2 台
3	气浮池	$Q=4.0m^3/h$ $N=0.085kg/(kg·d)$	12.5×4×2.5	2	溶气系统,刮泥机,IS 溶气泵等
4	氧化沟	MLSS=3500mg/L SRT=30d	52×12×3.9	2	YBP1400-A 转刷曝气机 4 台,N=39kW/台

续表

序号	构筑物名称	设计参数	尺寸(B×L×H)/m	数量/座	主要设备
5	二沉池	Q=1.0 m³/h HRT=30h	D10×H4	2	中心转动刮泥机2台;4PW回流泵2台
6	斜沉池	HRT=45min	9×8×3.9	1	加药装置1套;IS提升泵1台

(5) 处理效果

鞣制废水处理效果见表 9-3-17。综合废水处理效果见表 9-3-18。

表 9-3-17　　　　　　　　鞣制废水处理效果[8]　　　　　单位：mg/L（除色度外）

分析项目	pH	六价铬	总铬	COD_{Cr}
原废水	4.50～8.21	<0.01	110～252	1420～6960
处理水	8.34～9.69	<0.01	0.40～1.05	241～838

表 9-3-18　　　　　　　　综合废水处理效果[8]　　　　　单位：mg/L（除色度外）

分析项目	COD_{Cr}	BOD_5	S^{2-}	SS	油	色度/倍
原废水	3490	1950	98.2	1260	1000	218
气浮出水	1900	—	48.4	—	533	124
二沉池出水	132	—	0.65	—	5.49	18
混凝沉淀出水	69.6	10.2	0.26	16	3.44	9
去除率/%	98.2	99.4	99.9	99.0	99.9	96.1

思 考 题

1. 简述造纸行业废水特点。

2. 造纸废水处理工艺中"通常不需要控制二级处理设施中 COD_{Cr} 浓度，就可以使废水处理合格"的说法正确与否？为什么？

3. GB 4289—2012《纺织染整工业水污染物排放标准》标准修改单（环境保护部公告 2015 年第 19 号）规定水污染物指标限值暂缓执行不得检出的水污染物指标是哪些？

4. 简述典型印染生产环节及其工艺功能。印染生产中哪个环节产生的废水 pH 和有机物浓度较高？

5. 制革废水执行什么污染物排放标准？

6. 简述制革含硫化物废水的处理方法。

参 考 文 献

[1] 高廷耀，顾国维，周琪. 水污染控制工程：下册 [M]. 4版. 北京：高等教育出版社，2015.
[2] 周文东. 工业水处理技术 [M]. 北京：中国建筑工业出版社，2017.
[3] 王国华，任鹤云. 工业废水处理工程设计与实例 [M]. 北京：化学工业出版社，2005.
[4] 中国环境保护产业协会. 工业废水处理设施运行维护 [M]. 北京：中国建筑工业出版社，2019.
[5] 柳荣展，石宝龙. 轻化工水污染控制 [M]. 北京：中国纺织出版社，2008.
[6] 韩颖，刘秉钺，王双飞，等. 制浆造纸污染控制 [M]. 北京：中国轻工业出版社，2016.
[7] 何方. 染整废水处理 [M]. 2版. 北京：中国纺织出版社，2018.
[8] 李闻欣. 制革污染治理及废弃物资源化利用 [M]. 北京：化学工业出版社，2005.
[9] W. 韦斯利·艾肯费尔德. 工业水污染控制 [M]. 陈忠明，李赛君，译. 3版. 北京：化学工业出版社，2004.
[10] 姚玉英. 化工原理：上册 [M]. 天津：天津大学出版社，1999.
[11] 奚旦立，孙裕生，刘秀. 环境监测 [M]. 3版. 北京：高等教育出版社，2004.
[12] 中国环境保护产业协会. 城镇污水处理设施运行维护 [M]. 北京：中国建筑工业出版社，2020.
[13] 陈亮，程言君. 制浆造纸行业二噁英污染防治与控制技术 [M]. 北京：化学工业出版社，2018.
[14] 周群英，高廷. 环境工程微生物学 [M]. 2版. 北京：高等教育出版社，2000.
[15] 李素玉. 环境微生物分类与检测技术 [M]. 北京：化学工业出版社，2005.
[16] 童华. 环境工程设计 [M]. 北京：化学工业出版社，2009.
[17] 陈杰瑢，周琪，蒋文举. 环境工程设计基础 [M]. 北京：高等教育出版社，2007.
[18] 徐新阳，陈熙. 环境评价教程 [M]. 2版. 北京：化学工业出版社，2013.